Nährstoffbelastung und Eutrophierung stehender Gewässer. Möglichkeiten und Grenzen ökosystemarer Entlastungsstrategien am Beispiel der Bornhöveder Seenkette

Dissertation

zur Erlangung des Doktorgrades

der Mathematisch-Naturwissenschaftlichen Fakultät

der Christian-Albrechts-Universität

zu Kiel

vorgelegt von

Dirk Naujokat

Kiel

1996

Referent: Prof. Dr. O. Fränzle

Korefferent: Prof. Dr. P. Widmoser

Tag der mündlichen Prüfung: 5.6.1996

Zum Druck genehmigt: Kiel, den 5.6.1996

Der Dekan

(Prof. Dr. J. Bähr)

Nährstoffbelastung und Eutrophierung stehender Gewässer

Möglichkeiten und Grenzen ökosystemarer Entlastungsstrategien am Beispiel der Bornhöveder Seenkette

von

Dirk Naujokat

Die Deutsche Bibliothek – CIP-Einheitsaufnahme

Naujokat, Dirk:
Nährstoffbelastung und Eutrophierung stehender Gewässer: Möglichkeiten und Grenzen ökosystemarer Entlastungsstrategien am Beispiel der Bornhöveder Seenkette / von Dirk Naujokat. –
Darmstadt: DDD, Dr. und Verl., 1997
(Ökologische Reihe; Bd. 2)
Zugl.: Kiel, Univ., Diss., 1996

ISBN 3-931713-30-X
NE: GT

Diese Arbeit wurde auf chlorfrei gebleichtem Papier gedruckt.

Druck und Verlag
Gagernstraße 10-12 · 64283 Darmstadt
Tel. 06151/996622 · Fax 06151/996666
ISBN 3-931713-30-X

Druck und Verarbeitung: Dissertations Druck Darmstadt GmbH

Nährstoffbelastung und Eutrophierung stehender Gewässer

Ökologische Reihe

Band 2

Inhaltsverzeichnis

1. Einleitung

1.1 Eutrophierung stehender Gewässer - Ursachen, Bedeutung, Konsequenzen

1.1.1 Begriffsdefinition und Ursachen der Eutrophierung

Ein Charakteristikum eines jeden Sees ist das Ausmaß seiner Primärproduktion bzw. der aus ihr resultierenden Biomasse des Phytoplanktons. Auffällige Merkmale der Wasserqualität wie Farbe des Wassers, Trübung oder Geruch sind durch Menge und Art des Phytoplanktons bestimmt. Insbesondere eine übermäßige Entwicklung der Phytoplanktonbiomasse verändert die Eigenschaften eines Sees bis hin zu Einschränkungen seiner Nutzung durch Fischerei und Tourismus oder als Trinkwasserreservoir. Seit den vierziger und fünfziger Jahren dieses Jahrhunderts werden Phänomene dieser Art unter dem Begriff der Eutrophierung in der Literatur beschrieben (HASLER 1947, OHLE 1953a) und gelten heute weltweit als eines der gravierendsten Probleme im Natur- und Umweltschutzbereich (OECD 1982, S. 17; VOLLENWEIDER 1981, ELLENBERG 1989).

Der Begriff der Eutrophierung wird in der Literatur nicht einheitlich verwendet, dennoch zeigen die Definitionen eine weitgehende Übereinstimmung der inhaltlichen Bedeutung des Begriffs. Für die vorliegende Arbeit wird eine Definition von RYDING & RAST (1989, S. 1) übernommen, nach der Eutrophierung beschrieben werden kann als

> "nutrient enrichment of waters which results in the stimulation of an array of symptomatic changes, among which increased production of algae and macrophytes, deterioration of water quality and other symptomatic changes, are found to be undesirable and interfere with water uses".

Danach ist unter Eutrophierung ursächlich die Anreicherung von Nährstoffen im Wasserkörper zu verstehen, die eine Reihe von Folgewirkungen nach sich zieht. Dieser Auffassung entspricht auch die Definition des SRU (1985), der außerdem darauf hinweist, daß diese begriffliche Trennung von Ursache und Folge nicht immer eingehalten wird:

> "Eutrophierung nennt man die Erhöhung der Nährstoffgehalte in einem Gewässer, vor allem an Phosphor und Stickstoffverbindungen. Meist wird der Begriff im Sprachgebrauch auch auf deren Auswirkungen erweitert. Die wichtigste Folge der Eutrophierung ist die Zunahme des Pflanzenwachstums im Gewässer".

Bei einigen Autoren basiert die Definition auf einem zeitlichen Entwicklungsmodell für Seen. HENDERSON-SELLERS & MARKLAND (1987, S. 9) schreiben beispielsweise:

> "Eutrophication is the term which expresses the 'aging' of a lake. Natural eutrophication occurs over geological time spans. A 'young' lake is typically oligotrophic, containing few nutrients which can sustain only a small biomass. ... The lake passes to a middle stage (mesotrophic) and finally becomes an 'old' lake, which is termed eutrophic."

Dem liegt die Vorstellung zugrunde, daß jeder See im Verlauf seiner Entwicklungsgeschichte auch ohne menschliche Eingriffe von einem nährstoffarmen (oligotrophen) Zustand in einen nährstoffreichen (eutrophen) Zustand[1] übergehen würde (vgl. auch RYDING & RAST 1989, S. 1f.). Der über lange Zeiträume stattfindende Transport suspendierten Materials aus dem Einzugsgebiet führt nach und nach zu einer Auffüllung des Seebeckens mit Sedimenten bis schließlich die Vegetation die noch übrig gebliebene freie Wasserfläche vollständig besiedelt. Am Ende einer solchen Entwicklung würde es sich zweifelsfrei um einen eutrophen See handeln, der eine hohe Biomasse und durch die Rücklösungsprozesse aus dem Sediment ein nährstoffreiches Wasser aufweisen würde. Der eutrophe Zustand ist dann irreversibel.

Der Aussage, daß durch menschliche Tätigkeiten dieser Prozeß lediglich beschleunigt abläuft, widersprechen GOLTERMAN & DE OUDE (1991, S. 85) entschieden. Es ist ein deutlicher Unterschied zwischen der natürlichen Eutrophierung eines Sees, die als vergleichsweise kurzes Endstadium eines unter Umständen seit Jahrmillionen andauernden oligotrophen Zustandes anzusehen ist, und einem anthropogen eutrophierten See zu machen. Letzterer ging sehr wahrscheinlich - in geologischen Zeitdimensionen betrachtet - innerhalb kürzester Zeit und ohne wesentliche morphologische Veränderungen seines Seebeckens in einen nährstoffreichen Zustand über. Es besteht dann im Gegensatz zu natürlich eutrophen Gewässern durchaus die Möglichkeit, diese Eutrophierung rückgängig zu machen. Es muß also gefolgert werden, daß das Kriterium Alter zur Definition des Begriffs Eutrophierung recht unbrauchbar ist (vgl. auch WHITESIDE 1983), da die Ursachen der Eutrophierung - natürlich oder anthropogen - auf sehr unterschiedlichen Zeitskalen ablaufen und das Resultat - der eutrophierte See - in Abhängigkeit von den Ursachen ein Endstadium seiner Entwicklung erreicht hat oder nicht.

Die Ursachen einer anthropogenen Eutrophierung mögen in jedem einzelnen Fall unterschiedlich gewichtet sein, werden jedoch seit dem Auftreten der genannten Symptome generell auf die im Vergleich zu unbesiedelten Einzugsgebieten erhöhten Stoffverluste infolge anthropogener Nutzungen zurückgeführt:

- Bevölkerungszunahme im Einzugsgebiet einhergehend mit einer Zunahme der Abwassermengen, Verwendung phosphathaltiger Detergenzien und der Zunahme des Versiegelungsgrades;
- Industrialisierung einhergehend mit einer Zunahme nährstoffhaltiger Abwasser- und Abfallmengen;
- Intensivierung der landwirtschaftlichen Nutzung einhergehend mit hohen Düngergaben und hohem Viehbesatz.

1.1.2 Folgen der Eutrophierung

Die Folgen, welche sich aus einer Eutrophierung für das betreffende Gewässer ergeben, lassen sich grob in die beiden Bereiche "ökosystemare Veränderungen" und "Konsequenzen für die Nutzung" gliedern. Zunächst zu den Veränderungen im Gewässerökosystem.

---

[1] Die Begriffe **eutroph** (für nährstoffreich) und **oligotroph** (für nährstoffarm) entstammen einer Klassifizierung der Bodenfruchtbarkeit norddeutscher Moore von WEBER (1907). THIENEMANN (1918) und NAUMANN (1919) benutzten sie erstmals für Seen (Literatur zitiert nach RYDING & RAST 1989, S. 37). Ein dritter Begriff, **mesotroph**, findet für Seen Verwendung, die sich zwischen dem oligotrophen und eutrophen Zustand befinden.

Der ökologisch möglicherweise folgenreichste Effekt besteht in einer Veränderung der Artenzusammensetzung der Gewässerbiozönose. Mit zunehmender Eutrophierung werden die Lebensgemeinschaften oligotropher Gewässer von ubiquitären Arten verdrängt. Mißt man das Ausmaß der Gefährdung einer Pflanzenformation am Anteil der verschollenen und gefährdeten Arten, so stellt die Vegetation oligotropher Gewässer die am stärksten gefährdete Pflanzenformation in Deutschland dar. 81% des gesamten Artenbestandes dieser Formation gelten als verschollen oder gefährdet (UBA 1989, S. 113).

Zu den ökologischen Folgen sind die bevorzugt von Blaualgen gebildeten Algenmassenentwicklungen zu rechnen. Sie verringern die Eindringtiefe des Lichts in den Wasserkörper und bewirken dadurch den Verlust der photosynthetisch aktiven Makrophyten am Gewässergrund. In flachen Gewässerbereichen kann das nunmehr unbedeckte Sediment durch Turbulenzen im Wasserkörper leichter resuspendiert werden, wodurch die Trübung des Gewässers weiter zunimmt. Für zahlreiche Fischarten bedeutet das Fehlen der Unterwasservegetation den Verlust sicherer Laichplätze mit der Konsequenz, daß ihre Art aus der Biozönose des betroffenen Gewässers ausscheidet. Salmonide und coregonide Arten werden durch Verwandte des Karpfens abgelöst (BARTHELMES 1981, S. 158ff.; WETZEL 1983, S. 658).

Eine dritte, dem Bereich der ökologischen Konsequenzen zuzuordnende Veränderung betrifft den Sauerstoffhaushalt des Gewässers. Algenmassenentwicklungen führen im Oberflächenwasser infolge der Photosyntheseaktivität des Phytoplanktons zu erheblichen Sauerstoffübersättigungen. Der überschüssige Sauerstoff entweicht in die Atmosphäre, so daß beim Abbau der gebildeten organischen Substanz ein Sauerstoffdefizit auftritt, da die Diffusion aus der Atmosphäre in das Gewässer langsamer verläuft als der Sauerstoffverbrauch der Mineralisation. In Flachseen nimmt deshalb die Konzentration des im Wasser gelösten Sauerstoffs im Anschluß an intensive Algenmassenentwicklungen deutlich ab. In geschichteten Seen sinken absterbende Algen aus den oberflächennahen Wasserschichten in tiefere Bereiche ab, wo der vorhandene Sauerstoff durch ihren Abbau vollständig aufgebraucht wird. Dieser sauerstofffreie Volumenanteil des Wasserkörpers, der in Abhängigkeit von Morphometrie und thermischer Schichtung einen Großteil des gesamten Seewasservolumens ausmachen kann, entfällt zwangsläufig als Lebensraum für alle auf Sauerstoff angewiesenen Lebewesen. Unter reduzierenden Bedingungen kommt es zur Bildung von Methan, Schwefelwasserstoff und Ammonium, die in höheren Konzentrationen toxisch wirken. In Extremsituationen wird der gesamte Wasserkörper eines Sees sauerstofffrei, was den Tod zahlreicher Lebewesen zur Folge hat und umgangssprachlich als "Umkippen eines Gewässers" bezeichnet wird.

Die genannten ökosystemaren Veränderungen haben direkte Auswirkungen auf die Nutzbarkeit der Gewässer. Einige Autoren verweisen zwar darauf, daß Eutrophierungserscheinungen nicht grundsätzlich negativ zu bewerten sind (GOLTERMAN & DE OUDE 1991, S. 85f.; RYDING & RAST 1989, S. 37), denn im Zuge der Eutrophierung nimmt der Fischbestand zu, so daß der hieraus erwachsende Vorteil für die Fischerei gelegentlich erwünscht ist. In den meisten Fällen überwiegen jedoch deutlich die Nachteile (vgl. die ausführliche Darstellung bei KLAPPER 1992, S. 102ff.):

1. An erster Stelle sind Probleme bei der Trinkwasseraufbereitung aus eutrophierten Oberflächengewässern zu nennen: Verstopfung der Filtrationsanlagen; erhöhte Algenkonzentrationen, die dem Wasser einen unangenehmen Geschmack oder Farbe verleihen (KLAPPER, 1992, S. 111); erhöhtes Risiko bakterieller Infektionen (OECD 1982, S. 14). Vor allem die

Knappheit an qualitativ geeigneten Grundwasserreserven in weiten Gebieten Deutschlands erhöht die Notwendigkeit, vermehrt Oberflächengewässer zur Trinkwassergewinnung zu nutzen. Beispielsweise stellt der Bodensee das wichtigste Trinkwasserreservoir in Süddeutschland dar (vgl. NABER 1990).
2. Eutrophierung führt zu einer deutlichen Wertminderung eines Gewässers aus der Sicht von Erholungssuchenden. Sowohl der ästhetische Reiz eines Gewässers als auch die Badewasserqualität sinken durch Algenmassenentwicklungen, Färbung, Trübung und Geruch.
3. Verstärkte Korrosion in Turbinen bei der Energiegewinnung.

1.1.3 Zur Rolle der Nährstoffe

Zu den Pflanzen in einem Gewässer zählt neben den makroskopisch sichtbaren, höheren Pflanzen, den Makrophyten, die Gruppe der Algen, die auch als Phytoplankton bezeichnet wird. In einem See stellt das Wachstum des Phytoplanktons den wesentlichen Teil der Primärproduktion dar, bei dem aus Licht und anorganischen Stoffen organische Substanz aufgebaut wird, die als Nahrungsbasis für andere Organismen dient. Wie bei den terrestrischen Pflanzen auch, hängt die Primärproduktion des Phytoplanktons von der Verfügbarkeit von Licht und ca. 18 chemischen Elementen ab, von denen Kohlenstoff, Wasserstoff, Sauerstoff, Stickstoff, Schwefel, Phosphor und Eisen im Zusammenhang mit der in dieser Arbeit behandelten Eutrophierungsproblematik die größte Bedeutung zukommt. Kohlenstoff, Wasserstoff und Sauerstoff werden aus dem Wasser selbst und der Atmosphäre zur Verfügung gestellt, während Schwefel, Phosphor, Eisen und weitere, zum Teil in kleinsten Mengen benötigte Elemente durch Erosionsvorgänge und menschliche Tätigkeiten im Einzugsgebiet in das Gewässer gelangen. Eine Sonderrolle kommt dem Stickstoff zu, der zwar in der Atmosphäre in einem fast unerschöpflichen Vorrat vorhanden ist, in dieser elementaren Form jedoch von den meisten Pflanzen nicht genutzt werden kann, so daß er überwiegend erst nach der Mineralisation der organischen Substanz im Einzugsgebiet in das Gewässer gelangt.

Die Phytoplanktonbiomasse in einem Gewässer setzt sich aus Populationen mehrerer Algenarten zusammen, die im Verlauf eines Jahres in wechselnden Artenzusammensetzungen auftreten. Dabei spielt die Konkurrenz um verfügbare Nährstoffe auf den Verlauf der Artensukzession, wie sie in Form eines Wortmodells von SOMMER et al. (1986) beschrieben wurde, eine entscheidende Rolle (SOMMER 1989). Jede einzelne Population kann sich darin nur behaupten, wenn ihre Wachstumsrate k' größer oder zumindest gleich den zahlreichen Verlustraten ist, die sich aus Verdünnungseffekten k_w, Sedimentation k_s, Absterberate k_d und dem Fraßdruck k_g herbivorer Arten ergeben. Die Biomasse einer Population N_t zum Zeitpunkt t ergibt sich folglich aus der Biomasse zu Beginn des Wachstums N_0 nach der bekannten Wachstumsgleichung

$$N_t = N_0 \, e^{(k'-k_w-k_s-k_d-k_g)t} \tag{1}$$

Ein Zuwachs der Biomasse findet folglich bei ansteigender Wachstumsrate oder der Abnahme eines oder mehrerer Verlustraten statt. Eine direkte Abhängigkeit besteht zwischen k' und den Licht-, Temperatur- und Nährstoffverhältnissen. Dabei kann die wachstumsbegrenzende Funktion von Nährstoffen entweder durch den Zusammenhang von k' und der intrazellulären Nährstoffkonzentration der Algen (DROOP-Modell) oder von k' und der Nährstoffkonzentration des umgebenden Wassers (MONOD-Modell) beschrieben werden. Die Vor- und Nachteile beider Ansätze diskutieren KILHAM & HECKY (1988). Obwohl auch das DROOP-Modell außerhalb von Laborversuchen zur Beschreibung der Nährstofflimitierung unter natürlichen Bedingungen herangezogen wurde (SOMMER 1991), müssen die hierfür erforderlichen meßtechnischen Voraussetzungen (Fraktionierung des Phytoplanktons in möglichst artenreine Proben als Voraussetzung zur Bestimmung der intrazellulären Nährstoffkonzentration) als vergleichsweise aufwendig angesehen werden. Aber auch das Vorhandensein einer Nährstofflimitierung über die Nährstoffkonzentrationen im umgebenden Wasser entsprechend des MONOD-Modells abzuleiten, erfordert hohen analytischen Aufwand, da das limitierende Element Konzentrationen im µg-Bereich annimmt.

Die gegenwärtige Literatur ist durch unterschiedliche Ansätze gekennzeichnet, wie Nährstofflimitierung auftritt und beschrieben werden kann (TILMAN 1982; STERNER 1994, S. 535). Der geschilderte Ansatz über die Wachstumsraten basiert auf der Betrachtung kurzer Zeiträume von der Größenordnung des Generationswechsels einzelner Phytoplanktonarten. In praxisrelevanten Arbeiten zur Gewässereutrophierung bezieht man sich anstelle der Limitierung der Wachstumsraten einzelner Phytoplanktonspezies häufiger auf die maximale Biomasseentwicklung des Phytoplanktons in Abhängigkeit der zur Verfügung stehenden Nährstoffe. Dieser Ansatz beinhaltet zugleich einen zeitlichen Betrachtungsmaßstab in der Größenordnung von Jahreszeiten, Vegetationsperioden bis zu einigen Jahren.

Grundlegend hierfür ist eine durchschnittliche chemische Elementarzusammensetzung des Phytoplanktons (REDFIELD 1958):

$$C_{106}H_{263}O_{110}N_{16}P_1 \qquad (2)$$

Für den Aufbau der Phytoplanktonbiomasse werden folglich für jedes Phosphoratom durchschnittlich 16 Stickstoffatome benötigt, was einem N:P-Verhältnis von 16:1 entspricht. Eine Gegenüberstellung dieses Bedarfs mit der mittleren Zusammensetzung der in Seen oder Flüssen gelösten Nährstoffe führt zu dem Ergebnis, daß fast alle der eingangs erwähnten 18 Elemente im Überschuß vorhanden sind. Lediglich die relativen Gehalte von Phosphor, Eisen und Kobalt sind in Oberflächengewässern geringer oder ähnlich hoch wie im Phytoplankton (HECKY & KILHAM 1988). In Analogie zu landwirtschaftlichen Ertragsgesetzen geht man davon aus, daß wenn sich die Planktonbiomasse in einem System proportional zum Nährstofffluß eines Elements in das System verhält, angenommen werden darf, daß dieses Element wachstumslimitierend wirkt. Dieses gilt grundsätzlich für alle Nährelemente, in besonderem Maße jedoch für Phosphor. In Seen der temperierten Zone (mit Ausnahme der extrem nährstoffbelasteten) wurde eine auffällige Diskrepanz zwischen Nährstoffvorrat im Gewässer und dem Bedarf des Phytoplanktons für Phosphor sichtbar. So wurde bei 70% der von der OECD (1982) untersuchten Seen eine Phosphorlimitierung festgestellt. Die limitierende Rolle des Phosphors in Seen der temperierten Zone konnte sowohl an einzelnen Algenkulturen im Labormaßstab als auch an Seen aufgezeigt werden (OHLE 1953b, SCHINDLER et al. 1971, HECKY & KILHAM 1988). In vielen tropischen Seen wirkt Stickstoff limitierend. Dieses gilt ebenso für extrem nährstoffbelastete Seen der temperierten Zone, in denen aber auch Lichtmangel infolge von Selbstbeschattung bei starken Algenmassenentwicklungen die maximale Biomasse limitieren kann.

In der vorliegenden Arbeit wird eine Beschreibung der Eutrophierungsprozesse anhand dieses zweiten Ansatzes über die Limitierung der maximalen Biomasse vorgenommen. Zu wesentlichen Teilen beruht die Analyse auf die Zusammenhänge zwischen Stoffflüssen in das System, resultierender Konzentration und der Phytoplanktonbiomasse im System. Eine weiterführende, regressionsanalytisch gestützte Beschreibung dieser Zusammenhänge wird deshalb detailliert an anderer Stelle (in Kap. 4.2) vorgenommen.

Im Rahmen dieses Abschnitts sollen jedoch noch einige Aspekte angesprochen werden, welche die Komplexität der Eutrophierungsproblematik verdeutlichen sollen.

Unter natürlichen Bedingungen werden durch eine höhere Stickstoffkonzentration die Abbauprozesse organischer Substanz in Gewässern beschleunigt, wodurch Phosphor häufiger im System recycelt wird (GOLTERMAN & DE OUDE 1991, S. 99). Dieses unterstreicht die Bedeutung des Stickstoffs bei der Eutrophierung insbesondere bei denjenigen Seen, die als P-limitiert bezeichnet werden können. In vielen Fällen ist es jedoch darüberhinaus nicht möglich, die Limitierung des Phytoplanktonwachstums allein auf ein einziges Element zurückzuführen. So kamen ELSER et al. (1990) durch ihre systematische Auswertung der in der Literatur dokumentierten Nährstoffanreicherungsversuche zu dem Ergebnis, daß ein stärkeres Algenwachstum häufig dann zu beobachten ist, wenn die beiden Nährstoffe P und N gleichzeitig zugesetzt werden, weshalb sie fordern, daß in Zukunft auch der N-Belastung der Gewässer mehr Beachtung geschenkt werden sollte. Zu beobachten ist außerdem eine als Wechsellimitierung bezeichnete zeitliche Abfolge von N- oder P-Limitierungssituationen in einem See, wie sie in Schleswig-Holstein beispielsweise für den Kleinen Plöner See von PLAMBECK & WITZEL (1991) nachgewiesen wurde. Auch können räumliche Heterogenitäten unterschiedlicher Limitierungszustände zeitgleich in einem See auftreten (PHILIPS et al. 1993, STERNER 1994).

CONLEY et al. (1993) haben in einem Review dargelegt, welche Rolle das von den Diatomeen zum Aufbau ihrer Schalen benötigte Silizium für die Veränderung der Phytoplanktonbiozönose mit zunehmender Eutrophierung spielt. Nach ihrer Darstellung bewirkt eine zunehmende P-Konzentration in Seen zunächst eine erhöhte Diatomeenbiomasse, infolgedessen durch eine erhöhte Sedimentation Silizium zunehmend im Sediment festgelegt wird. Mit zunehmender Eutrophierung wurde deshalb in zahlreichen Seen eine langfristig abnehmende Konzentration an gelöstem Silizium in der Wassersäule beobachtet, wodurch die Dominanz anderer Algenarten, die kein Silizium benötigen, zunahm.

Die bislang geschilderten Zusammenhänge zwischen einer vorgegebenen Nährstoffkonzentration im Gewässer und der resultierenden Biomasse oder Artenzusammensetzung des Phytoplanktons geben noch ein vergleichsweise vereinfachtes Abbild der ökosystemaren Wirklichkeit. Denn es ist auch der umgekehrte Einfluß zu berücksichtigen, das heißt, die Nährstoffkonzentrationen werden zu einem erheblichen Teil durch die biologischen Prozesse im Gewässer mitbestimmt. Bedeutsamen Einfluß hat beispielsweise das Zooplankton durch den Stofffluß direkt in die gelöste Phase als Folge von Exkretionen und Verlusten bei der Grazingaktivität (sloppy feeding). Die hierdurch freigesetzten anorganischen Nährstoffe in algenverfügbarer Form können unmittelbar vom Phytoplankton aufgenommen werden, so daß Limitierungssituationen von P und/oder N abgeschwächt oder ein Wechsel der Limitierung herbeigeführt werden kann (ELSER et al. 1988, MOEGENBURG & VANNI 1991, URABE 1993). Während sommerlicher Limitierungsphasen mit einem hohen P-Bedarf des Phytoplanktons und nur geringen externen P-Inputs sind zumeist >90% des P-Vorrats partikulär - also zu wesentlichen Teilen in der Biomasse und der abgestorbenen organischen Substanz - gebunden (WETZEL 1983, S. 271 und 277). Phytoplanktonwachstum basiert dann bei extrem geringer Konzentration an gelöstem Phosphat auf den hohen Umsatzraten innerhalb des Systems, wobei ein turnover[2] im Epilimnion von nur einigen Tagen beobachtet wurde (WETZEL 1983, S. 267). In oligotrophen Seen wird P sehr viel schneller umgesetzt als in eutrophen Seen (PETERS 1979).

Darüberhinaus existieren Adaptionsmechanismen, die es einigen Phytoplanktonarten selbst bei extrem niedrigen Konzentrationen gelöster Nährstoffe ermöglichen, zu hohen Biomassen zu gelangen. So sind Blaualgen in der Lage, durch Veränderungen ihrer Dichte mittels Gasvakuolen vertikale Migrationen durchzuführen, wodurch sie ein in den oberen Wasserschichten nur limitiert vorhandenes Nährelement im tieferen Wasser aufnehmen und speichern können (FOGG & WALSBY 1971). Bei einigen Arten kann auch eine P-Aufnahme deutlich über den aktuellen Bedarf hinaus stattfinden ("luxury" consumption, vgl. WETZEL 1983, S. 277), so daß Zeiten extrem niedriger P-Konzentrationen vorübergehend durch körpereigene Reserven überbrückt werden können.

1.1.4 Eutrophierungsminderung

Aus den im vorstehenden Abschnitt erwähnten Zusammenhängen kann trotz aller Knappheit und Unvollständigkeit abgelesen werden, daß Eutrophierung als ein komplexes Phänomen anzusehen ist, für dessen Lösung ganzheitlich-ökosystemare Ansätze zu fordern sind. Planung, Entwicklung und Umsetzung ökosystemarer Entlastungsstrategien oder Schutzkonzepte werden verkürzt oft als Seenmanagement oder Management bezeichnet. In ihrer Einführung "Principles of Lake Management" verdeutlichen JØRGENSEN & VOLLENWEIDER (1988, S. 13) die Aufgabe des Seenmanagements anhand der Beschreibung eines Sees als offenes System. Jeder See sei als offenes System zu betrachten, welches Energie und Materie mit seiner Umgebung austauscht. Der Zustand des Sees, der anhand der Zustandsgrößen (state variables) beschrieben wird, ist offensichtlich von diesem Stoff- und Energieaustausch abhängig, der mit den Steuergrößen (forcing functions) beschrieben wird. Bei dieser Betrachtungsweise ist die Aufgabe des Seenmanagements darin zu sehen, die Zusammenhänge zwischen state variables und forcing functions herauszuarbeiten und das Wissen dieser Zusammenhänge für eine Änderung der forcing functions zu nutzen, damit sich die gewünschten state variables einstellen.

In dieser Aufgabenbeschreibung wird auch explizit deutlich, daß es sich bei den zu erreichenden Zielen um gewünschte state variables handelt. Sie sind also nicht objektiv oder wissenschaftlich begründbar, sondern stellen gesellschaftspolitische Entscheidungen dar. GRUMBINE (1994) betont deshalb den sozioökonomischen und politischen Kontext von Ökosystemmanagement:

---

[2] Als turnover definiert WETZEL (1983, S. 267) die Zeit, in der eine Menge an P, die dem P-Pool eines Kompartiments entspricht, dieses Kompartiment verläßt und durch eine gleichgroße Menge ersetzt wird.

"Ecosystem management integrates scientific knowledge of ecological relationships within a complex sociopolitical and values framework toward the general goal of protecting native ecosystem integrity over the long term."

Im Rahmen des Managements stehender Gewässer sind grundsätzlich zwei methodische Ansätze zu unterscheiden, die als Sanierung und Restaurierung von Seen bezeichnet werden können. Unter dem Begriff **Sanierung** sollen alle Konzepte zusammengefaßt werden, die über eine Reduzierung der Stoffeinträge am Entstehungsort, d.h. im gesamten Einzugsgebiet des Sees, das Ziel der Eutrophierungsminderung verfolgen (**externe Maßnahmen**). Grundlegend bei dieser Vorgehensweise sind folglich die Beziehungen zwischen der Nährstofffracht in den See, der Nährstoffkonzentration im See und der resultierenden Phytoplanktonbiomasse (vgl. Kap. 4). Demgegenüber werden **interne Maßnahmen**, welche die Folgen der Eutrophierung im Seewasserkörper begrenzen oder verhindern sollen, oft als **Restaurierung** bezeichnet. Restaurierungsmaßnahmen wie Tiefenwasserbelüftung, Entschlammung, Zwangszirkulation, Biomanipulation und andere sind folglich von ihrem Charakter her Symptombehandlungen und zeigen nur dann eine dauerhafte Wirkung, wenn sie mit externen Maßnahmen kombiniert werden (MNUL 1991, S. 102; KOSCHEL 1995, S. 12; SCHAUMBURG 1995, S. 324; STEUBING et al. 1995, S. 60). Grundlagen der Restaurierungsmaßnahmen und weiterführende Literatur findet sich bei SCHARF et al. (1984), MNUL (1991, S. 79ff.), KLAPPER (1992, S. 206ff.) und JAEGER & KOSCHEL (1995). In der vorliegenden Arbeit wird ein Schwerpunkt auf das Thema Seesanierung im oben genannten Sinn gelegt, da sie die bisher erfolgversprechendste Strategie der Eutrophierungsminderung darstellt.

1.2 Zielsetzungen dieser Arbeit

Diese Arbeit verfolgt zwei Ziele. Das erste, anwendungsbezogene Ziel wurde mit den vorstehenden Thesen und den daraus abgeleiteten Folgerungen bereits inhaltlich umrissen. Es soll formuliert werden als

"methodische Weiterentwicklung ökosystemarer Entlastungsstrategien für die Eutrophierungsminderung an Seen (Seenmanagement)".

Aus einem Fallbeispiel werden konzeptionell als auch methodisch übertragbare und verallgemeinerbare Aussagen abgeleitet, die in Form einer "flow chard" zusammengefaßt und als Leitfaden für andere Managementvorhaben zur Eutrophierungsminderung an Seen zur Verfügung gestellt werden. Als Fallbeispiel dient der Untersuchungsraum des FE-Vorhabens "Ökosystemforschung im Bereich der Bornhöveder Seenkette". An ihm werden die historische Entwicklung der Eutrophierung und die gegenwärtige Belastungssituation im Hinblick auf die Entwicklung eines Managementkonzepts einschließlich konkreter Maßnahmen untersucht.

Als zweites Ziel sollen Beiträge zu

"spezielleren Fragestellungen der limnologischen und hydrochemischen Arbeitsbereiche der Ökosystemforschung im Bereich der Bornhöveder Seenkette"

bearbeitet werden. Zunächst standen die raumzeitlichen Prozesse und Strukturen im Wasserkörper des Belauer Sees im Vordergrund der Untersuchungen (SCHERNEWSKI 1992). Fragen zur langfristigen ökosystemaren Entwicklung des Belauer Sees im Zusammenhang mit seiner Belastungsgeschichte führten schließlich zur der Erkenntnis, daß die dem Belauer See hydrologisch vorgeschalteten Seen einen entscheidenden Einfluß auf das Ökosystem des Belauer Sees ausüben. Das Ziel dieser Arbeit ist deshalb auch die Analyse dieser Wirkungen der vorgeschalteten Seen auf Dynamik und langfristige Entwicklung des Belauer Sees mit dem Schwerpunkt der Quantifizierung der externen Nährstoffquellen in den Einzugsgebieten. Schließlich dient die dazu notwendige Erfassung der jahrszeitlichen Dynamik hydrochemischer und -physikalischer Prozesse im Bornhöveder See und Schmalensee der Erweiterung der limnologischen Datenbasis des Untersuchungsgebiets mit dem Ziel der zukünftigen Anwendung der für den Belauer See entwickelten limnologischen Simulationsmodelle.

Die Ziele dieser Arbeit sind eingeordnet in die Forschungsziele des Projekts "Ökosystemforschung im Bereich der Bornhöveder Seenkette". Neben den allgemeinen Zielen der Ökosystemforschung wurden entsprechend der komplexen Struktur des Untersuchungsgebiets differenzierte Zielsetzungen für den Bereich der Bornhöveder Seenkette formuliert (FRÄNZLE 1990, LEITUNGSGREMIUM 1992, S. 4). Die vorliegende Arbeit soll deshalb einen wesentlichen Beitrag zu den Zielsetzungen

"Untersuchungen zur Effizienz von Umwelt- und Naturschutzmaßnahmen" und

"Erarbeitung der standörtlich differenzierten Beziehungen zwischen den einzelnen Seen und ihrem Umland"

leisten. Darüberhinaus sind Verknüpfungen der Ziele dieser Arbeit zu den zukünftigen Aufgabenstellungen des Ökologiezentrums der Universität Kiel (ÖZK) zwischen 1996 und 1999 zu sehen, da in diesem Zeitraum Forschungen zum nachhaltigen Landschaftsmanagement durchgeführt und die Entwicklung von Erhaltungs-, Renaturierungs- und Managementstrategien angestrebt werden.

2. Untersuchungsgebiet und Methoden

2.1 Untersuchungsgebiet

2.1.1 Seen

Sechs in enger hydrologischer Verbindung stehende Seen der ca. 30 km südlich von Kiel am Rand der weichselzeitlichen Eisrandlage gelegenen Bornhöveder Seenkette[1] und ihre Teileinzugsgebiete bilden den Untersuchungsraum des interdiziplinär arbeitenden Forschungsvorhabens "Ökosystemforschung im Bereich der Bornhöveder Seenkette". Das Einzugsgebiet der Bornhöveder Seenkette wurde mittels multivariater Gruppierungsalgorithmen von FRÄNZLE et al. (1986) als repräsentativer Forschungsraum ausgewählt. Es befindet sich im Übergangsbereich zwischen der weichselzeitlich geprägten schleswig-holsteinischen Jungmoränenlandschaft (östliches Hügelland) und den dazugehörigen Sandergebieten. Endmoränen und Grundmoränenbereiche bilden die charakteristischen Oberflächenformen. Die Hohlformen der Seen gehen auf intensive Toteisdynamik und Schmelzwassererosion zurück (MÜLLER 1976). Isobathenkarten der Bornhöveder Seen wurden von MÜLLER (1981) veröffentlicht.

Tab. 2-1
Topographische und morphometrische Kennwerte der untersuchten Seen und ihrer Einzugsgebiete.

See	F [km^2]	z_{max} [m]	$\bar{z}$ [m]	l [m]	α [°]	b [m]
Bornh. See	0,729	14,3	4,64	1115	34	935
Schmalensee	0,885	7,5	4,07	2155	109	605
Belauer See	1,133	25,6	8,98	2240	8	800
Schierensee	0,273	5,5	3,55	1095	146	325

See	V [Mio m^3]	V_E	L [m]	U	A [km^2]	A/F
Bornh. See	3,379	0,97	3125	1,03	10,581	14,5
Schmalensee	3,603	1,63	5765	1,73	9,945	11,2
Belauer See	10,179	1,05	5650	1,50	3,337	2,9
Schierensee	0,969	1,94	2650	1,43	15,513	56,8

F = Seefläche; z_{max} = maximale Tiefe; $\bar{z}$ = mittlere Tiefe
l = max. Länge = Fetch*; α = Fetchrichtung*; b = maximale Breite*
V = Seevolumen; V_E = Volumenentwicklung; L = Uferlinie (Umfang)
U = Umfangsentwicklung; A = Teileinzugsgebietsfläche (ohne Seefläche) *
A/F= Arealfaktor *; * eigene Angabe, alle anderen Werte nach MÜLLER (1981, S.18ff.)

[1] Topographische Karte 1:25000, Blätter 1827 und 1927

Der Bornhöveder See, Schmalensee und Belauer See entwässern nach Norden durch das Gewässersystem der Alten Schwentine in den Stolper See. Fuhlensee und Schierensee entwässern über die Fuhlenau ebenfalls in den Stolper See. Die Alte Schwentine verläßt diesen am Gut Depenau, vereinigt sich in ihrem weiteren Verlauf in Preetz mit der aus dem Plöner Seengebiet kommenden Schwentine und mündet bei Kiel in die Ostsee. Westlich der Bornhöveder Seenkette verläuft die Hauptwasserscheide zwischen Nord- und Ostsee.

Innerhalb des Einzugsgebiets der Seenkette von ca. 52 km^2 wurde der Belauer See seit Beginn der Messungen im Jahr 1988 hydrochemisch und -physikalisch intensiv untersucht (SCHERNEWSKI 1992). In der vorliegenden Arbeit werden zusätzlich die beiden ihm hydrologisch vorgeschalteten Seen, also der Bornhöveder See und der Schmalensee, sowie der Schierensee behandelt, so daß insgesamt vier Seen mit einem Einzugsgebiet von 42,4 km^2 bearbeitet werden. Tab. 2-1 enthält die wichtigsten topographischen und morphometrischen Kennwerte der vier untersuchten Seen, die im folgenden kurz besprochen werden sollen.

Bornhöveder See:
Der nahezu kreisrunde Bornhöveder See ist der südlichste der genannten sechs Seen. Sein Hauptzufluß ist die ca. 1,7 km flußaufwärts entspringende Alte Schwentine, einige kleinere zufließende Gräben sind hydrologisch unbedeutend. Er wird über einen nur 60 m langen Durchstich am Nordostufer in den Schmalensee entwässert. Ein heute funktionsloser Abfluß bestand am westlichen Seeufer und entwässerte den Bornhöveder See direkt in den Fuhlensee.

Schmalensee:
Der nach Volumen und Fläche im Vergleich zum Bornhöveder See etwas größere Schmalensee weist im Gegensatz zu allen anderen Seen der Seenkette eine deutliche Ost-West-Orientierung auf und gliedert sich in drei Seebecken. Neben seinem Hauptzufluß aus dem Bornhöveder See münden zwei kleinere Vorfluter in das östliche Seebecken. Der Abfluß befindet sich am NW-Ende des Sees.

Belauer See:
Der Belauer See mit einer maximalen Tiefe von 25,6 m ist der tiefste und nach Volumen und Fläche größte der untersuchten Seen. Sein direktes Einzugsgebiet ist demgegenüber von allen das kleinste, was zu einem niedrigen Arealfaktor von 2,9 führt. Vom tiefen Zentralbecken des Sees ist im Süden ein flacher Bereich durch zwei Halbinseln abgetrennt, in den der Hauptzufluß vom Schmalensee kommend einmündet. Auch der Belauer See wird hydrologisch hauptsächlich durch die Alte Schwentine bestimmt, weitere Zuflüsse sind auf kleine Entwässerungsgräben beschränkt.

Schierensee:
Der nach Volumen und Fläche kleinste der untersuchten Seen ist hydrologisch nicht mit den von der Alten Schwentine entwässerten drei Seen verbunden. An seinem Süd- und Westufer münden vier Vorfluter aus einem über 15 km^2 großen Einzugsgebiet, welches im Verhältnis zur Seefläche 57mal größer ist.

Abb. 2.1 zeigt, daß ca. 60% der schleswig-holsteinischen Seen kleiner und 40% flacher sind als der Schierensee, welcher dennoch als typischer Flachsee bezeichnet werden kann. Auf der anderen Seite der Skala sind etwa 15% der schleswig-holsteinischen Seen größer und 8%

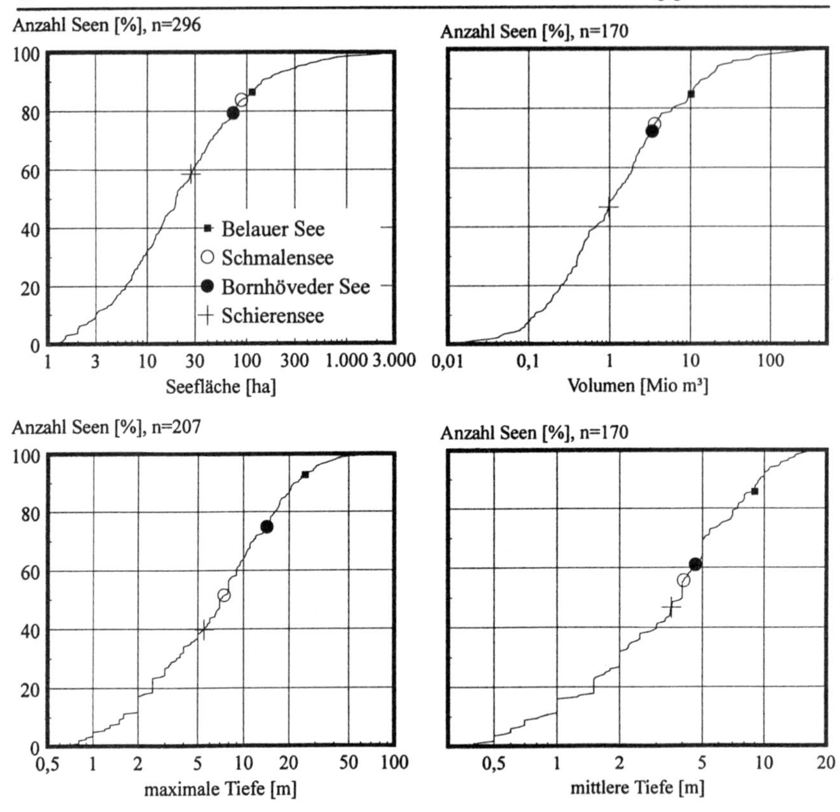

Abb. 2.1 Lage der untersuchten Seen auf den Verteilungsfunktionen für vier morphometrische Parameter der Seen Schleswig-Holsteins (Daten: LANDESAMT 1992, MÜLLER 1981 und MUUSS et al. 1973).

tiefer als der Belauer See. Mit diesen hat der Belauer See jährlich wiederkehrende, ausgeprägte Stratifikations- und Zirkulationsphasen gemeinsam. Zusammen mit dem Bornhöveder See, dessen Sommerstratifikation von kürzerer Dauer ist, repräsentieren die vier untersuchten Seen folglich einen breiten Querschnitt der in schleswig-holsteinischen Seen anzutreffenden Verhältnisse[2].

---

[2] Schmalensee und Schierensee unterscheiden sich von den anderen beiden Seen außerdem hinsichtlich ihrer mehr in Hauptwindrichtung orientierten Fetchrichtung, was in Kombination mit ihrer geringen Tiefe zu häufigeren windinduzierten Sedimentresuspensionen führen dürfte. Die mittlere Tiefe der Seen (Tab. 2-1) zeigt an, daß in drei Seen vergleichbare thermische Bedingungen herrschen dürften, während sich der Belauer See durch eine langsamere Erwärmung im Frühjahr und entsprechend langsamere Abkühlung im Herbst auszeichnen dürfte. Auffallende Unterschiede bestehen auch hinsichtlich des

2.1.2 Abgrenzung und Beschreibung der Teileinzugsgebiete

Grundlage für die Abgrenzung der topographischen Einzugsgebiete bildet die Gliederung des Gesamteinzugsgebietes der Bornhöveder Seenkette (LEITUNGSGREMIUM 1992, S. 15), die vom Teilvorhaben "Geographische Informationssysteme" auf der Basis der Angaben in MÜLLER (1981) und LANDESAMT (1982) erstellt wurde. Die dort vorgenommene Abgrenzung wurde leicht verändert übernommen[3] und in weitere Teileinzugsgebiete untergliedert (Abb. 2.2). Da eine großmaßstäbige Nutzungskartierung, wie sie für das Einzugsgebiet des Belauer Sees vorliegt, nicht für alle anderen Teileinzugsgebiete durchgeführt werden konnte, wurde eine Charakterisierung anhand der Dauernutzungen der Topographischen Karte (1:25.000) vorgenommen (Tab. 2-2 und Tab. 2-3).

Danach teilt sich das Einzugsgebiet des **Bornhöveder Sees** in zwei Teileinzugsgebiete. Das Einzugsgebiet der Alten Schwentine von der Quelle bis zur Mündung in den Bornhöveder See (1a in Abb. 2.2 mit 9,55 km^2) wurde von NOWOK (1994) ausführlich bearbeitet. Es weist einen vergleichsweise hohen Siedlungsanteil auf. Aus dem Siedlungsgebiet (Gemeinde Bornhöved, 2772 Einwohner[4]) werden die von einer mit dritter Reinigungsstufe ausgerüsteten Kläranlage gereinigten Abwässer in die Alte Schwentine eingeleitet (etwa 1,3 km oberhalb der Mündung in den See). Auch das Niederschlagswasser der versiegelten Flächen, welches in einem separaten Kanalisationssystem gesammelt wird (Trennkanalisation), wird ebenfalls in die Alte Schwentine eingeleitet. 85,9 % der Fläche werden jedoch landwirtschaftlich (Ackerflächen und Dauergrünland) genutzt, was dem Durchschnittswert für das Gesamteinzugsgebiet der Seenkette von 85,2 % entspricht. Demgegenüber ist der Waldanteil deutlich niedriger (0,8 % im Vergleich zu 6 %). Das gänzlich waldfreie Teileinzugsgebiet 1b umfaßt das Seeufer des Bornhöveder Sees und erstreckt sich etwa 1 km nach Südosten, wo es von einem Bach entwässert wird (Standort F3). Es weist mit 12,2 % ebenfalls einen hohen Siedlungsanteil auf, doch die Abwässer gelangen über die Kanalisation ebenfalls in die Kläranlage Bornhöved. Eine Besonderheit dieses Einzugsgebietes ist jedoch die mit 1 % ausgewiesene Gewässerfläche, bei der es sich um intensiv betriebene Fischteiche entlang des südlichen und südöstlichen Seeufers des Bornhöveder Sees handelt (vgl. 3.2.2.5).

Beide Teileinzugsgebiete (1a und 1b) entwässern über den Bornhöveder See in den **Schmalensee**, der folglich über ein (addiertes) Einzugsgebiet von 21,255 km^2 (ohne die eigene Seefläche) verfügt. Das direkte terrestrische Einzugsgebiet des Schmalensees von 9,945 km^2 teilt sich in vier Teileinzugsgebiete. Das Ufereinzugsgebiet (2a) ist durch einen hohen Grünlandanteil gekennzeichnet und wird durch einige Gräben entwässert. Das topographische Einzugsgebiet der Schmalenseefelder Au (2b) umfaßt 2,64 km^2, wobei nur 30 % direkt durch

---

Arealfaktors, der im Falle des Schierensees eine sehr viel größere Stoffbelastung erwarten läßt als beim Belauer See.

[3] Ein Gebiet nördlich des Schierensees (32,4 ha) wurde dem Teileinzugsgebiet des Stolper Sees zugerechnet, da das Einzugsgebiet des Schierensees auf den Probenahmestandort F12 am Abfluß des Schierensees bezogen werden muß. Weiterhin wurden 9 ha eines in den Schmalensee mündenden Grabens dem Einzugsgebiet 2a anstelle von 1b zugerechnet.

[4] Stand vom 31.12.1992. Die Bevölkerung im Gesamteinzugsgebiet betrug 8017 Einwohner. Herkunft dieser und der folgenden Angaben zur Bevölkerung der Gemeinden: STATISTISCHES LANDESAMT SCHLESWIG-HOLSTEIN (1993).

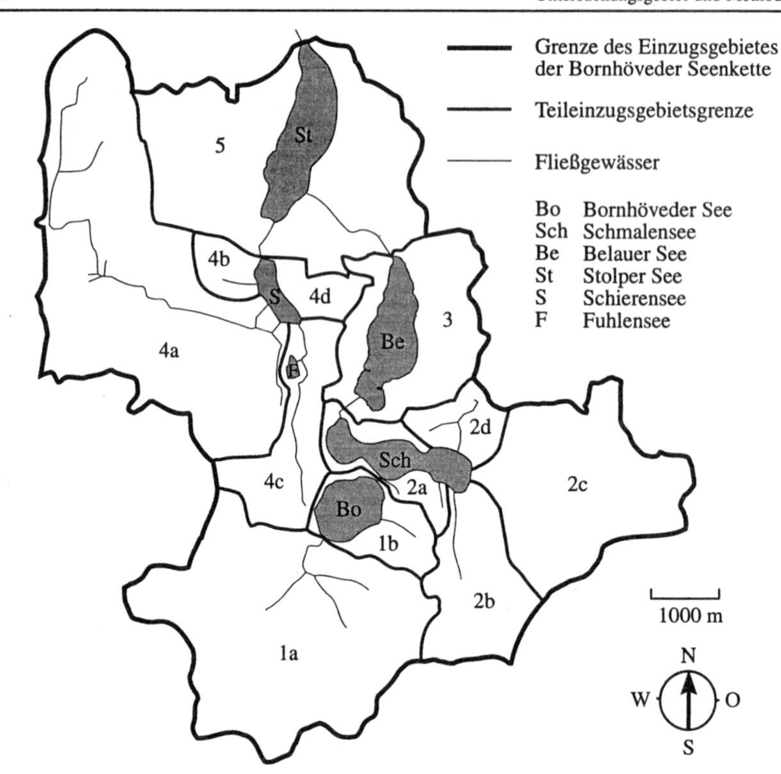

Abb. 2.2 Teileinzugsgebiete der Bornhöveder Seenkette, verändert nach LEITUNGSGREMIUM (1992, S. 15). Erläuterungen siehe Text.

die Au entwässert werden (80 ha nach BRUHM (1990, S. 143)). Dieser intensiv als Acker und Grünland genutzte Bereich wurde von BRUHM (1990, S. 143ff.) und REICHE (1991, S. 105ff.) hinsichtlich möglicher Maßnahmen zur Reduzierung der hohen Stickstoffausträge untersucht. Simulationsmodellrechnungen von REICHE (1991, S. 114) haben ergeben, daß nur 1,4 % des Gebietsniederschlags durch die Schmalenseefelder Au abfließen, während 36,7 % als Sickerwasser ins Grundwasser gelangen. Hohe Interzeptionsverluste, Evapotranspiration und Sickerwassermengen führen im Gebiet östlich des Schmalensees dazu, daß ein Gebiet von 5,42 km^2 ohne Gerinneabfluß bleibt (2c). In diesem Teileinzugsgebiet ist zugleich der Ackeranteil mit 93,1 % am höchsten. Einem weiteren Zufluß des Schmalensees (Standort F6) ist das Teileinzugsgebiet 2d mit einem überdurchschnittlich hohen Waldanteil von 16,1 % zuzurechnen. Die Ortschaft Schmalensee (449 Einw.) ist hauptsächlich auf die drei Teileinzugsgebiete 2b, 2c und 2d verteilt. Seit 1992 werden die Abwässer Schmalensees ebenfalls in der Kläranlage Bornhöved behandelt, während zuvor Hauskläranlagen bestanden haben.

Das addierte Einzugsgebiet des **Belauer Sees** umfaßt folglich 25,477 km^2 (Summe aus 1, 2 und 3 ohne eigene Seefläche). Demgegenüber ist das direkte Einzugsgebiet von 3,337 km^2 (Teileinzugsgebiet 3) im Verhältnis zur Wasserfläche des Belauer Sees sehr klein. Auch in diesem Teileinzugsgebiet überwiegt deutlich die ackerbauliche Nutzung. Neben Entwässerungsgräben existieren keine weiteren Gewässerläufe in diesem Gebiet. Die Abwasserentsorgung der Ortschaft Belau (362 Einw.) am Ostufer des Sees erfolgt über die Kläranlage Wankendorf und einige Hauskläranlagen. Durch das bewaldete Westufer wird ein höherer Waldanteil (15 %) im Vergleich zum Durchschnitt des Gesamteinzugsgebietes (6 %) erreicht. Im Vergleich zu den beiden anderen Seen ist folglich mit einer geringeren Nährstoffbelastung des Belauer Sees aus seinem direkten Einzugsgebiet zu rechnen, da einerseits keine nennenswerten Zuflüsse neben der Alten Schwentine vorhanden sind und andererseits das vorgeschaltete Einzugsgebiet an Fläche und Bevölkerung größer ist.

Das Einzugsgebiet des **Schierensees** wurde in vier Teileinzugsgebiete gegliedert. Das größte (4a in Abb. 2.2 mit 11,55 km^2) wird von der Hollenbek entwässert. Die Flächennutzung entspricht weitgehend der des Gesamteinzugsgebietes. Vor der Mündung in den Schierensee zweigt von der Hollenbek ein Graben ab, der ebenfalls in den Schierensee mündet (Standort F11). Der Hauptabfluß des Teileinzugsgebiets 4a mündet nach Vereinigung mit einem weiteren aus Süden kommenden Graben etwa 300 m südlich in den Schierensee (F10)[5]. In diesen Graben, östlich von Ruhwinkel (895 Einw.), werden die Abläufe der beiden Klärteiche der Ortschaft eingeleitet. Teileinzugsgebiet 4b erreicht ein Siedlungsflächenanteil von 27,3 % (Wankendorf, 2387 Einw.). Das Abwasser der Ortschaft beeinflußt den Schierensee jedoch nicht, da sich die Einleitungsstelle an der Fuhlenau hinter dem Seeabfluß des Schierensees (F12) befindet. Teileinzugsgebiete 4c und 4d erreichen fast 20 % Waldanteil an der Flächennutzung, welches auf den fast geschlossenen Waldgürtel des Schierensees zurückzuführen ist.

[5] Der Gesamtabfluß des Teileinzugsgebiets 4a ergibt sich folglich aus der Summe der Durchflußmengen an den Standorten F10 und F11. Der kleinere (F11) der beiden Schierenseezuflüsse bildet einen Überlauf, der bei Durchflußmessungen einen Anteil von 2-7 % vom Gesamtabfluß aus 4a erreichte. Weiterhin ist südlich des Fuhlensees eine Abgrenzung der Teileinzugsgebiete 4a und 4c nicht eindeutig zu treffen, da es in Abhängigkeit der Wasserstände zu Verschiebungen der Teileinzugsgebietsgrenzen kommt (vgl. MÜLLER (1981, S. 12) und Kap. 3.2.2.1).

Tab. 2-2
Größe und Flächennutzung der fünf Einzugsgebiete der Bornhöveder Seenkette (vgl. Abb. 2.2). Kartengrundlage: Flächennutzung der TK 25, Blätter 1827 und 1927 Ausgaben 1982, Fortführungsstand 1989.

	1 Bornhöveder See		2 Schmalensee		3 Belauer See		4 Schierensee		5 Stolper See		Gesamteinzugsgebiet	
	[km²]	[%]	[km²]	[%]	[km²]	[%]	[km²]	[%]	[km²]	[%]	[km²]	[%]
Acker	8,455	79,8	8,709	87,6	2,368	71,0	11,463	73,9	6,614	79,2	37,602	78,8
Grünland	0,65	6,1	0,371	3,7	0,215	6,4	1,365	8,8	0,463	5,5	3,073	6,4
Laubwald	0,024	0,2	0,305	3,1	0,137	4,1	0,078	0,5	0,132	1,6	0,677	1,4
Nadelwald	0,049	0,5	0,102	1,0	0,007	0,2	0,254	1,6	0,143	1,7	0,557	1,2
Mischwald	0,000	0,0	0,073	0,7	0,358	10,7	1,018	6,6	0,160	1,9	1,609	3,4
Siedlung	1,375	13,0	0,384	3,9	0,250	7,5	1,261	8,1	0,838	10,0	4,166	8,6
Gewässer	0,038[a]	0,4	0,000	0,0	0,003	0,1	0,073[b]	0,5	0,000	0,0	0,111	0,2
Zwischensumme	10,581	100,0	9,945	100,0	3,337	100,0	15,513	100,0	8,349	100,0	47,725	100,0
Seefläche[c]	0,729	6,4	0,885	8,2	1,133	25,3	0,273	1,7	1,395	14,3	4,415	8,5
Summe	11,310		10,830		4,470		15,786		9,744		52,140	

[a] incl. Mühlenteich (1,57 ha) [b] Fuhlensee [c] Prozentanteil bezogen auf das gesamte Einzugsgebiet (Summe in der letzten Zeile).

Tab. 2-3
Größe und Flächennutzung in den Teileinzugsgebieten des Bornhöveder Sees, Schmalensees und Schierensees (vgl. Abb. 2.2). Kartengrundlage: Flächennutzung der TK 25, Blätter 1827 und 1927 Ausgaben 1982, Fortführungsstand 1989.

	1a	1b	2a	2b	2c	2d	4a	4b	4c	4d
Größe [km^2]	9,550	1,031	0,926	2,640	5,424	0,955	11,550	0,433	2,707	0,824
Acker [%]	80,2	76,1	72,7	88,8	93,1	67,1	79,5	55,3	50,8	81,1
Grünland [%]	5,7	10,7	17,4	4,4	0,0	9,8	5,2	14,0	26,0	0,0
Laubwald [%]	0,3	0,0	3,7	0,5	4,7	0,0	0,0	0,0	2,9	0,0
Nadelwald [%]	0,5	0,0	0,0	0,8	0,0	8,5	0,0	1,3	3,6	18,2
Mischwald [%]	0,0	0,0	0,0	0,0	0,0	7,6	5,9	2,0	12,1	0,7
Siedlung [%]	13,1	12,2	6,2	5,5	2,1	7,0	9,5	27,3	1,9	0,0
Gewässer [%]	0,3	1,0	0,0	0,0	0,0	0,0	0,0	0,0	2,7	0,0

2.2 Datenerhebung im Bereich der Bornhöveder Seenkette

2.2.1 Meßprogramme 1992 und 1993

Räumliche und zeitliche Auflösung:
Für die vorliegende Arbeit wurden hydrochemische Probenahmen und Sondenmessungen an vier Seen der Bornhöveder Seenkette durchgeführt. Am Bornhöveder See, Schmalensee und Belauer See wurden Wasserproben aus dem Pelagial, Litoral und aus ihren Zu- und Abflüssen untersucht, am Schierensee Proben des Pelagials, der Zuflüsse und des Abflusses.

Die räumliche Auswahl der Standorte im Pelagial orientierte sich an der Morphologie des Seebeckens, die Standorte der Zu- und Abflüsse wurden so gewählt, daß sie für Abflußmessungen geeignet sind. Auf dem Belauer See wurden alle Standorte mit Bojen markiert, auf den anderen Seen konnten an den Litoralstandorten Stäbe gesteckt werden. Die Pelagialstandorte des Schmalensees, Bornhöveder Sees und Schierensees wurden mittels Querpeilung von Ufermarken angefahren.

Die Codierung der Standorte enthält an der ersten Stelle einen Buchstaben, der den Standorttyp bezeichnet (S für Seewasser aus dem Pelagial, F für Fließgewässerstandorte (Seezuflüsse und -abflüsse), L für Litoralstandorte (Probenahme an der seeseitigen Begrenzung des Schilfgürtels) und U für Uferstandorte (bei fehlendem Schilfbewuchs)). Eine vollständige Liste der Standorte mit genauer Lagebeschreibung, Koordinatenangaben und zeitlichem Umfang der Beprobung befindet sich im Anhang A (Tab. I).

Der Untersuchungszeitraum umfaßt die Jahre 1992 und 1993. Die Messungen wurden in einem Probenahmeintervall von 14 Tagen, z.T. von 7 Tagen durchgeführt. Die zeitliche Auflösung wurde in Perioden höherer Stoffumsätze an einigen Standorten auf etwa 3 Tage erhöht und im Winterhalbjahr auf etwa 28tägige Probenahmen geweitet. Um eine effiziente Datenerhebung zu gewährleisten, wurden die Beprobungen in Form von Meßprogrammen realisiert, die in Abhängigkeit der jeweiligen Fragestellung konzipiert wurden. Folglich unterscheiden sich die Meßprogramme hinsichtlich der zu erfassenden Parameter sowie der räumlichen und zeitlichen Auflösung.

Meßprogramm "Pelagial"
Ziel: Erhebung der Grundlagendaten zur Beschreibung des gegenwärtigen Belastungszustands der Seen (Vertikalstruktur physikalischer und chemischer Parameter im Jahresgang des Pelagials der Seen)
Parameter: Temperatur, elektrische Leitfähigkeit, pH-Wert, O_2 (Konzentration und Sättigungsindex), NO_3^--N, NH_4^+-N, TDN, TN, PO_4^{3-}-P, TDP, TP, Na^+, K^+, Mg^{2+}, Ca^{2+}, Cl^-, SO_4^{2-}, SiO_2-Si, Chlorophyll-a, Trübung, Sichttiefe
Räumliche Auflösung: S1, S2, S3, S4, S5, S6, S7, Sondenparameter in Meterabständen von der Oberfläche des Sees bis 1 m über Grund, chemische Analysen in Abhängigkeit der Schichtung
Zeitliche Auflösung: 14tägig (im Belauer See 1992 7tägig, im Schierensee von März - Okt. 1992 14tägig), im Winter 92/93 28tägig

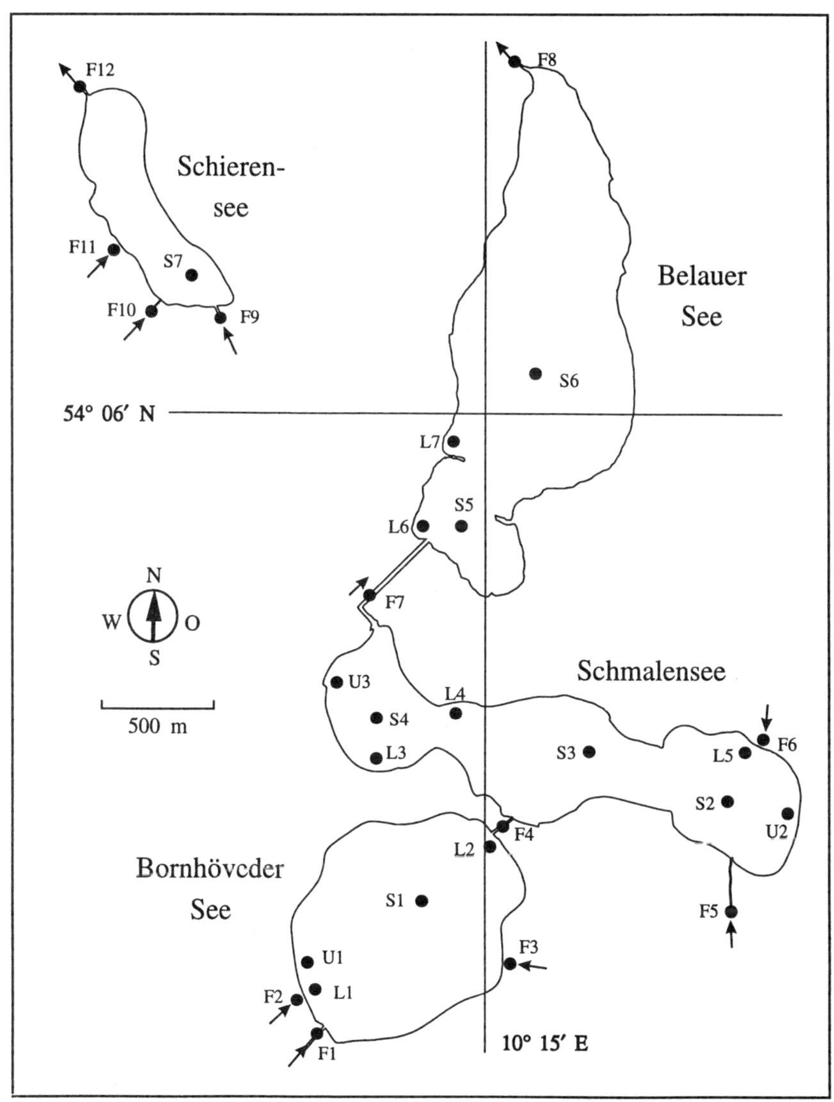

Abb. 2.3 Lage der Probenahmestandorte im Bereich der Bornhöveder Seenkette.

Meßprogramm "Zu- und Abflüsse"
Ziel: Ermittlung des Anteils der See-Einzugsgebiete an der Nährstoffbelastung der Seen durch die von Fließgewässern importierten Stofffrachten; Ermittlung der aus den Seen exportierten Stofffrachten
Parameter: Temperatur, elektrische Leitfähigkeit, pH-Wert, O_2 (Konzentration und Sättigungsindex), NO_3^--N, NH_4^+-N, TDN, TN, PO_4^{3-}-P, TDP, TP, Na^+, K^+, Mg^{2+}, Ca^{2+}, Cl^-, SO_4^{2-}, SiO_2-Si, Abflußmenge
Räumliche Auflösung: F1, F2, F3, F4, F5, F6, F7, F8, F9, F10, F11, F12
Zeitliche Auflösung: je nach Standort, siehe Tab. I im Anhang A

Meßprogramm "Sediment"
Ziel: Rekonstruktion der jüngeren Eutrophierungsgeschichte; Ermittlung der aktuellen Sedimentationsraten; Erfassung des Phosphorgehalte der oberen Sedimentschicht
Parameter: Wassergehalt, TP, ^{210}Pb-Datierung
Räumliche Auflösung: im Schmalensee und Bornhöveder See an jeweils drei Standorten im Pelagial
Zeitliche Auflösung: eine Probenahme an jedem Standort, durchgeführt am 22.4.1993 und 6.5.1993
Anmerkung: Die Probenahme wurde von TV 6.8 (Sedimentchemie) des Projektzentrums Ökosystemforschung und die Altersbestimmungen von H. ERLENKEUSER im ^{14}C-Labor der Universität Kiel durchgeführt.

Meßprogramm "Horizontale Strukturen der Seenkette"
Ziel: Erfassung der räumlichen Belastungsstruktur an der Oberfläche der Seen; Repräsentativität der Pelagialstandorte
Parameter: Temperatur, elektrische Leitfähigkeit, pH-Wert, O_2 (Konzentration und Sättigungsindex), (am 12.11.1989 außerdem: NO_3^--N, NH_4^+-N, TDN, PO_4^{3-}-P, Cl^-, SO_4^{2-}, SiO_2-Si)
Räumliche Auflösung: 25 bis 141 Meßpunkte an der Oberfläche des Belauer Sees, Schmalensees und Bornhöveder Sees
Zeitliche Auflösung: an vier Terminen: 12.11.1989, 13.3.1990, 28.3.1991 und 22.4.1991

Meßprogramm "Oberes Einzugsgebiet der Alten Schwentine"
Ziel: Erfassung der räumlichen Belastungsstruktur im Einzugsgebiet der Alten Schwentine vor ihrer Mündung in den Bornhöveder See und Analyse der Nährstoffquellen mit den Schwerpunkten: diffuser Stoffeintrag aus der Landwirtschaft, Einträge aus der Kläranlage Bornhöved und aus Regenwassereinleitungen versiegelter Flächen
Parameter: Temperatur, elektrische Leitfähigkeit, pH-Wert, O_2 (Konzentration und Sättigungsindex), NO_3^--N, NH_4^+-N, TDN, TN, PO_4^{3-}-P, TDP, TP, Na^+, K^+, Mg^{2+}, Ca^{2+}, Cl^-, SO_4^{2-}, SiO_2-Si, Abflußmenge
Räumliche Auflösung: Standorte im Einzugsgebiet der Alten Schwentine flußaufwärts von F1
Zeitliche Auflösung: ereignisorientierte Messungen 1993 (NOWOK 1994)

Meßprogramm "Kläranlage Bornhöved"
Ziel: Erfassung der von der Kläranlage Bornhöved in die Alte Schwentine eingeleiteten Stofffrachten; Methodenvergleich der eigenen mit den im Rahmen der behördlichen Abwasserüberwachung angewandten Untersuchungsmethoden
Parameter: Temperatur, elektrische Leitfähigkeit, pH-Wert, O_2 (Konzentration und Sättigungs-

index), NO_3^--N, NH_4^+-N, TDN, TN, PO_4^{3-}-P, TDP, TP, Na^+, K^+, Mg^{2+}, Ca^{2+}, Cl^-, SO_4^{2-}, SiO_2-Si
Räumliche Auflösung: am Abfluß der Kläranlage Bornhöved in die Alte Schwentine
Zeitliche Auflösung: an 10 Terminen 1992 und 1993

2.2.2 Probenahme und Probenbehandlung

Wasserprobenahmen von der Oberfläche der Seen und aus den Fließgewässern erfolgten mit einem Stangenschöpfer (1000 ml-Meßbecher aus PE mit einer 1,5 m langen Stange) aus einer Wassertiefe von ca. 0,3 m. Diese Tiefenangabe ist als Richtwert zu verstehen und soll verdeutlichen, daß die Wasserprobe unterhalb der Wasseroberfläche entnommen wurde, um zu verhindern, daß der insbesondere mit Partikeln angereicherte Oberflächenfilm zu einer Konzentrationserhöhung in der Probe führt. Weiterhin wurde sichergestellt, daß im Litoral und an den Fließgewässern kein Sediment durch die Probenahme aufgewirbelt wurde. Wasserproben der Seen aus einer Tiefe >0,3 m wurden mit einem Wasserschöpfer nach RUTTNER (Schöpfvolumen 1 l) entnommen.

Die Proben wurden im Gelände in 500 ml-PE-Weithalsflaschen abgefüllt und gekühlt (ungefroren) nach Kiel transportiert. Dort erfolgte die Verarbeitung am gleichen Tag. Es wurden ca. 250 ml einer Probe mittels Druckfiltration durch Membranfilter (0,45 µm) filtriert und in 50 ml-PE-Weithalsflaschen gefüllt. Eine zweite Probe wurde unfiltriert abgefüllt. Beide Proben wurden bis zur Analyse bei -18 °C tiefgefroren. 1993 konnten gegenüber 1992 einige Verbesserungen im Ablauf der Probenverarbeitung erreicht werden: 1. Die Filtration erfolgte durch Überdruckfiltration mit Stickstoff unter einer Clean Bench. 2. Die Analyse von NO_3^--N und NH_4^+-N konnte bereits am Tag nach der Probenahme an den gekühlten Proben durchgeführt werden. 3. Eine dritte, filtrierte Probe wurde für die Analyse der Kationen mit ca. 2 µl konz. HNO_3 angesäuert und brauchte deshalb nicht tiefgefroren gelagert zu werden.

2.2.3 Chemische Analytik

Alle Analysen wurden im Zentrallabor des Projektzentrums Ökosystemforschung durchgeführt, in dem drei Autoanalysersysteme zur Durchführung spektralphotometrischer Bestimmungen (zwei Rapid-Flow-Analyser RFA-300 der Alpkem Corporation, ein TRAACS von Bran + Luebbe) und ein Flammen-Atomabsorptionsspektrophotometer (AAS, Perkin Elmer-2100) zur Verfügung stehen. Die folgende Kurzbeschreibung der verwendeten Nachweismethoden basiert auf den Ausführungen zur chemischen Analytik im Anhang I des Arbeitsberichtes 1988 - 1991 (LEITUNGSGREMIUM 1993, S. 125ff.).

Spektralphotometrie
Nitrat (NO_3^--N): Quantitative Reduktion über metallischem Cadmium in einer mit gefälltem Kupfer überzogenen Rohrschleife (Open Tubular Cadmium Reactor, OTCR) in alkalisch gepufferter Lösung (Imidazol). Überführung des entstandenen Nitrits in einen Azofarbstoff (GRIESS-Reaktion) mit einem Absorptionsmaximum bei 543 nm.

Ammonium (NH_4^+-N): Ammonium reagiert mit Salicylat und Hypochlorid bei Anwesenheit von Na-Nitroferro-Cyanid in alkalisch gepufferter Lösung unter Bildung eines Farbstoffs mit einem Absorptionsmaximum bei 660 nm.

Gesamtgelöster Stickstoff (TDN): Gelöste organische Stickstoffverbindungen werden im Durchfluß mit Kaliumperoxidisulfat, unterstützt durch UV-Strahlung, in Nitrat überführt. Der aufgeschlossene Stickstoff und das ursprünglich in den Proben vorhandene Nitrat passieren eine Dialysemembran und werden über einem Cadmiumreduktor (OTCR) zu Nitrit reduziert und als Nitrat bestimmt (s.o.)

Orthophosphat (PO_4^{3-}-P): In saurer Lösung reagiert Orthophosphat mit Ammoniummolybdat und Kalium-Antimontartrat unter Bildung eines Phosphoantimonyl-Molybdän-Komplexes. Nach Reduktion mit Ascorbinsäure entsteht ein unterschiedlich koordinierter Komplex mit einem Absorptionsmaximum bei 820 nm.

Gesamtgelöster Phosphor (TDP): Gelöste organische Phosphorverbindungen werden im Durchfluß mit Kaliumperoxidisulfat und Natriumtetraborat, unterstützt durch UV-Strahlung, in Orthophosphat überführt. Der aufgeschlossene Phosphor und das ursprünglich in den Proben vorhandene Orthophosphat passieren eine Dialysemembran und werden als Orthophosphat bestimmt (s.o.).

Gesamtphosphor (TP) und Gesamtstickstoff (TN): Aufschluß mit Kaliumperoxidisulfat nach DEV D11, Abschnitt 8 (DIN 38 405 Teil 11) und Nachweis als Nitrat bzw. Orthophosphat (s.o.) im RFA-Verfahren.

Silikat (SiO_2-Si): Durch die Reaktion von Silikat mit Ammoniummolybdat wird bei einem pH-Wert von 1 - 1,8 Silicidosäure gebildet und der nach Reduktion mit Zinn-II-Chlorid gebildete Komplex mit Absorptionsmaximum bei 820 nm bestimmt.

Sulfat (SO_4^{2-}): In saurer Lösung reagiert Sulfat mit dem Barium-Methymolblau-Komplex ($BaMTB^{4-}$) unter Bildung von schwerlöslichem Bariumsulfat und MTB (MTB^{6-}). Nach Zugabe von Natronlauge liegt das Absorptionsmaximum für den Rest des Ba-MTB-Komplexes bei 610 nm, während das entstehende Ba-freie MTB in stark alkalischer Lösung sein Absorptionsmaximum bei 460 nm hat. Bei den durchgeführten Sulfatbestimmungen wird die mit steigenden Sulfatkonzentrationen zunehmende Extinktion bestimmt.

Chlorid (Cl^-): In wässriger Lösung tauscht Chlorid den Liganden von Quecksilber-II-Thiocyanat aus und bildet den Quecksilber-II-Chlorid-Komplex. Aus den freigesetzten Thiocyanat-Ionen entsteht in einer zweiten Reaktion aus den im Nachweisreagenz vorhandenen Eisen-III-Ionen ein Eisen-III-Thiocyanat-Komplex. Die Absorption dieses Komplexes bei einem Maximum von 430 nm ist damit direkt abhängig von der Chloridkonzentration der Probe.

Flammen-AAS

Alkaliionen (Na^+, K^+): Bestimmung in der Acetylen-Luft-Flamme im Emissionsbetrieb (AES) unter Zugabe eines Ionisationspuffers (0,5% Cs als CsCl). Die Proben wurden mit ca. 2 µl konz. HNO_3 angesäuert.

Tab. 2-4
Übersicht zu den verwendeten chemischen Methoden

Parameter	Methode	Meßbereich[a] [mg/l]	Nachweisgrenze[b] [mg/l]	Probenbehandlung[c]
NO_3^--N	TRAACS	0,02-1,5	0,046	f
NH_4^+-N	TRAACS	0,05-3	0,028	f
TDN	RFA	0,1-5	0,146	u
PO_4^{3-}-P	RFA	0,002-0,05	0,005	f
TDP	RFA	0,01-0,5	0,021	u
Cl^-	RFA	0,5-50	0,89	f
SO_4^{2-}	RFA	1-10	0,46	f
SiO_2-Si	RFA	0,05-1	0,004	f
TN	DEV D11	0,2-10	0,057	u
TP	DEV D11	0,01-0,5	0,011	u
Na^+	AES	0,1-2	0,006	f+a
K^+	AES	0,25-5	0,04	f+a
Mg^{2+}	AAS	0,05-0,5	0,001	f+a
Ca^{2+}	AAS	0,25-5	0,017	f+a

[a] Der Meßbereich ist definiert durch den niedrigsten und höchsten Eichstandard. Proben oberhalb des höchsten Standards werden entsprechend verdünnt gemessen.

[b] Die Nachweisgrenze NG wurde aus der dreifachen Standardabweichung s und dem Mittelwert der Blanks $\bar{x}$ mehrerer Analysengänge nach der Formel $NG = 3s + \bar{x}$ errechnet oder LEITUNGSGREMIUM (1993, S. 125ff.) entnommen.

[c] f = membranfiltriert (0,45 µm); u = unfiltriert; f+a = membranfiltriert und angesäuert (s. Abschnitt 2.2.2)

Erdalkaliionen (Mg^{2+}, Ca^{2+}): Bestimmung von Magnesium in der Acetylen-Luft-Flamme und von Kalzium in der Acetylen-Lachgas-Flamme im Absorptionsbetrieb (AAS) unter Zugabe eines Ionisationspuffers (0,5% La als $LaCl_2$). Die Proben wurden mit ca. 2 µl konz. HNO_3 angesäuert.

2.2.4 Sondenmeßtechnik

Die Parameter elektrische Leitfähigkeit, Temperatur, pH-Wert und Sauerstoffsättigung wurden vorort mittels Sondenmessungen bestimmt. Jede Sonde besteht aus einer Elektrode als Meßfühler und einem Meßwertumformer, der das Meßsignal der Elektrode in gebräuchliche Einheiten umrechnet und zur Anzeige bringt. Zum Einsatz kamen Meßgeräte der Firma WTW (Wissenschaftlich-Technische Werkstätten GmbH, Weilheim). Für jeden Parameter standen zwei Geräte mit Elektrode und Meßwertumformer zur Verfügung, die für den Einsatz auf den Seen mit 30-m-Kabel ("Tiefensonde") und für die Messungen an den Zu- und Abflüssen mit

1,5-m-Kabel ("Oberflächensonde") ausgerüstet waren. Dadurch konnten fast zeitgleich zu den Sondenmessungen auf den Seen deren Zu- und Abflüsse untersucht werden und das Meßprogramm an einem Tag durchgeführt werden. Die Sondierung der Tiefenprofile ("Tiefenmessungen") auf den Seen wurde vom Boot aus an der Wasseroberfläche begonnen und in die Wassersäule mit 1 m-Abständen bis oberhalb der Sediment-Wasser-Grenze fortgesetzt. Da die Sauerstoff-, pH-, und Leitfähigkeitssonde mit integriertem Temperaturfühler gemeinsam an einer Halterung befestigt wurden, konnten die vier physikalischen Parameter mit einer einzigen Tiefensondierung erfaßt werden, wodurch Störungen vorhandener Schichtungen minimiert wurden. Bei Messungen in den Fließgewässern ("Oberflächenmessungen") wurden mit Ausnahme der pH-Elektrode, für die Meßgut in ein Gefäß abgefüllt wurde, ebenfalls alle Elektroden direkt in das Gewässer eingebracht.

Vor Beginn des Meßprogramms wurden alle eingesetzten Sonden nach der erforderlichen Polarisationszeit im Gelände kalibriert, an einem Standort am Belauer See auf Übereinstimmung geprüft und bei zu hohen Abweichungen zwischen Tiefensonde und Oberflächensonde der gleichen Parameter (> 5 µS/cm, > 0,1 pH-Stufen, > 5 % Sauerstoffsättigung) eine erneute Kalibration vorgenommen. Die Kalibration wurde ggf. solange wiederholt, bis eine Übereinstimmung erreicht werden konnte. Gelang dies nicht, wurde das nicht korrekt zu kalibrierende Gerät ausgesondert und alle Wasserproben mit dem korrekt kalibirierten Gerät gemessen. Während der Messung wurde am Meßwertumformer die Einstellung eines konstanten Wertes verfolgt, der anschließend in einem Geländeprotokoll festgehalten wurde. Weitere Angaben zur Methodik der Sondenmessungen sind im Anhang I zum Arbeitsbericht 1988 - 1991 nachzulesen (LEITUNGSGREMIUM 1993, S. 60ff.).

Sauerstoff:
Geräte: 2 Mikroprozessor-Meßwertumformer von WTW des Typs OXI 196 für Oberflächen- und Tiefenmessungen sowie Elektroden des Typs EO 196-1,5 für Oberflächen- und EOT 196 für Tiefenmessungen.
Methode: Bei den Elektroden handelt es sich um membranbedeckte amperometrische Elektroden nach CLARK (Zweielektroden-Prinzip). Sie bestehen aus einer in einem Isolator befindlichen Silber-Kathode, die durch eine sauerstoffdurchlässige Membran vom Meßgut getrennt ist, um Verschmutzungen zu verhindern. Die mit einer AgBr-Schicht überzogene Anode hat gleichzeitig die Funktion einer Bezug- und einer stromdurchflossenen Gegenelektrode, die in eine KBr-Lösung eintaucht. Der im Wasser gelöste Sauerstoff wird an der Kathodenoberfläche zu OH^--Ionen reduziert und im Gegenzug wird Silber zu Ag^+ oxidiert, welches in Gegenwart von Br^- an der Anode als schwerlösliches AgBr ausfällt. Die Messung ist folglich mit einem Verbrauch der zu messenden Substanz verbunden, weshalb die Elektrode ständig mit frischem Meßgut angeströmt werden muß. In Fließgewässern ist dieses naturgemäß gegeben. Demgegenüber ist die Tiefensonde zur Messung in der Wassersäule der Seen mit einem Batterierührer ausgestattet, der eine Mindestanströmungsgeschwindigkeit von 15 cm/s an der Elektrode sicherstellt. Die Kalibration der Sauerstoffsonden erfolgt im WTW-Schnelleichverfahren in wasserdampfgesättigter Luft, die bezüglich ihres O_2-Partialdrucks gleichwertig mit luftgesättigtem Wasser ist (WTW 1987, S. 41). Ein Methodenvergleich zu Beginn der Messungen am Belauer See ergab, daß die mit den Sauerstoffsonden gemessenen Werte eine zufriedenstellende Übereinstimmung mit im Labor durch iodometrische Titration nach DIN 38 408 - G 21 (Verfahren nach WINKLER) ermittelten Werten zeigen. Die Meßwertumformer zeigen wahlweise die luftdruckkorrigierte Gelöstsauerstoffkonzentration

(mg/l) oder den Sauerstoffsättigungsindex (%) an. Beide Größen lassen sich in Abhängigkeit der Wassertemperatur nach einer - auch im Meßwertumformer programmierten - Funktion nach DIN 38 408, Teil 22, ineinander umrechnen, so daß im Gelände nur der Sauerstoffsättigungsindex notiert wurde.
Fehler: Der Meßfehler beträgt nach Herstellerangaben etwa ±1 % des gemessenen Wertes. Berücksichtigt man weiterhin die Anzeigeungenauigkeit, so beträgt der Gesamtfehler der Sauerstoffsättigungsindices etwa ±2 % (SCHERNEWSKI 1992, S. 9). Für die daraus berechnete Sauerstoffkonzentration ergibt sich ein Gesamtfehler von etwa ±0,3 mg/l.

pH-Wert:
Geräte: 2 Mikroprozessor-Meßwertumformer von WTW des Typs pH 196 für Oberflächen- und pH 196 T für Tiefenmessungen sowie verschiedene Elektroden (Typen E 50-1,5 von WTW (Gel) oder U 455-S7 von Ingold (Gel) oder 405-S7 von Ingold (Glas) für Oberflächenmessungen und SensoLyt®-SETA in Tiefenarmatur TA-pH/T für Tiefenprofile der Seen).
Methode: Bei den genannten Elektroden handelt es sich um Einstabmeßketten, die mit Ausnahme der silberfreien SensoLyt®-SETA-Platinelektrode ein Ag/AgCl-System als Bezugssystem benutzen. Die Innenpuffer bestehen aus AgCl-gesättigtem 3 M KCl in wässriger Lösung (bei 405-S7) oder als Gelelektrolyt (bei U 455-S7 und E 50-1,5). Der Meßwert wird bei allen Geräten mit Hilfe eines Temperaturfühlers temperaturkompensiert angegeben. Die Kalibration erfolgte vor jedem Meßtermin mit technischen Pufferlösungen von pH 7 und pH 10 (bei 25 °C).
Fehler: Die Richtigkeit der pH-Messung hängt in entscheidendem Maße von der vor jedem Meßtermin durchgeführten Kalibration ab und dürfte bei ca. 0,1 pH-Einheiten liegen. Gerätebedingt beträgt die Genauigkeit der pH-Messung laut Herstellerangaben ±0,01 Einheiten und zusätzlich ±1 digit. Folglich sind die auf eine Kalibration folgenden pH-Messungen an verschiedenen Standorten an einem Termin mit einem 10fach geringeren Fehler behaftet, als Messungen an verschiedenen Terminen mit jeweils neu durchgeführten Kalibrationen .

Leitfähigkeit:
Geräte: 2 Mikroprozessor-Meßwertumformer von WTW des Typs LF 191 für Oberflächen- und LF 196 für Tiefenmessungen[6] sowie Elektroden des Typs LS 1/T-1,5 (mit einer Zellkonstanten von $K = 1\ cm^{-1}$) für Oberflächen- und TetraCon 96/T (mit $K = 0,6\ cm^{-1}$) für Tiefenmessungen. Die Geräte verfügen über eine integrierte Temperaturanzeige und -kompensation sowie Salinitätskompensation.
Methode: Die Meßmethode basiert auf der Erfassung des elektrischen Widerstands bzw. Leitwerts des Meßguts durch eine platinierte Meßzelle. Die elektrische Leitfähigkeit ergibt sich durch Multiplikation des Leitwerts mit der Zellkonstanten. Die Werte werden auf die international gültige Referenztemperatur von 25 °C bezogen, wobei Gerät LF 191 mit einer linearen (2,1 %/K) und LF 196 mit einer nicht-linearen Temperaturkompensation ausgestattet ist.
Fehler: Die Meßgenauigkeit beträgt laut Herstellerangaben ±0,5 % vom Meßwert und ±1 digit. Bei den Tiefenmessungen muß infolge der Verwendung eines 30 m langen Kabels mit Fehlern von ±0,8 % ausgegangen werden. Der Fehler durch Temperatureinfluß beträgt

---

[6] Diese Angaben gelten für 1992. 1993 wurde die Gerätekombination umgestellt, d.h. Typ LF 191 für Tiefen- und LF 196 für Oberflächenmessungen.

weniger als 0,2 %/K. Der Gesamtfehler der Leitfähigkeitsmessungen wird jedoch im wesentlichen durch die lineare Temperaturkompensation beeinflußt, wobei Fehler von 10 % auftreten können. Die Richtigkeit der Leitfähigkeitsmessungen hängt vor allem von der Zellkonstanten ab, die sich mit zunehmendem Alter infolge von Beeinträchtigungen an der Platinierung vom ursprünglich angegebenen Wert entfernen kann. Dieses wurde anhand von Eichstandards (0,01 M KCl mit 1413 µS/cm bei 25 °C) mehrfach überprüft und ggf. eine korrigierte Zellkonstante am Meßwertumformer eingegeben.

Temperatur:
Geräte: integrierte Temperaturfühler der Leitfähigkeitselektroden LS 1/T-1,5 und TetraCon 96/T
Fehler: Laut Herstellerangaben liegt der Fehler unter ±0,2 K, was sich nach mehreren Vergleichsmessungen bestätigte. Im Vergleich der Geräte untereinander wiesen die Leitfähigkeitsmeßgeräte mit einem Fehler von ±0,1 K die beste Übereinstimmung auf und wurden deshalb für die Temperaturmessung herangezogen (SCHERNEWSKI 1992, S. 11).

2.2.5 Chlorophyll-a-Bestimmung, Trübung und Sichttiefe

Äthanolextraktion nach NUSCH (1980):
Die vom Teilvorhaben 6.4 des Projektzentrums Ökosystemforschung durchgeführten Messungen zur Bestimmung des Chlorophyll-a-Gehalts der Seewasserproben im Belauer See (Vertikalprofile bei S6) sind bereits an anderer Stelle ausführlich beschrieben worden (LEITUNGSGREMIUM 1993, S. 204ff.). Zur Anwendung kam die spektrophotometrische Bestimmung nach vorangegangener Filtration, Zellaufschluß und Äthanolextraktion in angesäuerter und unangesäuerter Probe bei 665 und 750 nm (NUSCH 1980). Der Fehler beträgt ca. ±1 %.

In situ-Fluororeszenzmessung:
Mit einem BackScat-Fluorometer (Typ 1101.1 LP/Chla/MO der Fa. Haardt, Klein Barkau) konnten zeitlich und räumlich hochauflösende Messungen der Chlorophyll-a-Konzentration im Wasserkörper der Seen vorgenommen werden. Es handelt sich um ein netzunabhängig betriebenes in situ-Fluorometer mit einer Xenon-Lichtquelle von 15 Hz, welches die in vivo Emission des Chlorophylls bei 685 nm erfaßt. Das Gerät wird wie bei den Sondenmessungen vom Boot aus in 1 m-Abständen in die Wassersäule hinabgelassen und die Fluoreszenzwerte manuell aufgezeichnet. Die Kalibration erfolgte anhand der Chlorophyll-a-Bestimmungen durch Äthanolextraktion. Infolge des Einflusses der wechselnden Artenzusammensetzung des Phytoplanktons im Jahresverlauf auf den Zusammenhang von Fluoreszenz und Chlorophyll-a-Konzentration konnte keine für das ganze Jahre gültige Funktion abgeleitet werden. Die Kalibration erfolgte deshalb anhand einer linearen Regression, die für jeden Probenahmetermin anhand der Chlorophyll-a-Konzentration aus der Äthanolextraktionsmethode bestimmt wurde. An Probenahmeterminen ohne Chlorophyll-a-Bestimmungen nach der Äthanolextraktionsmethode können anhand der Regressionen der zeitlich nächstgelegenen Termine die Chlorophyll-a-Konzentrationen ebenfalls zuverlässig berechnet werden. Der Meßfehler der in situ-Fluoreszenzmessung beträgt nach Angaben des Herstellers weniger als ±10 %. Durch die Umrechnung in Konzentrationseinheiten erhöht sich dieser Fehler geringfügig.

Trübung:
Das BackScat-Fluorometer verfügt über einen integrierten optischen Trübungssensor (520 nm), der in "reflectance units" kalibriert ist. Einer weißen Scheibe wird definitionsgemäß ein Wert von 100 % reflectance zugeordnet. Der Meßbereich des Sensors umfaßt 0 - 1 % bei einer Auflösung von ≤0,002 %.

Sichttiefe:
Parallel zu den Sondenmessungen wurde an den Pelagialstandorten die Sichttiefe mit einer weißen Secchi-Scheibe von 19 cm Durchmesser bestimmt.

2.2.6 Abflußmessung

Im Bereich der Bornhöveder Seenkette werden die Wasserstände durch die Staueinrichtungen der Mühlen Perdoel und Depenau beeinflußt, weshalb an den meisten Standorten kontinuierliche Abflußmengen nicht aus Wasserstandsmessungen über eine Pegelschlüsselkurve berechnet werden können. Auf eine zeitlich hochauflösende Messung der Pegelstände mußte deshalb an den durch Aufstauungen beeinflußten Standorten verzichtet werden. Stattdessen wurden Abflußmessungen zum Zeitpunkt der Probenahme durchgeführt. Am Zufluß und Abfluß des Belauer Sees (F7 und F8) konnte auf stündliche Abflußmessungen, die im Projektzentrum Ökosystemforschung von TV 2.3 (Wassermengenhaushalt) des Projektzentrums Ökosystemforschung durchgeführt wurden, zurückgegriffen werden.

Bestimmung der Abflußmenge mit dem Meßflügel:
An den Standorten F1, F3, F4, F5, F6, F9, F10 und F12 wurden Abflußmessungen zur Bestimmung des Wasserabflusses zum Zeitpunkt der hydrochemischen Probenahme durchgeführt. Zu diesem Zweck wurden an den Standorten Profilquerschnitte wiederholt vermessen und an allen Standorten, die an einer Brücke gelegen sind (Ausnahme: F12), in Abhängigkeit von der Gewässertiefe und -breite bis zu 5 Lotrechte markiert. Zum Einsatz kam ein Meßflügel (Fa. Ott), mit dem innerhalb eines Fließquerschnitts die Strömungsgeschwindigkeiten in einzelnen Meßpunkten bestimmt wurde (Punktmessung, vgl. LÄNDERARBEITSGEMEINSCHAFT WASSER & BUNDESMINISTER FÜR VERKEHR 1991, S. 2.1ff.). Die Zielgröße Abflußmenge (gewöhnlich in m^3/s) ergibt sich dann über Integration der Fließgeschwindigkeiten der Meßpunkte einer Lotrechten über die Gewässertiefe (Geschwindigkeitsfläche) und Integration der Geschwindigkeitsflächen über den Fließquerschnitt. Die Berechnung erfolgte digital mit einem von CÄSPERLEIN (1967) beschriebenen Verfahren. Fehler: Nur bei Meßstellen mit eindeutig fixiertem Profil sind Meßfehler von weniger als ±5 % zu erreichen (LÄNDERARBEITSGEMEINSCHAFT WASSER & BUNDESMINISTER FÜR VERKEHR 1991, S. 2.15), so daß bei sonst günstigen Bedingungen ein Fehler von ±10 % für die Flügelmessungen im Bereich der Bornhöveder Seenkette angenommen werden kann.

Abflußschätzung an kleineren Fließgewässern und Rohren:
An einigen Standorten konnte der Meßflügel wegen zu geringer Fließquerschnitte nicht eingesetzt werden. In diesen Fällen wurde die Abflußmenge angenähert durch Ermittlung der

oberflächennahen Fließgeschwindigkeit mit einem Oberflächenschwimmer bestimmt (LÄNDERARBEITSGEMEINSCHAFT WASSER & BUNDESMINISTER FÜR VERKEHR 1991, S. 4.4).

Kontinuierliche Abflußmessung am Zufluß und Abfluß des Belauer Sees:
Die vom Teilvorhaben 2.3 des Projektzentrums Ökosystemforschung für die Abflußmengenbestimmung verwendeten Methoden sind an anderer Stelle dokumentiert (LEITUNGSGREMIUM 1993, S. 51ff.). Zum Einsatz kommt am Standort F7 eine Ultraschall-Strömungsmeßanlage. Am Abfluß des Belauer Sees kann die Abflußmenge aus einer Pegelschlüsselkurve über kontinuierlich aufgezeichnete Wasserstände ermittelt werden, da der Standort hinter dem Mühlenstau gelegen ist.

2.2.7 Dokumentation der erhobenen Daten

Die im Rahmen dieser Arbeit erhobenen hydrochemischen- und physikalischen Daten der Seen und ihrer Zu- und Abflüsse wurden zur Dokumentation in die zentrale Datenbank (ORACLE) des Projektzentrums Ökosystemforschung in Kiel übertragen.

3. Ergebnisse: Die Nährstoffbelastung der Bornhöveder Seen

3.1 Ergebnisse der Seenuntersuchungen der Jahre 1992 und 1993: Hydrochemische und -physikalische Situation der Bornhöveder Seen

Dieser Abschnitt dient der Darstellung der Untersuchungsergebnisse an den Seen des Meßprogramms "Pelagial" (vgl. Kap. 2.2.1) mit dem Schwerpunkt der Erläuterung der grundlegenden limnologischen Charakteristika der untersuchten Seen. Zu diesem Zweck wurde zunächst die raum-zeitliche Verteilung der erhobenen Daten graphisch in Isoplethenform dargestellt[1] (s. Anhang B). Zur Erläuterung der Abhängigkeiten und Interaktionen der Prozesse im Epilimnion wurde aus einem Datensatz des Belauer Sees mit 17 Variablen eine Korrelationsmatrix erstellt (Tab. 3-1). Sofern nicht explizit auf andere Standorte eingegangen wird, liegt der Schwerpunkt der Darstellung auf den Standorten S1, S3, S6 und S7, die durch die tiefste Stelle des jeweiligen Sees definiert sind.

3.1.1 Termperaturverteilung und Schichtung

Der Wechsel von Zirkulation und Stratifikation der Seewasserkörper hat einen entscheidenden Einfluß auf chemische und biologische Prozesse im See. Da der Unterschied zwischen den untersuchten Seen zu wesentlichen Teilen auch auf deren unterschiedliche Zirkulations- und Stratifikationsphasen zurückgeführt werden kann, sollen zunächst die Ergebnisse der Temperaturmessungen in den Seen betrachtet werden.

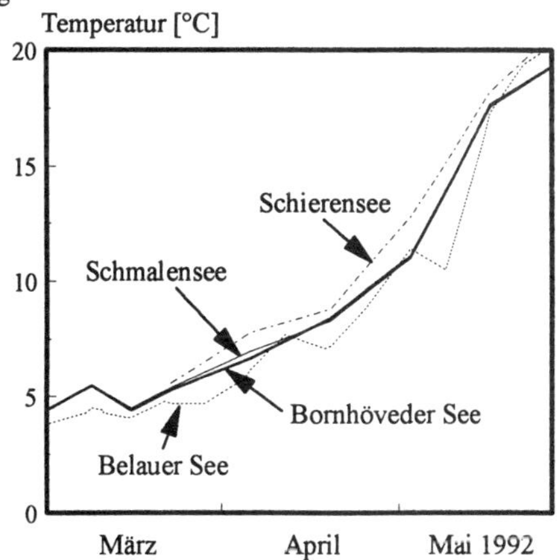

Abb. 3.1 Temperaturanstieg des Seewassers im Frühjahr 1992 der Standorte S1, S3, S6 und S7

Der jährliche Temperaturanstieg im Frühjahr erklärt sich aus der zugeführten Sonneneinstrahlung, die durch die Seeoberfläche in den Wasserkörper eindringt. Folglich läßt sich ein Zusammenhang zwischen Temperaturanstieg im Seewasser und dem Verhältnis von Seevolumen zu Seeoberfläche (= mittlere Tiefe $\bar{z}$, vgl. 2.1.1) erkennen, der sich in einem Zeitverzug der Erwärmung der tieferen Seen im Vergleich zu den flacheren äußert. Der Belauer See weist folglich im Frühjahr (von April bis Mai) um 0,5 bis 1 °C niedrigere Temperaturen auf als der Bornhöveder See und Schmalensee, die einen nahezu identischen Anstieg verzeichnen (Abb. 3.1). Letztere sind wiederum bis zu 1,8 °C kälter als der flache Schierensee. Die herbstliche Abkühlung der Seen erfolgt in analoger Weise, d.h. der See mit der geringsten mittleren Tiefe (Schierensee) weist die niedrigsten Temperaturen auf. Durch Horizontalprofilfahrten mit bis zu 140 Meßpunkten

---

[1] Die Isoplethendarstellungen im Anhang B wurden mit dem Interpolationsverfahren Kriging im Programmpaket SURFER erstellt.

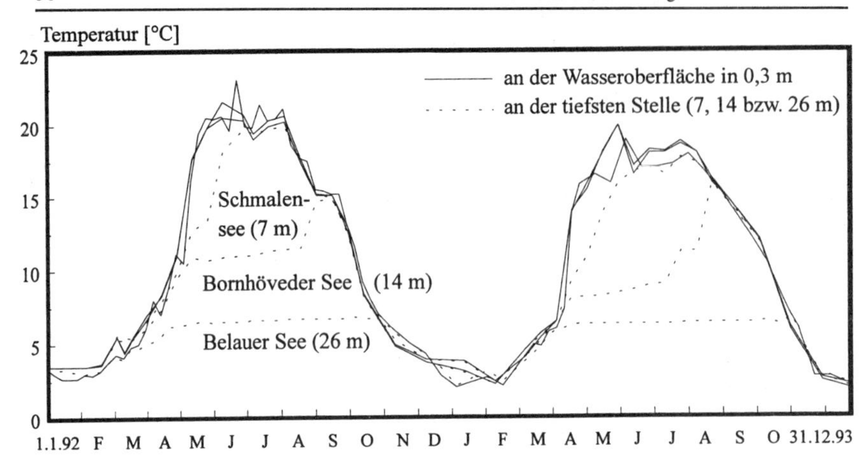

Abb. 3.2 Jahresgang der Temperatur im Bornhöveder See (S1), Schmalensee (S3) und Belauer See (S6) 1992 und 1993 im Epilimnion und Hypolimnion.

verteilt über den Bornhöveder See, Schmalensee und Belauer See im November 1989, Frühjahr 1990 und 1991 konnte darüberhinaus gezeigt werden, daß die thermischen Strukturen auch innerhalb der Seen von der Beckenmorphometrie beeinflußt sind (LENZ 1992, S. 94ff., SCHERNEWSKI 1992, S. 110ff.). Dieses zeigt sich insbesondere in den flachen Becken des südlichen Belauer Sees und westlichen Schmalensees.

Im Anhang B ist der Jahresgang der Temperatur und des vertikalen Temperaturgradienten[2] innerhalb der Seewasserkörper dargestellt. Es zeigt sich, daß zu Jahresbeginn eine vertikale Isothermie vorliegt und in allen Seen ab Mitte Februar eine allmähliche Erwärmung des gesamten Wasserkörpers eintritt. Im **Belauer See** bildet sich unter dem Einfluß zunehmender Erwärmung und einer oberflächennahen, durch Wind induzierten Zirkulation bis Ende Mai eine Sprungschicht (Thermokline) aus, die einen wärmeren, oberflächennahen Bereich von einem kühleren abtrennt (vgl. den Verlauf der Wassertemperaturen im Epilimnion- und Hypolimnion der Seen in Abb. 3.2). Zunächst befindet sich dieser Übergangsbereich dichter unter der Wasseroberfläche in 4-5 m Wassertiefe und erreicht am 9.6.92 einen maximalen vertikalen Temperaturgradienten von 5,5 °C/m (bzw. 4,6 °C/m am 13.7.93). In den Sommermonaten verlagert sich die Thermokline unter Windeinfluß in tiefere Wasserschichten. Im Jahr 1993 erfolgt die Ausbildung und auch die anschließende sommerliche Tiefenverlagerung der Thermokline etwa einen Monat früher als 1992. Erst ab August, wenn die Thermokline eine

[2] Der vertikale Temperaturgradient bezeichnet die Temperaturdifferenz, die in einem Intervall eines Tiefenprofils bezogen auf 1 m beobachtet wird. Die entlang eines Tiefenprofils größte Temperaturdifferenz wird als maximaler vertikaler Temperaturgradient bezeichnet. Die Thermokline oder Sprungschicht zeichnet sich durch eine vertikale Abnahme der Temperatur im Tiefenprofil aus, weshalb der maximale vertikale Temperaturgradient, der größer als ein definierter Schwellenwert ist, die Thermokline kennzeichnet. Für den Belauer See wurde für die Definition der Thermokline ein Schwellenwert von ≥0,2 °C/m gewählt (SCHERNEWSKI 1992, S. 24).

Wassertiefe von ca. 9 m erreicht hat, verläuft die Entwicklung in beiden Jahren annähernd gleich, und Ende Oktober setzt wieder eine vollständige Zirkulation mit Isothermie im gesamten Wasserkörper ein (vgl. den in den Isoplethendiagrammen des Anhangs B verzeichneten Verlauf der Thermoklinenlage und SCHERNEWSKI 1992, S. 23ff.). Zumindest in den Jahren mit warmen Wintern wie 1989 und 1990, wenn die Wassertemperaturen 4 °C nicht oder nur kurzfristig unterschreiten, ist der Belauer See folglich als warm monomiktisch zu klassifizieren (z.B. Winter 1989 und 1990, SCHERNEWSKI 1992, S. 105). Bei Existenz einer winterlichen Stratifikation, z.B. unter Eisbedeckung, müßte der Belauer See als dimiktisch klassifiziert werden. Dieses kann zwar für einzelne Jahre nicht vollständig ausgeschlossen werden, da Temperaturprofile unter Eisbedeckung nicht vorliegen. Bei teilweiser Eisbedeckung im Januar 1993 wurde jedoch keine Schichtung, sondern isotherme Bedingungen von 2 °C in der gesamten Wassersäule angetroffen.

Die Initialphase der thermischen Schichtung beginnt in dem im Frühjahr wärmeren **Bornhöveder See** ebenfalls Ende April. Im Vergleich zum Belauer See erfolgt jedoch eine schnellere Tiefenverlagerung der Sprungschicht, so daß während der Sommermonate Juli und August, wenn die Thermokline im Belauer See etwa in einer Tiefe von 6-7 m ausgeprägt ist, im Bornhöveder See bereits eine Tiefenlage von 8-10 m erreicht wird[3]. Jeweils im August der beiden Untersuchungsjahre befindet sich die Thermokline im Bornhöveder See nur wenige Meter über der maximalen Tiefe des Sees. Das geringe Restvolumen des Hypolimnions war also bereits Anfang September durch eine vollständige Zirkulation aufgelöst. Die sommerliche Stratifikationsphase des Bornhöveder Sees beträgt folglich etwa 120 Tage im Jahr, die des Belauer Sees etwa 180 Tage. Eine winterliche Stratifikation ist im Bornhöveder See mit noch geringerer Wahrscheinlichkeit zu erwarten als im Belauer See, so daß auch der Bornhöveder See als warm monomiktisch zu bezeichnen ist.

Im **Schmalensee** kommt es ebenfalls Ende April zur Ausbildung vertikaler Temperaturgradienten. So konnte am 13.4.93 noch ein vollständig zirkulierender Wasserkörper von 6,5 °C beobachtet werden, zwei Wochen später am 27.4.93 wurden an der Wasseroberfläche bereits 13,9 °C gemessen und in 7 m Tiefe noch 9,3 °C. Der maximale vertikale Temperaturgradient betrug 2,5 °C/m in 4,5 m Tiefe. Damit hatte sich im Schmalensee wie auch im Belauer und Bornhöveder See zeitgleich eine vergleichbare thermische Schichtung eingestellt, die jedoch nur für maximal sechs Wochen Bestand hatte und sich bereits Ende Mai mit einem maximalen vertikalen Temperaturgradienten in 6 m Tiefe nur wenig über der maximalen Tiefe des Sees befand. Anfang Juni 1993 kam es wiederum zur Ausbildung eines stärkeren vertikalen Temperaturgradienten von 1,8 °C/m in 3,5 m Wassertiefe, am 22.6.93 ist bei einer Wassertemperatur von 17 °C allerdings keine Schichtung mehr erkennbar (vertikaler Temperaturgradient von 0,1 °C/m). Im Juli und August 1993 konnten Gradienten von max. 0,6 °C/m in unterschiedlichen Wassertiefen beobachtet werden. Diese skizzierte Entwicklung einer Thermokline während der Wassertemperaturzunahme im Frühjahr, ihre Auflösung durch kurz andauernde Zirkulationsphasen und weitere ansatzweise Bildungen unstabiler Schichtungen konnten auch 1992 beobachtet werden. Auch im **Schierensee** zeigt sich ein Wechsel kurz andauernder Stratifikations- und Zirkulationsphasen, wobei die vertikalen Temperaturgradienten Werte von 3,8 °C/m erreichen können. Sowohl Schmalensee als auch Schierensee können folglich als typisch polymiktische Seen klassifiziert werden.

---

[3] Im Untersuchungsjahr 1993. 1992 war der Unterschied zum Belauer See weniger stark ausgeprägt.

3.1.2 Sichttiefe und Trübung

Für eine Interpretation der Ergebnisse der Trübungs- und Sichttiefenmessungen ist von Bedeutung, daß beide Parameter von den optischen Eigenschaften der im Wasser suspendierten Partikel abhängig sind. Eine gleiche Konzentration optisch unterschiedlicher Partikel (Seston, Kalzitkristalle, Algen) führt folglich zu unterschiedlichen Trübungswerten und Sichttiefen, weshalb häufig nur eine geringe Korrelation dieser Parameter zu dem (in dieser Arbeit nicht gemessenen) Schwebstoffgehalt einer Wasserprobe besteht. Dennoch lassen sich anhand beider Parameter jahreszeitliche Veränderungen ökologisch bedeutsamer Prozesse wie Sedimentation, Resuspension, Phytoplanktonkonzentration oder Kalzitfällung in den Seen beschreiben.

Die Sichttiefenmessungen der Jahre 1992 und 1993 (Abb. 3.3) lassen erkennen, daß insbesondere in den Wintermonaten deutliche Sichttiefenunterschiede zwischen den Seen beobachtet werden können, wobei der Belauer See die größten Sichttiefen aufweist. Sowohl im Belauer See als auch im Schierensee entwickelt sich im Mai ein ausgeprägtes Klarwasserstadium, wobei 1992 im Schierensee innerhalb von zwei Wochen eine Zunahme der Sichttiefe von 0,7 m auf 4,25 m beobachtet wurde. Im Bornhöveder See und Schmalensee konnte nur 1993 ein weniger deutliches Klarwasserstadium festgestellt werden. Die Sichttiefen dieser beiden Seen verliefen darüberhinaus in auffälliger Weise parallel, lediglich von Oktober 1992 bis Februar 1993 wurden im Bornhöveder See geringere Werte erreicht als im Schmalensee. In allen vier Seen wurden sommerliche Sichttiefen <1 m beobachtet, was eine Unterschreitung des Werts der EG-Badewasserrichtlinie darstellt.

Die Messung der Trübung läßt im **Belauer See** ein Minimum während des Klarwasserstadiums am 1.6.1993 mit Werten <0,1 % erkennen. Während der Frühjahrsalgenblüte zeigen sich nur unwesentlich höhere Werte bis 0,15 %, die infolge der Vollzirkulation keinen Tiefengradienten aufweisen. Erst nach Ausbildung einer Thermokline mit der Folge verringerter

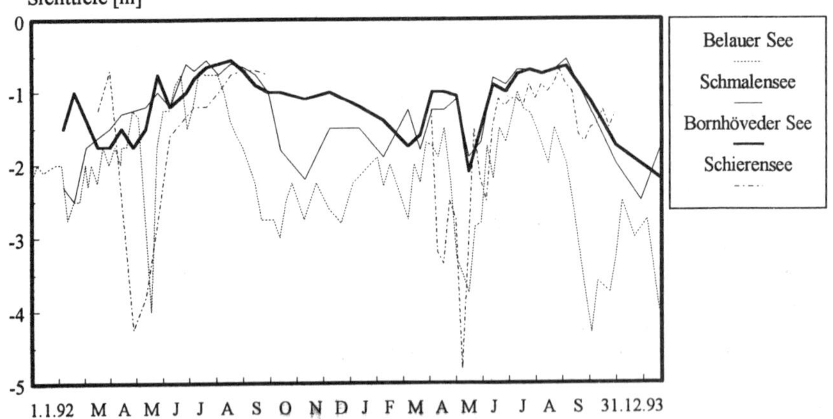

Abb. 3.3 Jahresgang der Sichttiefe im Bornhöveder See (S1), Schmalensee (S3), Belauer See (S6) und Schierensee (S7) 1992 und 1993.

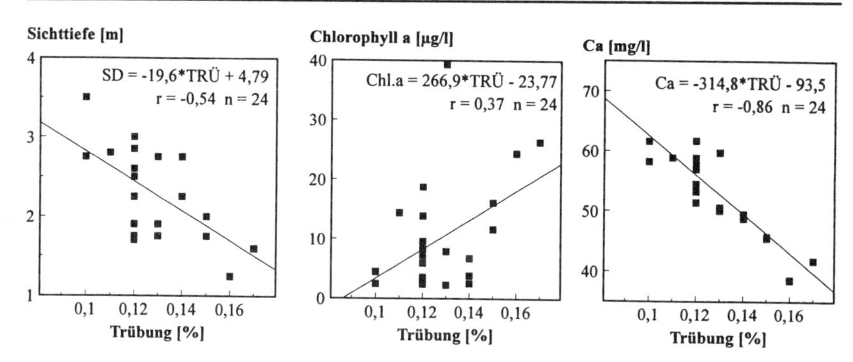

Abb. 3.4 Regressionsgeraden der Trübung mit Sichttiefe, Chlorophyll-a und der Kalziumkonzentration im Belauer See (S6) in 0,3 m Tiefe.

Turbulenzen im Hypolimnion stellt sich ein Tiefengradient der Trübung ein. Die Werte erreichen Mitte Juni 1993 ein Maximum von >0,4 % in den unteren Metern der Wassersäule, was als Folge der Sedimentation des während der Vollzirkulation in Schwebe gehaltenen Materials gedeutet werden kann. Das Jahresmaximum der Trübung wird jedoch nicht im unteren Hypolimnion, sondern mit 0,6 % in 15 m Tiefe (am 27.7.93) gemessen. Grundsätzlich zeigen sich während der Stagnationsphase die höchsten Trübungswerte weit unterhalb der Thermokline im mittleren Hypolimnion. Ein zweites Maximum befindet sich im Epilimnion. Beide Bereiche sind durch ein deutlich ausgeprägtes Minimum (gelegentlich <0,1 %) getrennt, welches zunächst (Juni bis August) einige Meter unterhalb des maximalen Temperaturgradienten liegt, also im oberen Hypolimnion. Später (September) liegt dieses Minimum im Bereich der Sprungschicht in ca. 9 m Tiefe. Ein gleichförmiges Trübungsprofil mit Werten um 0,12 % stellt sich schließlich bereits einige Wochen vor Einsetzen der Vollzirkulation ein.

Die negative Korrelation von Trübung und der Kalziumkonzentration mit r = -0,86 (an der Wasseroberfläche des Belauer Sees) läßt einen engen Zusammenhang zur Kalzitfällung vermuten (Abb. 3.4 und Tab. 3-1). Hohe pH-Werte führen zu einer Ausfällung von feinverteiltem $CaCO_3$ im Epilimnion, wodurch die Konzentration an gelöstem Ca abnimmt und eine Trübung des Seewassers auftritt. Demgegenüber ist der Zusammenhang zwischen Trübung und Chlorophyll-a mit r = 0,37 weniger deutlich ausgeprägt.

Im Gegensatz zum Belauer See erreicht die Trübung im **Bornhöveder See** bereits während der Frühjahrsalgenblüte Werte deutlich >0,2 %. Auch das Jahresmaximum der Trübung im Epilimnion ist mit 0,62 % im Bornhöveder See deutlich höher als mit 0,18 % im Belauer See. Die Vertikalprofile während der Stagnationsphase zeigen wie auch im Belauer See ein Trübungsminimum im Bereich der Thermokline. Es fehlt jedoch im Bornhöveder See das für den Belauer See typische Maximum im mittleren Hypolimnion. Stattdessen nimmt die Trübung unterhalb der Thermokline zumeist kontinuierlich bis zum Maximum oberhalb des Sediments zu.

In beiden geschichteten Seen wirkt die Sprungschicht für sedimentierende Partikel offensichtlich als Barriere, die zu einem - gelegentlich beobachteten - Trübungsmaximum oberhalb und einem ausgeprägten Minimum im Bereich oder wenig unterhalb der Sprungschicht führt. Im unteren Hypolimnion werden häufig höhere Trübungen erreicht, die möglicherweise von resuspendiertem Material hervorgerufen werden. Hohe Trübungen im mittleren Hypolimnion sind dagegen nur im Belauer See beobachtet worden. Vermutlich besteht ein Zusammenhang zu den von MÜLLER (1994) im August 1993 ebenfalls in 15 m Tiefe beobachteten Konzentrationsmaxima heterotropher Nanoflagellaten.

Darüberhinaus ist zu erwarten, daß die Trübung des vergleichsweise flachen **Schmalensees** auch durch windinduzierte Sedimentresuspensionen beeinflußt werden kann. Es konnten jedoch an den Standorten S2, S3 und S4 keine ungewöhnlich hohen Trübungen beobachtet werden, die sich auf einzelne Windereignisse vor oder während der Probenahme zurückführen ließen. Die im Mittel der Wintermonate doppelt höhere Trübung im Schmalensee und Bornhöveder See gegenüber dem Belauer See läßt jedoch vermuten, daß in beiden Seen kontinuierlich resuspendiertes Material in Schwebe gehalten wird. Im Sommer wird allerdings auch im Schmalensee die Trübung wesentlich durch Phytoplankton und ausfallendes $CaCO_3$ bestimmt.

3.1.3 Sauerstoff, pH-Wert und Chlorophyll-a

Die zeitliche Dynamik der Sauerstoffkonzentration, des pH-Wertes und der Chlorophyllkonzentration sind durch die Primärproduktion des Phytoplanktons und den Abbau organischer Substanz eng miteinander verknüpft. Dieser Zusammenhang ist in allen untersuchten Seen zu beobachten. Mit steigender Chlorophyllkonzentration nimmt die Sauerstoffkonzentration zu, welches auf die Freisetzung von molekularem Sauerstoff durch die Photosyntheseaktivität des epilimnischen Phytoplanktons zurückzuführen ist. Die sommerlichen Wassertemperaturen im Epilimnion bedingen zusätzlich eine geringe Gaslöslichkeit, so daß Sauerstoffübersättigungen auftreten. Gleichzeitig wird das für die Photosynthese benötigte Kohlendioxid dem Seewasser entzogen. Die CO_2-Abnahme bewirkt eine Verschiebung des Kohlensäuregleichgewichts, in dessen Folge die pH-Werte ansteigen. Demgegenüber werden durch Abbauprozesse dem Seewasser Sauerstoff entzogen und Kohlendioxid zugeführt, welches in Richtung einer Abnahme der Sauerstoffkonzentration und des pH-Wertes wirkt. Während die Abbauprozesse ganzjährig in der gesamten Wassersäule eines Sees auftreten, ist der Aufbau auf die Verfügbarkeit von Licht angewiesen und bleibt deshalb auf die euphotische Zone beschränkt. Die Ausbildung einer Thermokline in geschichteten Seen begrenzt schließlich den Wasseraustausch zwischen den Wasservolumina oberhalb und unterhalb der Thermokline, so daß sich ein durch Aufbauprozesse dominiertes Epilimnion mit einer hohen Chlorophyll- und Sauerstoffkonzentration und erhöhten pH-Werten ausbildet, während im Hypolimnion nur noch Reste des im Abbau befindlichen Chlorophylls, eine niedrige Sauerstoffkonzentration, die bei einem unzureichenden Sauerstoffvorrat bis auf Null zurückgehen kann, und geringere pH-Werte gemessen werden.

Im **Belauer See** wurde eine erhöhte Konzentration an Chlorophyll-a bereits zu Jahresbeginn (Januar/Februar 1993) erreicht. Der See zirkuliert während dieser Zeit vollständig, weshalb sich von der Oberfläche bis zur maximalen Wassertiefe ein gleichmäßiges Konzentrationsprofil ausbildet. Das Phytoplankton wird also infolge der Zirkulation auch in größere Tiefen verfrachtet, erhält jedoch ausreichende Lichtmengen während der Aufenthaltszeiten in der

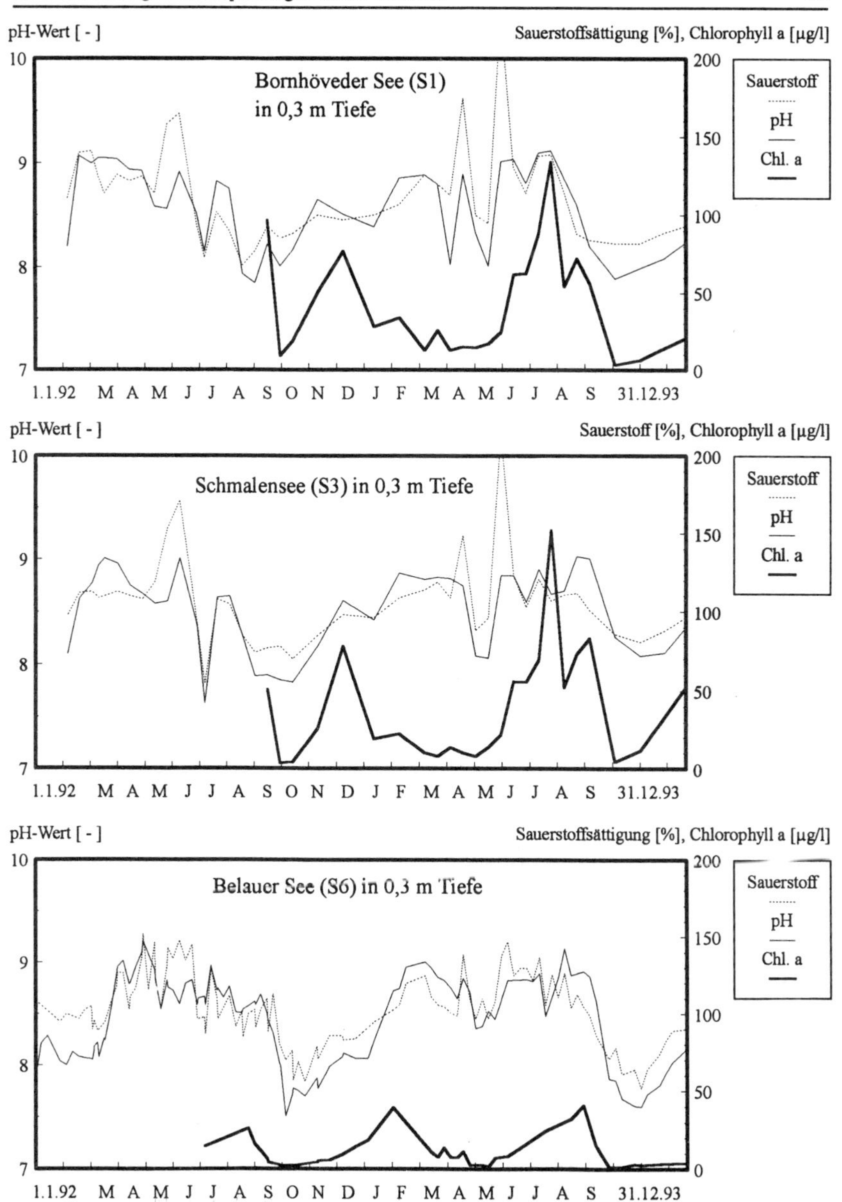

Abb. 3.5 Jahresgang 1992 und 1993 der pH-Werte, Sauerstoffsättigungen und Chlorophyll-a-Konzentrationen der Bornhöveder Seen (S1, S3, S6) in 0,3 m Wassertiefe.

durchlichteten Zone. Die Konzentration erreicht mit 30-40 µg/l im Februar nicht das Maximum des Sommers von 74 µg/l (in 3 m Tiefe), jedoch zeigt eine Integration über den gesamten Seewasserkörper[4], daß im Februar ein ähnlich hoher Wert erreicht wird wie im Sommer (308 mg/m^2 am 9.2.93 bzw. 360 mg/m^2 am 24.8.93). Während des Frühjahrsmaximums wird ein pH-Wert von 8,9 und eine Sauerstoffsättigung von 120 % in der gesamten Wassersäule erreicht. Demgegenüber beschränkt sich während der Sommermonate die Produktion des Phytoplanktons auf die oberen Meter der Wassersäule. Im Hypolimnion sinken die Sauerstoffkonzentration und der pH-Wert mit Beginn der Stratifikationsphase ab. Ende Mai treten im Seetiefsten anaerobe Verhältnisse auf, die bis Ende Juni das gesamte Hypolimnion erfassen. Doch auch oberhalb des maximalen vertikalen Temperaturgradienten bildet sich ein Bereich niedrigerer Sauerstoffkonzentrationen aus (vgl. Anhang B). Der maximale vertikale Sauerstoffkonzentrationsgradient liegt in den Monaten Juni, Juli und August 1-4 m oberhalb der Thermokline, mit der Folge, daß dort ebenfalls anaerobe Verhältnisse eintreten. Der ausreichend mit Sauerstoff versorgte Bereich ist dann für mehrere Wochen auf die ersten 4-5 m der Wassersäule begrenzt. Die einsetzende Vollzirkulation führt dann im Herbst zu einer Sauerstoffabnahme in der gesamten Wassersäule, wobei 60 % Sauerstoffsättigung unterschritten werden können.

Im **Bornhöveder See** wird im Gegensatz zum Belauer See eine erhöhte Chlorophyllkonzentration von 77 µg/l in der gesamten Wassersäule bereits im Winter 1992/93 erreicht. Auch das Sommermaximum tritt im Vergleich zum Belauer See früher und intensiver auf. 1992 werden 200 µg/l überschritten. Auf den gesamten See bezogen werden im Dezember 1992 (Wintermaximum) 357 mg/m^2 Chlorophyll und im August 1993 (Sommermaximum) 460 mg/m^2 erreicht. Infolge dieser ausgeprägten Phytoplanktonentwicklungen liegen auch die Sauerstoffkonzentrationen, -sättigungen und pH-Werte häufig über den Werten des Belauer Sees. Während der Stagnationsphase bildet sich auch im Bornhöveder See ein Bereich niedriger Sauerstoffkonzentrationen zwischen der Thermokline und der produktiven euphotischen Zone aus, so daß - vergleichbar mit dem Belauer See - nur die oberen 4-5 m ausreichend gelösten Sauerstoff enthalten[5]. Im Hypolimnion stellen sich ebenfalls anaerobe Verhältnisse ein. Mit Einsetzen der Vollzirkulation sinkt infolgedessen die Sauerstoffkonzentration in der gesamten Wassersäule ab, erreicht jedoch aufgrund des relativ geringen Hypolimnionvolumens nicht das niedrige Niveau des Belauer Sees.

Einen im Vergleich zum Bonhöveder See nahezu identischen Verlauf der Chlorophyllkonzentration zeigt der **Schmalensee**. Im Jahresverlauf wird dabei insgesamt etwas weniger Chlorophyll-a aufgebaut als im Bornhöveder See (vgl. die Tabelle der Jahresmittelwerte in 3.4.1). Da sich eine Schichtung nur kurzzeitig einstellt, treten anaerobe Bedingungen im Tiefenwasser des Schmalensees ebenfalls nur zeitweise auf. Auch während der Sommermonate gelangt deshalb sauerstoffreiches Wasser bis in die maximale Seetiefe. Da der Abbau organischer Substanz durch das Fehlen eines Hypolimnions nicht wie im Bornhöveder See auch außerhalb der produktiven Zone stattfinden kann, zeigt der Schmalensee nicht so deutlich ausgeprägte Maxima der Sauerstoffkonzentration und pH-Werte. Somit ist es schließlich auch

---

[4] Es wurde die im gesamten Wasserkörper vorhandene Chlorophyllmenge auf die jeweilige Seefläche bezogen (mg/m^2).

[5] Am 17.6.1992 werden in 4 m Tiefe nur noch 2,5 mg/l (27 %) O_2 gemessen.

auf die Beckenmorphometrie und das Schichtungsverhalten zurückzuführen, daß Sauerstoffkonzentration und pH-Wert im Herbst und Winter nicht so stark absinken können wie bei den beiden geschichteten Seen durch die Einmischung von Hypolimnionwasser. Der Abbau organischer Substanz kann jedoch im Anschluß an intensive Produktionsphasen - und ein mögliches zeitliches Zusammentreffen mit Sedimentresuspensionen - zu einer starken Sauerstoffzehrung und pH-Absenkung im gesamten Seewasserkörper führen, was zu deutlich niedrigeren pH- und Sauerstoffwerten im Vergleich zu den beiden anderen Seen führen kann. Am 15.7.1992 wurden beispielsweise nur noch 5 mg/l O_2 (54 %) bei pH 7,6 in der gesamten Wassersäule gemessen.

3.1.4 Elektrische Leitfähigkeit

In allen drei Seen wurde eine ausgeprägte raum-zeitliche Dynamik der elektrischen Leitfähigkeit beobachtet, die zu ähnlichen Verteilungsmustern führt wie die der bereits besprochenen Parameter (vgl. Anhang B). Da die elektrische Leitfähigkeit des wässrigen Mediums u.a. wesentlich von der im Wasser vorhandenen Elektrolytkonzentration abhängt, lassen sich anhand der Leitfähigkeitsänderungen Rückschlüsse auf zahlreiche chemische und biologische Prozesse ziehen. Die Nährstoffaufnahme durch Phytoplankton, Kalzitfällungen, Mineralisation organischer Substanz, aber auch äußere Einflüsse auf den See wie Depositionsereignisse, Einleitungen oder die Erosion gedüngter Ackerböden bewirken folglich eine Änderung der elektrochemischen Eigenschaften des Seewassers.

Im **Belauer See** werden während der Zirkulationsphase Leitfähigkeiten von 380-400 µS/cm gemessen. Während der sommerlichen Schichtung fallen die Werte im Epilimnion auf 280-310 µS/cm ab (Abb. 3.6), während im Hypolimnion ein Anstieg auf 430-460 µS/cm erfolgt. Die Zusammenhänge im Epilimnion lassen sich anhand der Korrelationskoeffizienten (Tab. 3-1) nachvollziehen: Die positive Korrelation der elektrischen Leitfähigkeit mit der Kalziumkonzentration kommt durch das zeitliche Zusammentreffen einer niedrigen Kalziumkonzentration während der sommerlichen Kalzitfällungen zustande, bei denen gelöstes Kalzit partikulär gebunden wird und sedimentiert. Die dadurch zunehmende Trübung tritt folglich häufig zusammen mit niedrigen Leitfähigkeiten auf, was sich in einem negativen Koeffizienten äußert. Weiterhin bedingt die sommerliche Nährstoffaufnahme des Phytoplanktons eine Konzentrationsabnahme gelöster Nährstoffe im Epilimnion mit der Folge, daß die Leitfähigkeitswerte ebenfalls sinken und wiederum positiv mit NO_3^--N, NH_4^+-N und PO_4^{3-}-P korrelieren. Demgegenüber führen die Bedingungen im Hypolimnion (Abbau des sedimentierten organischen Materials, Rücklösung der Kalzitpartikel und Freisetzung aus Sedimenten) zu einer Konzentrationszunahme der gelösten Verbindungen und einem Ansteigen der Leitfähigkeit.

Im **Bornhöveder See** wurden an der Wasseroberfläche 410-460 µS/cm während der Zirkulationsphasen und 320-340 µS/cm während der sommerlichen Schichtung gemessen. Im Hypolimnion stiegen die Werte zum Ende der Schichtungsphase auf 480-500 µS/cm. Im Vergleich zum Belauer See wurden höhere Leitfähigkeiten insbesondere während der Zirkulationsphasen gemessen. Auch die Differenz der an der Wasseroberfläche gemessenen Werte zwischen Zirkulations- und Schichtungsphase fällt im Bornhöveder See größer aus als im Belauer See, woraus geschlossen werden kann, daß dort die Nährstoffaufnahme durch

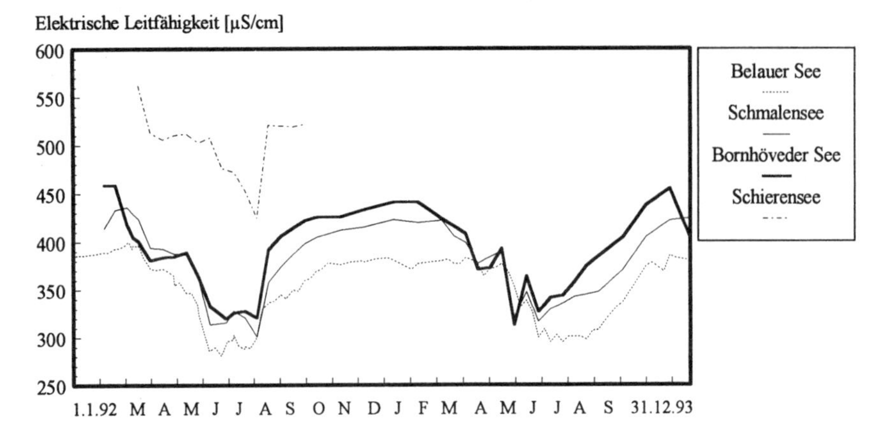

Abb. 3.6 Jahresgang der elektrischen Leitfähigkeit 1992 und 1993 im Bornhöveder See (S1), Schmalensee (S3), Belauer See (S6) und Schierensee (S7) in 0,3 m Wassertiefe.

Phytoplankton oder Kalzitfällungen intensiver ablaufen.

Im **Schmalensee** wurden häufig Leitfähigkeiten gemessen, die niedriger als im Bornhöveder und höher als im Belauer See ausfallen (Abb. 3.6). Es zeigt sich, daß diese Abnahme der Leitfähigkeit von See zu See entlang der Fließrichtung der Alten Schwentine, die bereits von LENZ (1992) und SCHERNEWSKI (1992) an einzelnen Tagen beobachtet wurde, über mehrere Monate hinweg Bestand hat. In den Monaten März bis Juni können die Leitfähigkeitsunterschiede von See zu See jedoch stark zurückgehen, so daß sich keine einheitliche Veränderung entlang der Seenkette einstellt.

Alle drei Seen weisen Jahresgänge auf, die weitestgehend parallel verlaufen. Dieses gilt auch für den **Schierensee**, obwohl er deutlich höhere Leitfähigkeiten aufweist.

3.1.5 Phosphor

Auf die Bedeutung von Phosphor als Nährelement für Phytoplanktonarten wurde bereits in Kap. 1 eingegangen. An dieser Stelle soll die jahreszeitliche Dynamik der Phosphorgehalte der Bornhöveder Seen erläutert werden, wobei den Bestimmungen der Fraktion des gesamt gelösten Phosphors (TDP) der Vorzug gegeben werden soll, da TDP als Summe von Orthophosphat (PO_4^{3-}-P) und gelöstem organischem Phosphor (DOP) den für Phytoplankton verfügbaren Anteil des Gesamtphosphors (TP) ausmacht.

Die Jahresgänge der Konzentration des gelösten Phosphors (TDP) der Bornhöveder Seen sind in Abb. 3.7 und Abb. 3.8 dargestellt. Beide Abbildungen verdeutlichen den Einfluß, den Ausbildung und Auflösung der Schichtung auf den TDP-Jahresgang ausüben. Während die TDP-Konzentration an der tiefsten Stelle der beiden geschichteten Seen einen deutlichen Anstieg

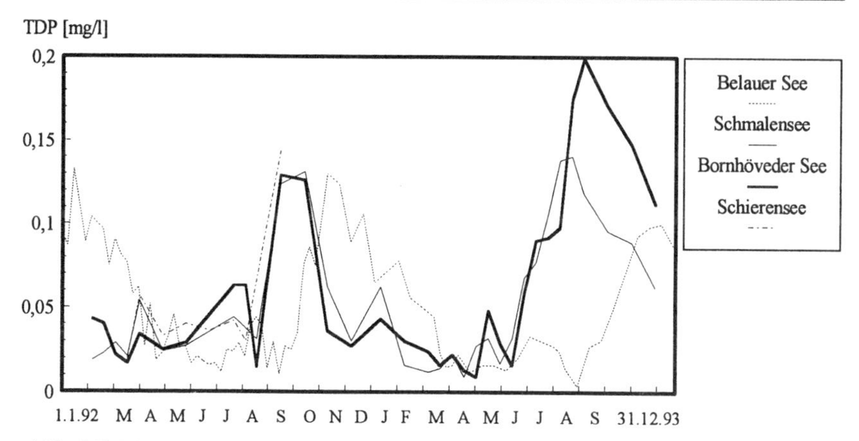

Abb. 3.7 Jahresgang der TDP-Konzentration 1992 und 1993 im Bornhöveder See (S1), Schmalensee (S3), Belauer See (S6) und Schierensee (S7) in 0,3 m Wassertiefe.

auf 0,4 mg/l im Belauer See bzw. >1 mg/l im Bornhöveder See im Verlauf der Schichtungsphase verzeichnet, bleibt die Konzentration des Schmalensees vergleichsweise niedrig und steigt erst im September und Oktober zeitgleich mit der Konzentration an der Oberfläche auf 0,13 mg/l an (Abb. 3.8). An der Oberfläche zeigen Bornhöveder See und Schmalensee demgegenüber eine weitgehende Übereinstimmung im Jahresverlauf der TDP-Konzentration (Abb. 3.7), wobei die Einmischung von Hypolimnionwasser des Bornhöveder Sees als Folge der beschriebenen Tiefenverlagerung der Thermokline für den Konzentrationsanstieg in beiden Seen mitverantwortlich ist. Da die Auflösung der Thermokline im Belauer See etwa zwei Monate später erfolgt, tritt dort das Maximum der TDP-Konzentration gegenüber Bornhöveder See und Schmalensee zeitversetzt auf.

Eine Bilanzierung der TDP-Gehalte im Epilimnion und Hypolimnion des **Belauer Sees** zeigt, daß eine Tiefenverlagerung der Thermokline im Mai 1993 um 2 m zu einer Verlagerung von 23 kg Phosphor in einem Zeitraum von zwei Wochen in das Epilimnion führt (4.5.93-18.5.93), was etwa einem Drittel der zu dieser Zeit im Epilimnion gelösten Phosphormenge entspricht. Durch die Alte Schwentine werden im gleichen Zeitraum lediglich 8 kg Phosphor eingetragen. Die Summe der beiden Einträge von 31 kg führt zu einem entsprechenden Konzentrationsanstieg im Epilimnion, da das Phytoplankton in dieser Zeit offensichtlich nur geringe Mengen aufnimmt (gemessen an der nahezu unveränderten Chlorophyllkonzentration). In den folgenden Monaten verringert sich der Eintrag, der aus der Thermoklinenverlagerung resultiert, auf weniger als 10 kg, doch führt die stetige Nährstoffzufuhr zu einem deutlichen Anstieg der Chlorophyllkonzentration bis zu dem bereits erwähnten Maximum von 360 mg/m^2 am 24.8.93 (vgl. S. 36). Dieses Maximum tritt ein, nachdem die Nachlieferung von TDP aus dem Hypolimnion sprungartig 30 kg erreicht und die Einträge aus der Alten Schwentine infolge des Konzentrationsanstiegs in den vorgeschalteten Seen auf 41 kg angestiegen sind[6].

[6] Mengen jeweils bezogen auf Zeiträume von zwei Wochen

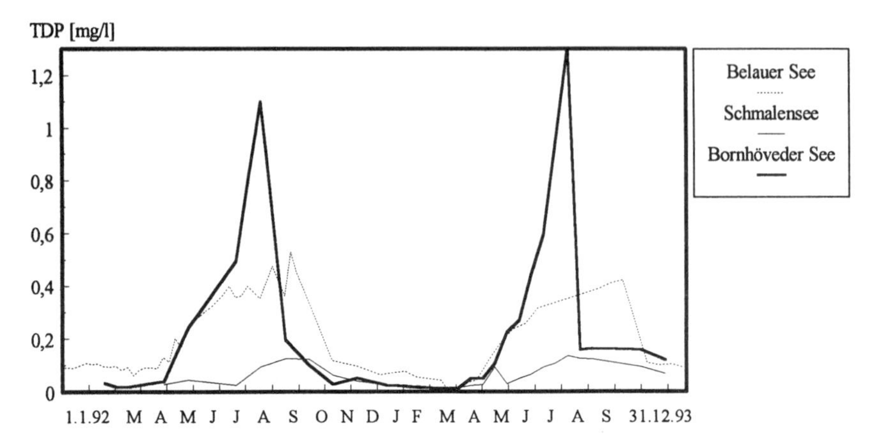

Abb. 3.8 Jahresgang der TDP-Konzentration 1992 und 1993 im Bornhöveder See (S1), Schmalensee (S3) und Belauer See (S6) jeweils am tiefsten Meßpunkt über Grund (14, 7 bzw. 25 m).

Der größte Teil dieser Phosphormengen wird partikulär gebunden (Phytoplanktonaufnahme, Ausfällung), denn die TDP-Konzentration des Epilimnions erreicht ein Minimum von 0,004 mg/l. Schließlich werden im September und Oktober bis zur vollständigen Auflösung der Thermokline noch wesentlich größere Mengen an Phosphor ins Epilimnion verfrachtet, jedoch bricht die Phytoplanktonpopulation im September zusammen. Die fehlende P-Aufnahme durch Phytoplankton führt dazu, daß die nachgelieferten Mengen an TDP im gelösten Phosphorpool verbleiben und ein Konzentrationsmaximum von 0,094 mg/l am 16.11.93 erreicht wird.

Die Einmischung von Hypolimnionwasser reicht jedoch als Erklärung für das Ansteigen der TDP-Konzentrationen im Epilimnion des **Bornhöveder Sees** nicht aus. Zwar steigt die Hypolimnionkonzentration des Bornhöveder Sees auf 1,3 mg/l am 17.8.1993 an (Abb. 3.8), jedoch handelt es sich dabei nur noch um ein geringes Restvolumen (0,1% des Seevolumens) in dem 5,5 kg Phosphor enthalten sind. Demgegenüber steigt die TDP-Konzentration im Epilimnion von 0,115 mg/l am 17.8.1993 auf 0,188 mg/l am 14.9.1993 an, was einer Zunahme von 96 kg entspricht. Ein Vergleich mit Abb. 3.5 zeigt, daß die Chlorophyllkonzentration in diesem Zeitraum stark abnimmt, wodurch auch größere Phosphormengen freigesetzt werden. Hierzu wurde aus der gemessenen Chlorophyllkonzentration die Biomasse des Phytoplanktons nach LANDMESSER (1993, S. 44) berechnet und aus dem C-Gehalt über das REDFIELD-Verhältnis der P-Gehalt geschätzt. Parallel wurde durch Differenzbildung der Phosphorfraktionen (TP abzüglich TDP) der partikuläre P-Pool berechnet. Beide Abschätzungen zeigen, daß der Anstieg von TDP nach Auflösung der Thermokline im Bornhöveder See aus internen Umsetzungen der P-Pools resultiert. Durch das zu diesem Zeitpunkt weitgehend fehlende Hypolimnion vollzieht sich folglich der Abbau des Phytoplanktons und die daraus resultierende Phosphorfreisetzung im Epilimnion. Im Gegensatz zum Belauer See fallen im Bornhöveder See die Auflösung des Hypolimnions und

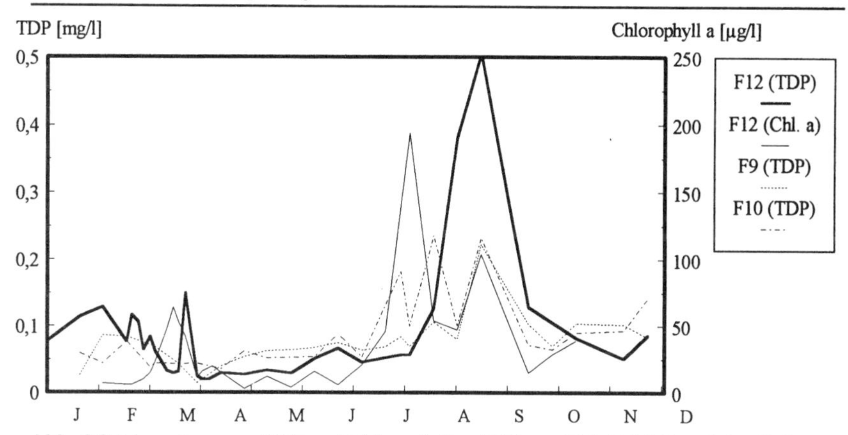

Abb. 3.9 Jahresgänge von TDP und Chlorophyll-a 1993 am Abfluß (F12) und den Zuflüssen (F9, F10) des Schierensees.

der Abbau des sommerlichen Phytoplanktons zeitlich zusammen.

Die nur sehr kurzfristige thermische Schichtung des **Schmalensees** führt nicht zu einer Anreicherung von TDP unterhalb der Thermokline (Abb. 3.8). Der Konzentrationsanstieg von TDP im Schmalensee müßte folglich allein auf den Konzentrationsanstieg im Bornhöveder See zurückzuführen sein, was aber - u.a. durch den erheblichen Zustrom phosphorarmen Grundwassers - eine entsprechende Verdünnung und einen Zeitverzug des Konzentrationsanstiegs im Schmalensee zur Folge hätte. Abb. 3.5 und Abb. 3.7 zeigen die parallele Entwicklung der Konzentrationen von Chlorophyll-a und TDP im Bornhöveder See und Schmalensee. Auch im Schmalensee ist folglich mit starken Abbauprozessen und damit verbundenen hohen Phosphorfreisetzungen in den Monaten Juli und August zu rechnen, die das Ansteigen der TDP-Konzentration erklären.

Interessanterweise erfolgt auch im **Schierensee** ein nahezu zeitgleicher Konzentrationsanstieg von TDP im August 1992 (Abb. 3.7). Es kann sich weder im Schierensee selbst noch in vorgeschalteten Seen ein ausreichendes Hypolimnion ausbilden, so daß die TDP-Konzentration lediglich durch die Zuflüsse oder wiederum durch interne Umsetzungen aus anderen Phosphorpools erhöht werden kann. Abb. 3.9 zeigt, daß die TDP-Konzentration sowohl im März als auch im September ihr Maximum nach einem Chlorophyllmaximum erreicht. Darüberhinaus steigen aber auch die Konzentrationen der Zuflüsse in den Sommermonaten an.

Für die beiden flacheren Seen, Schmalensee und Schierensee, ist weiterhin zu berücksichtigen, daß Sedimentresuspensionen und die damit verbundene Einmischung von phosphorreichem Interstitialwasser kurzfristig zu Konzentrationsanstiegen im Seewasser führen kann. Zur Einschätzung der Bedeutung dieses Prozesses bedarf es jedoch zunächst einer Sedimentkartierung der Seen, wie sie von STARK (1993) für den Belauer See vorgelegt wurde.

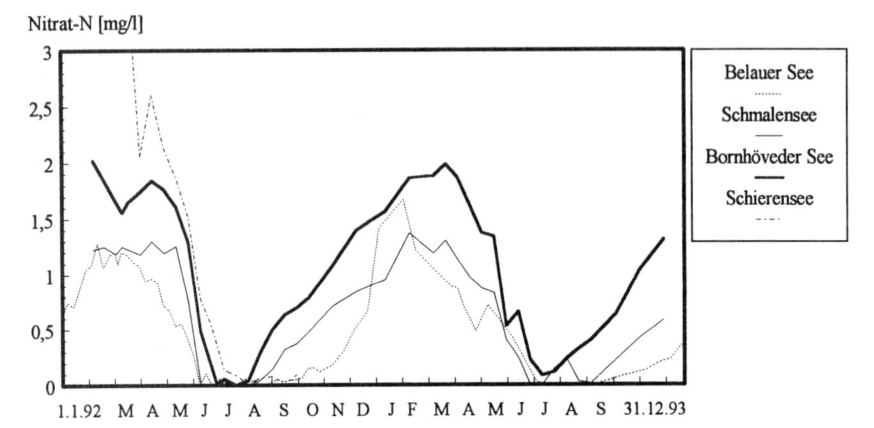

Abb. 3.10 Jahresgang der NO_3^--N-Konzentration 1992 und 1993 im Bornhöveder See (S1), Schmalensee (S3), Belauer See (S6) und Schierensee (S7) in 0,3 m Wassertiefe.

3.1.6 Stickstoff

Auch die Darstellung der im Seewasser bestimmten Stickstofffraktionen soll sich auf die für Phytoplankton verfügbaren Komponenten Nitrat (NO_3^--N) und Ammonium (NH_4^+-N) konzentrieren, wobei die Summe aus beiden in dieser Arbeit als DIN (dissolved inorganic nitrogen) bezeichnet werden soll[7].

Im **Belauer See** stellt sich die Dynamik der Stickstofffraktionen folgendermaßen dar: Die winterliche Nitratkonzentration von ca. 1 mg/l NO_3^--N im gesamten Seewasserkörper sinkt im Juni an der Wasseroberfläche infolge des Nöhrstoffbedarfs des Phytoplanktons kontinuierlich auf Werte im Mikrogrammbereich ab (z.T. werden 0,003 mg/l unterschritten). Ein ausgeprägtes winterliches NH_4^+-Maximum um 0,7 mg/l wird demgegenüber wesentlich schneller abgebaut (Abb. 3.11), wozu ebenfalls der Bedarf des Phytoplanktons, aber auch eine Oxidation zu NO_3^- beitragen. Im Juni, Juli und August ist die epilimnische Konzentration des anorganisch gelösten Stickstoffs (DIN) schließlich im Mittel auf 0,04 mg/l abgesunken[8]. Demgegenüber bleibt die NO_3^--N-Konzentration im oberen Hypolimnion noch bis in den Sommer hinein bei 0,2 bis 0,5 mg/l und sinkt unter reduzierenden Verhältnissen gegen Ende der Schichtungsphase auf deutlich >0,05 mg/l ab (vgl. Isoplethendarstellungen im Anhang B). Zeitgleich treten deutliche NH_4^+-Anreicherungen im Hypolimnion auf, die gegen Ende der Schichtung im Oktober 2-3 mg/l erreichen. Infolgedessen steigt die NH_4^+-N-Konzentration

---

[7] Zu den gelösten Stickstofffraktionen gehört weiterhin das Nitrit (NO_2^--N), welches im Belauer See von 1989-1991 bestimmt wurde. Aus den Analysen ergibt sich, daß Nitrit zu etwa 2-3 % an DIN beteiligt ist, so daß es gerechtfertigt erscheint die Summe aus Nitrat und Ammonium als DIN zu bezeichnen. Lediglich für Betrachtungen im Bereich der Thermokline ist es erforderlich, auch Nitrit zu berücksichtigen, da hier der Anteil kurzzeitig 20 % erreichen kann.

[8] In Einzelfällen wurden nur noch 0,002 mg/l DIN gemessen.

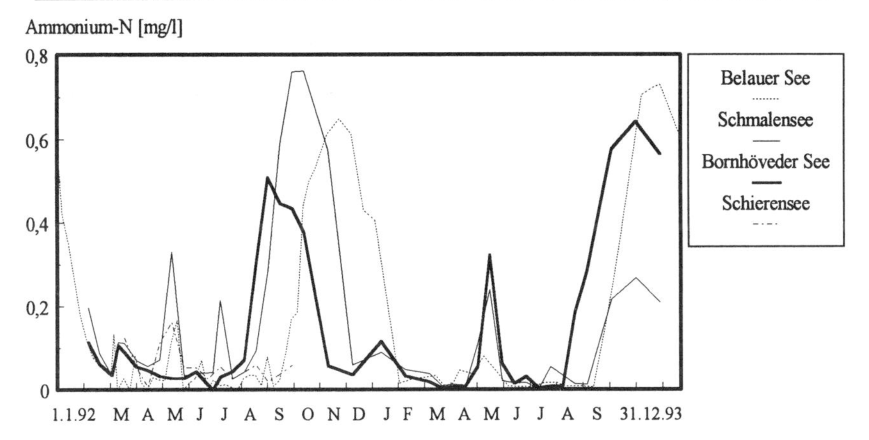

Abb. 3.11 Jahresgang der NH_4^+-N-Konzentration 1992 und 1993 im Bornhöveder See (S1), Schmalensee (S3), Belauer See (S6) und Schierensee (S7) in 0,3 m Wassertiefe.

während der Auflösung der Schichtung im Oktober auf das erwähnte winterliche Maximum im gesamten Wasserkörper an. Die anschließende Oxidation von NH_4^+ zu NO_3^- kann stöchiometrisch betrachtet nicht zu einem Konzentrationsanstieg von DIN führen. Folglich ist die zu beobachtende herbstliche Konzentrationszunahme von NO_3^- und DIN auf andere Ursachen zurückzuführen, wobei drei Prozesse eine Rolle spielen: die Konzentrationszunahme am Zufluß, die Mineralisation partikulärer und gelöster Stickstofffraktionen (DON und PON) und der Zustrom nitratreichen Grundwassers.

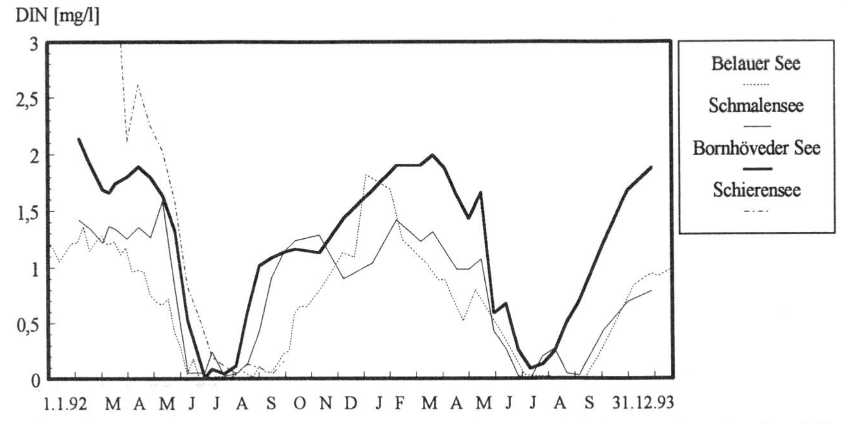

Abb. 3.12 Jahresgang der DIN-Konzentration 1992 und 1993 im Bornhöveder See (S1), Schmalensee (S3), Belauer See (S6) und Schierensee (S7) in 0,3 m Wassertiefe.

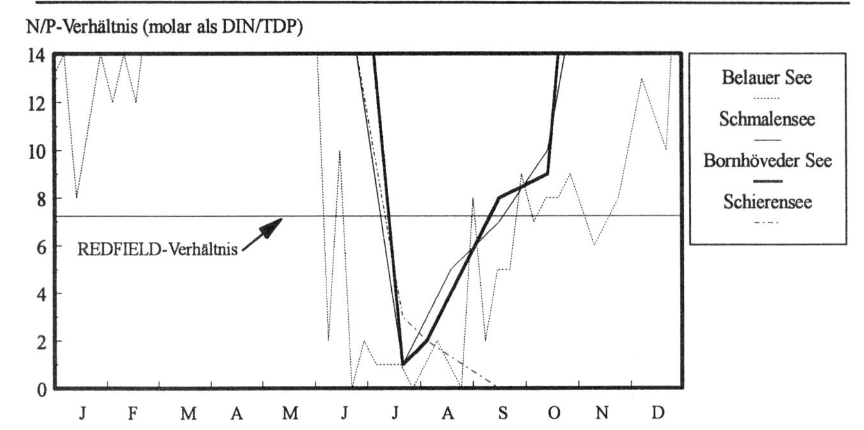

Abb. 3.13 N/P-Verhältnis 1992 im Bornhöveder See (S1), Schmalensee (S3), Belauer See (S6) und Schierensee (S7) in 0,3 m Wassertiefe.

Im **Bornhöveder See** lassen sich im wesentlichen die gleichen raumzeitlichen Strukturen der Stickstoffdynamik finden wie im Belauer See, das Konzentrationsniveau ist jedoch (mit Ausnahme des NH_4^+-Maximums) im Bornhöveder See höher. Während die Konzentrationsabnahme von NO_3^- und DIN im Frühjahr in allen Seen etwa gleichzeitig verläuft (± einige Wochen), steigen die Konzentrationen von NH_4^+ und DIN im Bornhöveder See etwa zwei bis drei Monate vor denen im Belauer See an. Von Interesse ist im Bornhöveder See ein NH_4^+-Maximum im Mai 1993 (Abb. 3.11). Derartige kurzzeitige Maxima außerhalb des länger andauernden Hauptmaximums im Winter sind auch im **Schmalensee, Schierensee** und in abgeschwächter Form im Belauer See zu beobachten. Sie treten häufig zu gleicher Zeit in mehreren Seen auf[9] und sind mit niedrigen pH-Werten, geringer Sauerstoffkonzentration und hohen Sichttiefen verbunden (vgl. Abb. 3.3 und Abb. 3.5). So führen ausgeprägte Klarwasserstadien in allen Seen zu deutlichen NH_4^+-Maxima, wodurch deutlich wird, daß Abbauprozesse von Phytoplankton oder resuspendiertem Sediment bzw. die während des Klarwasserstadiums erhöhte Grazingrate des Zooplanktons zu konzentrationserhöhenden NH_4^+-Freisetzungen führt.

Die **N/P-Verhältnisse** der Bornhöveder Seen (Abb. 3.13) fallen in den Sommermonaten infolge der geringen DIN-Konzentrationen deutlich unter das molare REDFIELD-Verhältnis von 7,24:1, welches dem atomaren von 16:1 entspricht. Im Bornhöveder See und Schmalensee dauert diese Phase von Mitte Juli bis Mitte September 1992 (bzw. bis Mitte Oktober 1993) und im Belauer See von Mitte Juni bis in den November. Die DIN-Konzentration geht während dieser Zeit im Schmalensee und Belauer See auf <0,01 mg/l zurück (in Einzelfällen auf 0,003 mg/l), während Phosphor ausreichend zur Verfügung steht. Hieraus wird ersichtlich, daß im Schmalensee und Belauer See - zumindest kurzfristig - Stickstofflimitierungen

[9] Das Maximum im Mai 1992 erscheint in den Daten nur aufgrund des um eine Woche versetzten Probenahmerhythmus zwischen Belauer See und den anderen Seen nicht zeitgleich.

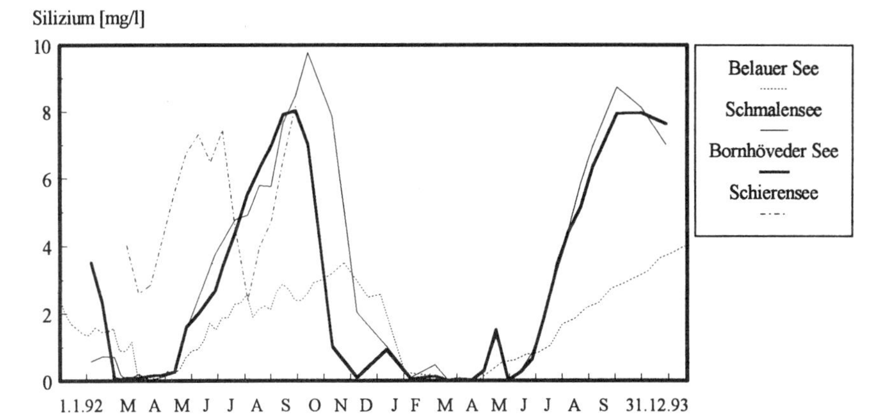

Abb. 3.14 Jahresgang der Silizium-Konzentration 1992 und 1993 im Bornhöveder See (S1), Schmalensee (S3), Belauer See (S6) und Schierensee (S7) in 0,3 m Wassertiefe.

auftreten können[10].

Bei N/P-Verhältnissen >7,24 wird im allgemeinen von einer Phosphorlimitierung des Phytoplanktons ausgegangen, und nach WETZEL (1983, S. 278) wirken Konzentrationen an anorganischem Phosphor unter 0,003 mg/l wachstumslimitierend (vgl. auch WHITE 1989, REYNOLDS 1992, S. 12). In allen Seen liegt jedoch die TDP-Konzentration des Epilimnions im Mittel bei 0,047 mg/l, wenn das N/P-Verhältnis >7,24 beträgt, nur in wenigen Situationen werden im Bornhöveder See und Schmalensee 0,008 mg/l erreicht (im Belauer See beträgt das TDP-Minimum 0,012 mg/l). Demgegenüber werden 0,003 mg/l PO_4^{3-}-P sehr viel häufiger unterschritten, auch bei N/P-Verhältnissen >7,24, d.h. bei ausreichender Stickstoffversorgung. Folglich ist zeitweise auch mit einer Phosphorlimitierung des Phytoplanktonwachstums zu rechnen. Die wöchentliche Probenahmefrequenz im Belauer See macht darüberhinaus deutlich, daß die N/P-Verhältnisse mehrmals im Jahr das REDFIELD-Verhältnis über- bzw. unterschreiten (Abb. 3.13), so daß von wechselnden Limitierungszuständen zwischen Stickstoff und Phosphor ausgegangen werden kann.

3.1.7 Silizium

Besondere Bedeutung für das Wachstum von Diatomeen hat der Vorrat an gelöstem Silizium. Im Belauer See wird regelmäßig im März oder April[11] die Phytoplanktongesellschaft von

---

[10] Im Bornhöveder See ist eine Stickstofflimitierung sehr viel unwahrscheinlicher, da die DIN-Konzentration 1992 nur auf 0,016 mg/l und 1993 auf 0,093 zurückgeht und an diesen Terminen auch TDP sehr geringe Werte annimmt.

[11] 1992 wurden erstmals im Belauer See deutliche Phytoplanktonentwicklungen bereits im Winter (91/92) beobachtet.

Diatomeen dominiert (LEITUNGSGREMIUM 1992, S. 102; BARKMANN et al. 1994), mit der Folge eines Rückgangs der Siliziumkonzentration. Aus den anderen Seen liegen keine Phytoplanktonuntersuchungen vor, jedoch zeigt sich im Bornhöveder See und Schmalensee ebenfalls ein drastischer Rückgang der Siliziumkonzentration im Winter (Abb. 3.14). Daraus kann geschlossen werden, daß auch in diesen Seen Diatomeen auftreten, die durch den Einbau von Silizium in ihr Gehäuse und anschließende Sedimentation die Siliziumkonzentration absenken. Wie auch bei zahlreichen anderen Parametern zu beobachten, verläuft die Entwicklung in diesen beiden Seen im Gegensatz zum Belauer See weitgehend parallel. Im Schierensee weist der Jahresgang von 1992 im Gegensatz zu dem der anderen Seen zwei deutliche Minima auf, im Frühjahr und im Sommer[12]. Offensichtlich erfolgt im Schierensee eine von den anderen Seen deutlich zu unterscheidende Phytoplanktonsukzession.

3.1.8 Alkali-, Erdalkali- und weitere Anionen

Die **Kalzium**konzentration des Belauer Sees sinkt von 60 mg/l während der Vollzirkulation auf Werte unter 40 mg/l an der Wasseroberfläche im Juni, Juli und August beider Untersuchungsjahre. Im Bornhöveder See und Schmalensee zeigt sich eine vergleichbare Jahresdynamik der Kalziumkonzentration bei einem - gegenüber dem Belauer See - geringfügig höheren Konzentrationsniveau. Im Schierensee wurden dagegen sehr viel höhere Kalziumkonzentrationen bis 115 mg/l im Winter gemessen, die im Frühjahr und Sommer auf unter 90 mg/l absinken. Die Kalziumkonzentration des Schierensees weißt folglich ähnliche Abweichungen von den anderen Seen auf wie die Siliziumkonzentration.

Alle weiteren erhobenen chemischen Parameter weisen keine Jahresgänge auf, doch lassen sich Konzentrationsunterschiede zwischen den Seen feststellen. So weist der Schierensee eine deutlich höhere **Magnesium**konzentration (5,2 mg/l) im Vergleich zu den anderen drei Seen auf, zwischen denen keine signifikanten Unterschiede bestehen (3,9-4,0 mg/l). Die **Kalium**konzentration ist im Schierensee (3,2 mg/l) demgegenüber nur geringfügig höher als in den anderen drei Seen, von denen in diesem Fall der Bornhöveder See (3,1) höhere Konzentrationen aufweist als Schmalensee und Belauer See (beide 2,8 mg/l). Die **Sulfat**konzentration ist ebenfalls im Schierensee deutlich höher (60,2 mg/l) als in den anderen drei Seen, die eine Abnahme in Fließrichtung der Alten Schwentine vom Bornhöveder See (45,7 mg/l) über den Schmalensee (40,0 mg/l) zum Belauer See (39,8 mg/l) aufweisen. Interessanterweise zeigt sich im Schierensee die geringste **Natrium**konzentration (13,8 mg/l). Die drei anderen Seen zeigen wiederum eine Abnahme in Fließrichtung der Alten Schwentine vom Bornhöveder See (17,6 mg/l) über den Schmalensee (16,5 mg/l) zum Belauer See (15,1 mg/l). Die **Chlorid**konzentration liegt in allen Seen ganzjährig bei 30 mg/l.

[12] Die Siliziumkonzentration am Abfluß (F12) erreicht sowohl 1992 als auch 1993 zwei Minima, jeweils im Frühjahr und im Sommer.

3.1.9 Zusammenfassung

Anhand der über einen Zeitraum von zwei Jahren[13] durchgeführten Temperaturprofilmessungen von der Wasseroberfläche zur maximalen Tiefe auf jedem See konnte gezeigt werden, daß die Stratifikationsverhältnisse entsprechend der Beckenmorphometrie der Seen große Unterschiede aufweisen. Im Belauer See ist die Dauer der Stratifikationsphase deutlich länger (180 Tage) als im Bornhövder See (120 Tage). Während der Stratifikationsphase im Sommer engt sich der ausreichend mit Sauerstoff versorgte Bereich im Bornhöveder und Belauer See auf wenige Meter unterhalb der Wasseroberfläche ein. Eine ausgeprägte Phytoplanktonentwicklung führt dort zu hohen Sauerstoffübersättigungen. Die Thermokline wirkt gegenüber dem absinkenden organischen Material aus diesem Bereich als Sperre, was sich oberhalb der Thermokline als Trübungsmaximum beobachten läßt. Bereits in diesem Bereich überwiegen Abbauprozesse, die sich in niedrigen Sauerstoffkonzentrationen bis hin zu anaeroben Verhältnissen äußern.

Der Schmalensee und der Schierensee sind als ausgesprochene Flachseen weitestgehend ungeschichtet. Der jeweils seetypische Wechsel von Stratifikations- und Zirkulationsphasen hat einen entscheidenden Einfluß auf das raumzeitliche Verteilungsmuster der untersuchten Parameter. Folglich zeigt sich im Schmalensee und Schierensee auch im Sommer ein in hydrochemischer und -physikalischer Hinsicht homogener Wasserkörper, während sich im Belauer See und Bornhöveder See ein sauerstofffreies Hypolimnion einstellt. Die Konzentrationsanreicherung im Hypolimnion von PO_4^{3-}-P und NH_4^+-N führt im Bornhöveder See zu höheren Werten als im Belauer See, obwohl die Stratifikationsphase kürzer ist. Im Bornhöveder See sind offensichtlich die Mineralisationsprozesse im Hypolimnion wesentlich intensiver, weil größere Mengen an organischem Material durch die Thermokline sedimentieren. Hierfür sprechen auch die deutlich höheren Chlorophyllgehalte im Bornhöveder See.

Zahlreiche Parameter zeigen einen Gradienten entlang der Fließrichtung der Alten Schwentine vom Bornhöveder See über den Schmalensee zum Belauer See. Während der Unterschied zwischen dem Belauer See und seinen beiden vorgeschalteten Seen deutlich ausgeprägt ist, sind die Unterschiede zwischen Schmalensee und Bornhöveder See oft nur sehr gering. Beide Seen zeigen bei zahlreichen Parametern sehr häufig nahezu identische Jahresgänge. Zudem sind nicht nur die Amplituden der Jahresgänge fast aller Parameter entlang des Gradienten unterschiedlich, sondern teilweise auch die "Wellenlängen" und die Zeitpunkte der Maxima und Minima. Diese Eigendynamik eines jeden Sees führt also dazu, daß ein ganzjährig zu jedem Zeitpunkt nachweisbarer Gradient für keinen der Parameter existiert. Dennoch läßt sich bei Betrachtung eines größeren Zeitintervalls ($\geq$1 Jahr) ein abnehmendes Konzentrationsniveau von See zu See entlang der Fließrichtung anhand der Jahresmittelwerte zahlreicher chemischer Parameter erkennen (vgl. 3.2.2.1 und 3.4.1). Die Sichttiefe und die Konzentration an Chlorophyll-a als Indikatoren der biologischen Produktivität folgen diesem abnehmenden Konzentrationsniveau.

[13] Standort S7 (Schierensee) nur 1992. Der Abfluß des Schierensees (F12) wurde jedoch ebenfalls in beiden Untersuchungsjahren beprobt, vgl. Kap. 2.2.1.

Tab. 3-1
Matrix des Korrelationskoeffizienten r nach PEARSON für hydrochemische und -physikalische Parameter (log. transformiert) des Belauer Sees am Standort S6 in 0,3 m Tiefe. Anzahl der Beobachtungen im Zeitraum 7.1.1992 bis 28.12.1993 ist n=70 für alle Parameter außer TDP, Chl.a und TRÜ. Für letztere stand ein lückenloser Datensatz nur für den Zeitraum 1.9.1992 bis 27.7.1993 mit n=22 zur Verfügung.

	Ca^{2+} mg/l	Si mg/l	NO_3^--N mg/l	NH_4^+-N mg/l	TDN mg/l	PO_4^{3-}-P mg/l	O_2 mg/l	O_2 %	Tp. °C	LF µS/cm	pH -	ST m	TRÜ %	Chl.a µg/l	TDP mg/l
SiO_2-Si	-0,31	1,00													
NO_3^--N	**0,90**	-0,42	1,00												
NH_4^+-N	0,29	0,35	0,17	1,00											
TDN	0,67	-0,25	0,67	0,19	1,00										
PO_4^{3-}-P	0,36	0,52	0,21	0,47	0,35	1,00									
O_2mg/l	0,39	-0,42	0,48	-0,20	0,43	-0,06	1,00								
O_2 %	-0,22	-0,37	-0,09	-0,49	-0,10	-0,48	0,69	1,00							
Tp.	**-0,71**	-0,03	-0,68	-0,39	-0,67	-0,57	-0,38	0,39	1,00						
LF	**0,91**	-0,19	**0,84**	0,39	0,66	0,41	0,26	-0,43	**-0,82**	1,00					
pH	-0,36	-0,50	-0,25	-0,63	-0,24	-0,63	0,40	**0,81**	0,54	-0,54	1,00				
ST	0,59	0,08	0,49	0,52	0,37	0,36	-0,16	-0,58	-0,50	0,68	-0,63	1,00			
TRÜ	**-0,86**	0,10	-0,67	-0,35	-0,61	-0,23	-0,08	0,18	0,39	-0,63	0,33	-0,54	1,00		
Chl.a	-0,12	-0,08	0,08	-0,40	0,26	-0,11	0,60	0,37	-0,41	-0,11	0,54	-0,67	0,37	1,00	
TDP	0,29	0,61	0,01	0,63	0,51	**0,82**	-0,20	-0,59	-0,67	0,41	-0,57	0,22	-0,19	0,23	1,00
TP	0,40	0,42	0,11	0,54	0,56	0,65	-0,14	-0,54	-0,63	0,49	-0,44	0,14	-0,32	0,17	**0,86**

3.2 Ergebnisse der Nährstoffquellenanalyse

3.2.1 Grundlagen der Nährstoffquellenanalyse

Der folgende Abschnitt beschäftigt sich mit den einzelnen Nährstoffquellen, die zum Nährstoffinput in einen See beitragen. Der Begriff "Nährstoffquelle" wird sowohl in der deutschen als auch der angelsächsischen Literatur (nutrient source) häufig benutzt und kann zusammenfassend als "Nährstofffluß in ein Gewässer" bezeichnet werden:

> Als eine Nährstoffquelle soll ein Stofffluß verstanden werden, dessen Flußrichtung von außerhalb des Wasserkörpers in ein Gewässer gerichtet ist und der dadurch dem Gewässer Nährstoffe in gelöster Form oder in einer Form zuführt, die im Gewässer in die Lösungsphase umgewandelt werden kann.

Diese bewußt sehr allgemein gehaltene Definition ermöglicht es dennoch, die Nährstoffquellen eines spezifischen Gewässers, z.B. eines Sees, festzulegen. Alle Nährstoffflüsse, welche die Grenzenflächen des betrachteten Kompartiments in Richtung Wasserkörper überschreiten, sind unabhängig ihres Transportmediums (wassergebunden, partikulär, gasförmig) als **direkte** Nährstoffquellen anzusehen. Nährstoffquellen wirken grundsätzlich in Richtung einer Konzentrationszunahme der im Gewässer enthalten Nährstoffe, doch die tatsächlich realisierte Konzentration im Wasserkörper hängt entscheidend von gewässerinternen Umsetzungs- und Retentionsprozessen ab. Folglich sind die in einen See mündenden Fließgewässer direkte Nährstoffquellen des Sees, während die in das Fließgewässer gerichteten Nährstoffflüsse (z.B. Einleitungen) direkte Nährstoffquellen für das Fließgewässer darstellen, aber in bezug auf den See als **indirekt** betrachtet werden sollten. Denn die Auswirkung der indirekten Nährstoffquellen auf den See ist zunächst abhängig von der realisierten Konzentration im Fließgewässer, also dessen gewässerinternen Umsetzungs- und Retentionsprozessen. Weiterhin werden - z.T. aus methodischen Gründen (OECD 1971, S.84) - **diffuse** Nährstoffquellen und **Punkt**quellen unterschieden, wobei nicht ein möglicher Flächenbezug eine Nährstoffquelle als diffus charakterisiert, sondern das Fehlen eines lokalisierbaren Übertritts mit der Möglichkeit, Frachten direkt aus Konzentration und Abfluß zu bestimmen (JØRGENSEN & VOLLENWEIDER 1988, BEHRENDT 1994). Die in der Literatur gebräuchliche Unterscheidung zwischen **externen** und **internen** Nährstoffquellen (external vs. internal load) differenziert insofern zwischen allen direkten Nährstoffquellen, deren Regulation durch die interne Dynamik des Gewässers gesteuert werden (= interne Nährstoffquellen) und solchen, die durch Prozesse im Einzugsgebiet gesteuert werden (= externe Nährstoffquellen).

Es soll am Beispiel der Bornhöveder Seen aufgezeigt werden, wie der Eintrag der Nährstoffe Phosphor und Stickstoff für jede Nährstoffquelle abgeleitet werden kann. Dieses ist schon bedingt durch die Art der Nährstoffquellen (diffuse oder interne) nicht in jedem Einzelfall durch Messungen mit vertretbarem Aufwand zu leisten, weshalb in dieser Arbeit der Schwerpunkt auf die Belastung durch externe Quellen gelegt wird (vgl. Kap. 1.3). Da die Bedeutung einzelner Nährstoffquellen an verschiedenen Seen sehr unterschiedlich ausfällt, sollte deshalb von einer möglichst vollzähligen Auflistung aller potentiellen Nährstoffquellen ausgegangen werden, die im jeweiligen Untersuchungsgebiet relevant sein können (Tab. 3-2). Folglich sind Angaben zur Größenordnung möglichst vieler Nährstoffquellen zunächst von höherem Wert als eine möglichst exakte Erfassung einiger weniger Quellen. Denn unter bestimmten Bedingungen können Nährstoffquellen relevant sein, die in der Regel nur eine untergeordnete

Bedeutung haben, wie die Beispiele von GASITH & HASLER (1976: Eintrag von Laubstreu), KORTMANN (1980: atmosphärische Deposition), ZIMMERMANN (1991: Belastung durch Badebetrieb) und JAEGER (1995: Bestand und Fütterung von Wasservögeln) zeigen. Neben den durch Messungen quantifizierbaren Nährstoffquellen im Bereich der Bornhöveder Seenkette sollen deshalb die Größenordnungen zahlreicher Nährstoffquellen und ihre ökologische Bedeutung für die Seen abgeschätzt werden.

Der Stoffinput in einen See durch eine Nährstoffquelle, auf jährlicher Basis als Jahresfracht bezeichnet, liefert eine grundlegende Information für die Stoffbilanzierung der Seen und für die Erarbeitung eines Managementkonzepts zur Eutrophierungsminderung. Die ökologische Bedeutung einer Nährstoffquelle ist jedoch allein mit dem Kriterium "Jahresfracht" nicht ausreichend beschrieben. Folgende weitere Kriterien erscheinen in diesem Zusammenhang wertvoll zu sein (NAUJOKAT 1994):

Variabilität der Nährstofffrachten:
Nährstoffquellen verändern ihre Frachtrate im Verlauf der Zeit. Diese zeitliche Variabilität deckt ein Spektrum von wenigen Minuten (wie bei der nassen Deposition durch einzelne Niederschlagsereignisse) über jahreszeitlich bedingte Schwankungen (bei nahezu allen Nährstoffquellen) bis hin zu langfristigen Veränderungen von mehreren Jahren ab. Insbesondere die jahreszeitliche Variabilität einzelner Nährstoffquellen ist vor dem Hintergrund der Phasen unterschiedlicher Limitierungszustände des Phytoplanktons im See (vgl. 3.1.6) zu sehen.

Ort des Nährstoffeintritts in den See:
Nährstoffquellen unterscheiden sich hinsichtlich des räumlichen Nährstoffeintritts in den Wasserkörper des Sees. Zuflüsse und diffuse Belastungen des Uferbereichs erreichen zuerst den Litoralbereich eines Sees, interne Nährstoffquellen werden größtenteils im Hypolimnion freigesetzt und stehen der Primärproduktion erst nach Auflösung der Thermokline zur Verfügung. Nährstoffeinträge über die Deposition gelangen demgegenüber direkt auf die Seeoberfläche ins Epilimnion.

Phytoplanktonverfügbare Nährstofffraktionen:
Zu den biologisch verfügbaren Anteilen sind neben der anorganisch löslichen Fraktion (PO_4^{3-} bzw. NO_3^- und NH_4^+) auch Teile der partikulären Fraktion (PP bzw. PN) zu zählen (SONZOGNI et al. 1982). Auch ein Teil der löslichen organischen Fraktion (DOP bzw. DON) muß als verfügbar angesehen werden[1]. Die biologische Verfügbarkeit der von einer Nährstoffquelle importierten Stofffracht ist darüberhinaus abhängig von der Verweilzeit der Partikel im Wasserkörper, von Desorptionsprozessen und mikrobiellem Abbau und kann deshalb nicht allein anhand chemischer Nährstofffraktionen angegeben werden. Lediglich die löslichen, anorganischen Fraktionen sind direkt und leicht verfügbar. Grundsätzlich muß davon ausgegangen werden, daß jede am Nährstoffeintrag in einen See beteiligte

[1] Neben den im Labor bestimmten Fraktionen PO_4^{3-}, TDP, TP, NH_4^+, NO_3^-, TDN und TN werden in dieser Arbeit folgende Fraktionen als Differenzen bzw. Summe definiert: partikulärer Phosphor: PP=TP-TDP; partikulärer Stickstoff: PN=TN-TDN; gelöster organischer Phosphor: DOP=TDP-PO_4^{3-}; gelöster organischer Stickstoff: DON=TDN-DIN; gelöster anorganischer Stickstoff: DIN=NO_3^-+NH_4^+ (vgl. Kap. 2.2.3).

Tab. 3-2
Externe Nährstoffquellen im Bereich der Bornhöveder Seenkette.

Nährstoffquelle		Transport-medium	Transportprozeß	Ursachen, Abhängigkeiten
Atmosphärische Deposition	naß	w	Niederschlag	Niederschlagsmenge, Konzentration im Niederschlag, Gewässerfläche
	trocken	p, g	Impaktion, Sedimentation, Diffusion, Lösung	Konzentration in der Atmosphäre, Depositionsgeschwindigkeit, Partikeldurchmesser und -dichte, atmosphärische Widerstände, Eigenschaften der Wasseroberfläche, Gaslöslichkeit
Zuflüsse		w	Gerinneabfluß	Hydrologie des Einzugsgebietes, indirekte Nährstoffquellen, Transport, Retention und Transformation in Fließgewässern
Einleitungen	Kläranlagen	w	Rohrabfluß	Einwohnerzahl, Anschlußgrad, Abwassermenge und Zusammensetzung, Reinigungsleistung
	Regenwasser aus Trennkanalisation	w		Siedlungsstruktur, Versiegelungsgrad, Niederschlagshöhe, Straßenreinigung
	Fischzuchtanlagen	w		Produktionsmenge, Futtermittelverbrauch
Fischerei	Fischbesatz	b		Eigentums- und Nutzungsrechte, Art und Intensität der fischereilichen Nutzung
	Fütterung	b		
Uferabbruch		w, p	Erosion der Uferlinie	Wellenenergie, Fetch, Bewuchs
Run-off		w	Oberflächenabfluß	Niederschlagshöhe und -intensität (Starkregen), Infiltrationskapazität der Böden, Schneeschmelze, befestigte Flächen (Straßen, landw. Wege, Hofflächen, Mieten)

Bewirtschaftung der Ufer	Düngung	w, b, p	Drift, Verfrachtung	Entfernung der LNF vom Ufer, Düngeraufwand, Ausbringungsart
	Viehtränken	w, b	Exkretion	Besatzdichte (GV/ha), fehlender Weidezaun am Ufer
	Baden	w, b		Freizeitnutzung, Anzahl der Badegäste, Toilettenbenutzung
Biogener Eintrag	Wasservögel	b	Exkretion	Areal und Lebensraumansprüche von Wasservögeln, Populationsgröße, Ernährungstyp
	Insekten	b	Generationswechsel	Gewässerfläche, Jahreszeit, Abstand zum Ufer (?)
	Streu	b	Streufall	Länge der bewachsenen Uferlinie, Phänologie der Ufervegetation
Grundwasser	tiefes Grundwasser	w	Infiltration	hydrogeologische Verhältnisse im Einzugsgebiet, Grundwasserneubildung, Struktur der Uferzonen, Austauschtypen, Grundwasserbelastung
	Hangdrängewasser	w	Aussickerung	
	Quellen	w	Quellaustritt	
	Entwässerungsgräben	w	Gerinneabfluß	

w = wassergebunden (Lösungen, Suspensionen), p = partikulär oder fest (außer Biomasse), g = gasförmig, b = Biomasse

Nährstoffquelle durch eine unterschiedliche Nährstofffraktionierung gekennzeichnet ist, die zudem noch einer zeitlichen Veränderung unterliegen kann. Ein großer anorganischer, löslicher Anteil an TN oder TP bedeutet eine höhere Verfügbarkeit für das Phytoplankton. Im Rahmen der Untersuchungen der Bornhöveder Seenkette wurde eine Methodik der Nährstoffquellenanalyse entwickelt, welche die genannten Eigenschaften von Nährstoffquellen berücksichtigt:

Arbeitsschritt:		Verweis:
1.	Zusammenstellung der Basisinformationen der untersuchten Seen und ihrer Einzugsgebiete	Kap. 2.1
2.	Auflistung aller potentiellen Nährstoffquellen	Tab. 3-2
3.	Konzeption und Durchführung der Meßprogramme	Kap. 2.2.1
4a.	Berechnung der jährlichen Nährstofffrachten der Zu- und Abflüsse	Kap. 3.2.2.1
4b.	Berechnung der jährlichen Nährstofffrachten weiterer externer, direkter Nährstoffquellen	Kap. 3.2.2.2 bis 3.2.2.6
5.	Sedimentation	Kap. 3.2.4
6.	Wasser- und Nährstoffbilanzierung der Seen	Kap. 3.3.1
7.	Diskussion der internen Quellen und Senken	Kap. 3.3.2
8.	Bestimmung der indirekten Nährstoffquellen in den Einzugsgebieten (punktuelle und diffuse Quellen)	Kap. 3.2.3

Die chronologische Reihenfolge der Arbeitsschritte dieses Schemas wurde so gewählt, daß sukzessiv die Grundlagen für die Entwicklung von Entlastungsmaßnahmen (Kap. 6) geschaffen werden. Arbeitstechnisch verwandte Schritte und solche, die sinnvollerweise wechselseitig zu behandeln sind, folgen direkt aufeinander. So ergibt Punkt 4 eine vollständige Angabe der Belastung aus direkten, externen Nährstoffquellen. Ergänzt um Nährstoffausträge mit dem Seeabfluß und durch Sedimentation wird eine Nährstoffbilanzierung möglich (Punkt 6), die im Wechsel mit den in dieser Arbeit nicht gemessenen internen Nährstoffquellen und -senken erfolgt (7). Die Ermittlung der indirekten Nährstoffquellen, d.h. die Differenzierung der Frachten an den Zuflüssen nach Quellen im Einzugsgebiet, folgt als Punkt 8, da sich hierdurch die Nährstoffbilanz nicht verändert. Für die inhaltliche Darstellung der Ergebnisse wurde eine leicht abweichende Reihenfolge gewählt, die sich an den Nährstoffquellentypen (direkt, indirekt, extern, intern, punktuell, diffus) orientiert.

3.2.2 Quantifizierung des Nährstoffinputs in die Seen - direkte Nährstoffquellen

3.2.2.1 Oberirdische Zuflüsse

Bei allen untersuchten Seen handelt es sich hydrologisch um durchflossene Seen. Bereits aus der Wasserführung der Zu- und Abflüsse wird im Vergleich zu den Wasservolumina der Seen die dominierende Bedeutung der Zu- und Abflüsse für den Wasserhaushalt und damit auch den Stoffhaushalt der Seen deutlich. Grundlage für die Ermittlung der Stofftransporte der untersuchten Fließgewässer bilden die gemessenen Abflußmengen (vgl. 2.2.6). Für Standorte, an denen kontinuierliche Abflußmessungen vorliegen, wurden Tagesmittelwerte des Abflusses berechnet. Für alle Standorte, an denen nur zum Zeitpunkt der Probenahme eine Durchflußmessung vorliegt, konnten Tageswerte des Abflusses zwischen den Flügelmessungen über eine lineare Regression aus den Tagesmittelwerten der kontinuierlich gemessenen Abflüsse berechnet werden. Die Konzentration der Fließgewässer an den Tagen zwischen den Probenahmeterminen wurde ebenfalls über eine lineare Interpolation geschätzt. Eine Beziehung zwischen Abflußmenge und Konzentration, wie sie üblicherweise bei Frachtberechnungen Anwendung findet, konnte nur an den Standorten F9 und F10 gefunden werden. Der Grund für das Fehlen dieser Beziehung an den anderen Standorten ist einerseits darin zu sehen, daß im Bereich der Bornhöveder Seenkette der Abflußvorgang durch die Stauvorrichtung an der Perdoeler Mühle gesteuert wird, was sich durch einen Rückstaueffekt bis in den Bornhöveder See hinein nachweisen läßt. Dadurch war auch eine Berechnung der Abflußmengen über eine Pegelschlüsselkurve nicht möglich. Andererseits wird der Chemismus der Fließgewässer am Abfluß der Seen - die für zwei Seen wiederum Zuflüsse darstellen - ausschließlich durch die interne Stoffdynamik der Seen bestimmt. Dieses bedeutet aber, daß Abfluß und Konzentration - zumindest der gelösten Substanzen - im Bereich der Bornhöveder Seenkette als voneinander unabhängig anzusehen sind und nicht korrelieren, was auch in anderen Einzugsgebieten beobachtet wurde (LIKENS & BORMANN 1979).

Durch eine Interpolation werden die Konzentrationen unabhängig vom Abfluß und entsprechend der im Zeitraum von mehreren Tagen und Wochen ablaufenden Veränderungen der Konzentration in den Seen geschätzt. Die Jahresfracht errechnet sich dann aus der Summe der Tagesfrachten, die als Produkt aus Konzentration und Abfluß berechnet werden. Lediglich für die kleinen Fließgewässer F2, F3, F6 und F11 war die Datenbasis zur Erstellung von Tageswerten nicht ausreichend, so daß die Jahresfracht direkt als Produkt aus Jahresabfluß und Konzentration gebildet wurde. Die Ergebnisse der Frachtberechnungen sind im Anhang A in Tab. II bis Tab. VII aufgeführt.

Die Abflußmengen nahmen entlang der Fließrichtung der Alten Schwentine erwartungsgemäß zu (im Mittel der beiden Untersuchungsjahre von 3,75 Mio m^3/a am Zufluß des Bornhöveder Sees (F1) auf 12,75 Mio m^3/a am Abfluß des Belauer Sees (F8)). Eine Zunahme der Abflußmengen zwischen F1 und F8 um das 3,3fache wurde ebenfalls vom LANDESAMT (1982) für das Abflußjahr 1980 ermittelt (3,17 bzw. 10,43 Mio m^3/a). Da keine weiteren oberirdischen Zuflüsse in der Größenordnung der Alten Schwentine in die Seen münden (Abfluß von F2, F3, F5 und F6 zusammen nur 0,62 Mio m^3/a), ist mit einem erheblichen Grundwasserzustrom in die Seen zu rechnen, der die Erhöhung der Abflüsse von See zu See bewirkt (vgl. 3.2.2.2). Für das Einzugsgebiet bis zum Abfluß des Belauer Sees (F8 bezogen auf die Summe der Einzugsgebiete 1, 2 und 3 nach Kap. 3.2.1) errechnen sich Abflußbeiwerte (Verhältnis von Abfluß zu Niederschlag) von 0,67 (1992) und 0,58 (1993), die unter Berücksichtigung der unterschiedlichen Jahresniederschlagsmengen gut zu den bereits veröffentlichten Werten passen (LEITUNGSGREMIUM 1992, S. 152). Am Abfluß des Schierensees (F12 bezogen auf Einzugsgebiet 4) werden etwas höhere Werte von 0,72 bzw. 0,63 erreicht. Einzelne Teileinzugsgebiete zeigen zum Teil sehr viel geringere (1b, 2b, 2d, 4a), aber auch höhere Abflußbeiwerte (4c). Zur Erklärung der niedrigen Werte ist zu berücksichtigen, daß einige Teileinzugsgebiete ganz ohne Gerinneabfluß entwässern (2c, 3 und 4d), so daß grundsätzlich auch in den Gebieten mit niedrigem Abflußbeiwert mit einem Anteil des Einzugsgebietes zu rechnen ist, der nicht zum Gerinneabfluß beiträgt. So nimmt BRUHM (1990, S. 143) aufgrund der Abflußmengen für die Schmalenseefelder Au (F5) ein Einzugs-

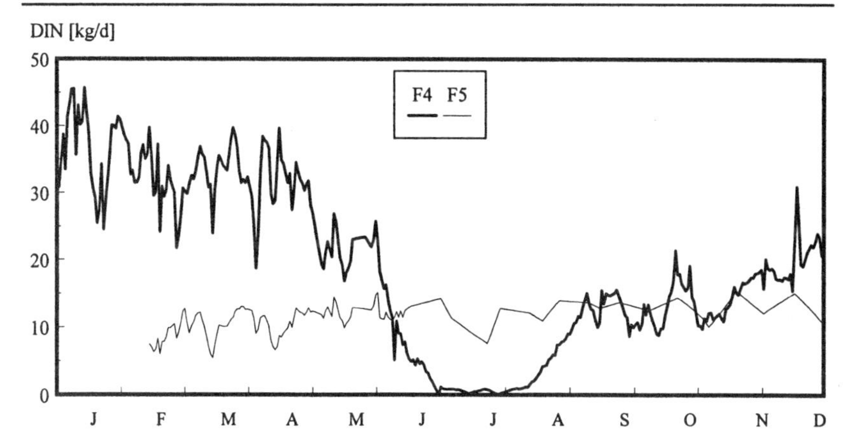

Abb. 3.15 DIN-Frachten (dissolved inorganic nitrogen) an zwei Zuflüssen des Schmalensees 1992: Alte Schwentine (F4) und Schmalenseefelder Au (F5).

gebiet von 0,8 km^2 an, während das topographische Einzugsgebiet 2b insgesamt 2,64 km^2 umfaßt. Andererseits ist der Fehler bei der Bestimmung der Abflußmengen kleinerer Einzugsgebiete bei nicht kontinuierlicher Abflußmessung höher anzusetzen als bei größeren Einzugsgebieten. Die kurzfristige Reaktion kleiner Einzugsgebiete auf einzelne Niederschlagsereignisse führt deshalb häufig zu einer Unterschätzung der tatsächlichen Abflußmengen, was auch für die Gebiete 1b, 2b, 2d und 4a nicht auszuschließen ist. Das Teileinzugsgebiet 4c zeigt demgegenüber einen im Vergleich zur Größe des topographischen Einzugsgebiets zu hohen Abfluß. Dieses ist einerseits auf die in Abhängigkeit der Lage der Wasserscheide zu Einzugsgebiet 4a von den Wasserständen in den Entwässerungsgräben zu erklären (MÜLLER 1981). Andererseits wird das Grünland südlich des Fuhlensees durch ein Schöpfwerk teilweise bis 1,5 m unter Flur entwässert (EIGNER 1988, S. 61), was direkt zur Erhöhung des Abflußbeiwerts bei F9 beiträgt. Durch den künstlich niedrig gehaltenen Grundwasserstand wird das unterirdische Einzugsgebiet vergrößert, so daß ein Grundwasserzustrom auch aus den Einzugsgebieten 1b und 2a denkbar ist. Ein oberirdischer Abfluß aus dem Bornhöveder See direkt in den Schierensee ist demgegenüber - auch zeitweise bei höheren Wasserständen im Bornhöveder See - grundsätzlich auszuschließen. Daß tatsächlich mit einem vergrößerten unterirdischen Einzugsgebiet von 4c zu rechnen ist, ergibt sich auch aus den Ergebnissen der Modellierung der Grundwasserdynamik am Westufer des Belauer Sees (LEITUNGSGREMIUM 1992, S. 145ff.). Der Wasserspiegel des Fuhlensees und Schierensees liegt etwa 1,5 m unter dem des Belauer Sees, so daß sich die Grundwasserscheide im Bereich des Perdoeler Restsanders zwischen diesen drei Seen sehr weit nach Osten verlagert und nicht auszuschließen ist, daß sie zeitweise die Uferlinie des Belauer Sees erreicht. Auch für diesen Fall würde ein Grundwasserzustrom in Teileinzugsgebiet 4c resultieren.

Im Gegensatz zu den Abflußmengen nehmen die Jahresmittelwerte der Konzentrationen fast aller Inhaltsstoffe im Verlauf der Fließstrecke der Alten Schwentine ab (vgl. Abb. 3.16 und Kap. 3.1.9). Die untersuchten Spezies lassen dabei eine unterschiedliche Entwicklung der

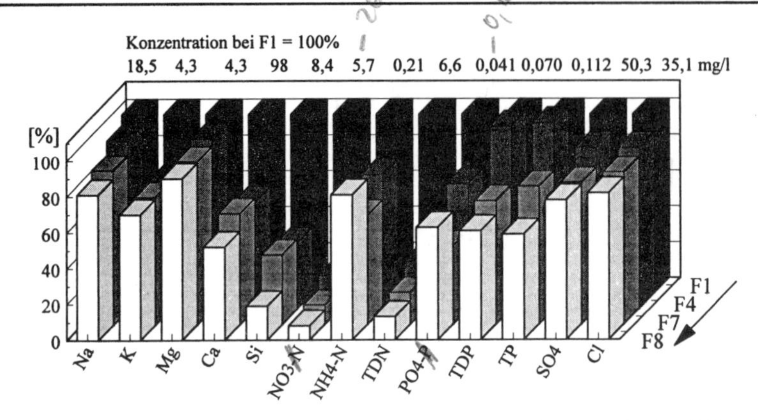

Abb. 3.16 Prozentuale Veränderung der Konzentrationen (Mittelwert aus 1992-1993) entlang der Fließrichtung der Alten Schwentine (Pfeil) bezogen auf die Konzentration bei F1.

Konzentrationsabnahme erkennen. Als weitgehend "inert" sind die Ionen Na^+, K^+, Mg^{2+}, Cl^- und SO_4^{2-} zu bezeichnen, deren Konzentrationen auf ca. 80% des bei F1 gemessenen Werts kontinuierlich von See zu See abnehmen (vgl. die Absolutwerte in Tab. II im Anhang A). Demgegenüber sinken die Werte von NO_3^--N und TDN auf 8 bzw. 13%. Die restlichen Spezies haben gemeinsam, daß - selbst bei Betrachtung der Jahresmittelwerte - die Konzentrationen bei der Passage durch einen See zunehmen können. In geringerem Umfang ist dieses bei Ca^{2+} und SiO_2-Si im Schmalensee und bei TDP und TP im Bornhöveder See der Fall, ausgeprägt jedoch bei NH_4^+-N und PO_4^{3-}-P im Belauer See.

Die Zunahme der Wassermengen kompensiert in den meisten Fällen die Konzentrationsabnahme, so daß auch die Frachten entlang der Fließrichtung der Alten Schwentine von See zu See zunehmen (Tab. III). Hieraus darf jedoch noch nicht gefolgert werden, daß der See als Quelle der betreffenden Spezies auftritt, da in dieser Betrachtung neben dem Zufluß keine weiteren Nährstoffquellen berücksichtigt sind. Der entgegengesetzte Fall einer Abnahme der Fracht zwischen Zufluß und Abfluß, wie bei NO_3^--N, TDN und in einzelnen Seen auch bei Ca^{2+}, SiO_2-Si und TP, liefert hingegen den eindeutigen Hinweis, daß der See in diesen Fällen als Senke wirkt.

Die Zuflüsse der Seen in ihrer Eigenschaft als Nährstoffquellen unterliegen einer ausgeprägten zeitlichen Dynamik. Dieses muß einerseits auf die unterschiedlichen Abflußanteile des Gerinneabflusses der Fließgewässer zurückgeführt werden: grundwasserbürtiger Abfluß während niederschlagsarmer Zeiten, Oberflächenabfluß während und nach Niederschlägen, sowie Interflow (der als Zwischenabfluß bezeichnet wird und unterteilt wird in schnellen und langsamen Zwischenabfluß). Jede Hochwasserwelle enthält diese vier Anteile, die unterschiedliche chemische Eigenschaften besitzen. Im allgemeinen führt der Anteil aus Oberflächenwasser Feststoffe und an sie gebundene und adsorbierte Substanzen sowie gelösten Phosphor und organische Stoffe mit sich, während grundwasserbürtiger Abfluß die "Auswaschungsparameter" verstärkt enthält (MOLLENHAUER & WOHLRAB 1990, S.5f).

Am Beispiel der beiden Schmalenseezuflüsse, der Alten Schwentine (F4) und der Schmalenseefelder Au (F5) kann weiterhin aufgezeigt werden, welche ökologische Bedeutung nicht nur einer zeitlichen Dynamik, sondern auch der Tatsache zukommt, ob der Zufluß direkt aus einem terrestrischen Einzugsgebiet in den See mündet oder ob er zuvor bereits einen vorgeschalteten See passiert hat. Aus Abb. 3.15 geht hervor, daß die DIN-Frachten des Hauptzuflusses der Alten Schwentine infolge der sommerlichen Stickstoffzehrung im Epilimnion des vorgeschalteten Bornhöveder Sees auf nahezu Null zurückgehen, während die konstant hohen DIN-Frachten der hydrologisch unbedeutenden Schmalenseefelder Au den zu dieser Zeit im Schmalensee möglicherweise limitierten Stickstoff zuführen (vgl. 3.1.6 und NAUJOKAT 1994). Die DIN-Zufuhr durch die Alte Schwentine beträgt im Zeitraum von Juni-August 1992 insgesamt 238 kg, während durch die Schmalenseefelder Au 1024 kg DIN eingetragen werden. Bezogen auf die im gleichen Zeitraum den Schmalensee durchflossenen Wassermengen führt die DIN-Fracht der Schmalenseefelder Au rechnerisch zu einer Konzentration von 0,18 mg/l DIN im See. Es wurden zur gleichen Zeit aber im Mittel 0,085 mg/l gemessen, was den hohen N-Bedarf des Sees während der Sommermonate und die Bedeutung der Schmalenseefelder Au zur Deckung dieses Bedarfs verdeutlicht. Dieses Beispiel zeigt auch, daß obwohl ein vorgeschalteter See eine gleichmäßigere Wasserführung bewirkt, gravierende jahreszeitliche Veränderungen der Frachtraten auftreten. Vergleichbare Effekte sind bei allen Parametern zu erwarten, die ausgeprägte Jahresgänge ihrer Konzentrationen in Seen aufweisen.

Mit der Passage durch einen See verändern sich weiterhin die Nährstofffraktionen, wie aus Abb. 3.17 hervorgeht. Der Bornhöveder See erhält über seinen Hauptzufluß (F1) hohe Anteile der löslichen anorganischen Fraktionen (PO_4^{3-}-P und NO_3^--N), die bei der Passage durch den Bornhöveder See und Schmalensee deutlich reduziert werden. Gleichzeitig steigt der Anteil an partikulärem Phosphor (PP) und den organischen Stickstofffraktionen (DON und PN). Die beiden dem Belauer See vorgeschalteten Seen transformieren folglich leicht verfügbare, mineralische Fraktionen (N und P) in schwer bis nicht verfügbare organische und partikuläre Fraktionen. Diese generelle Abnahme der Verfügbarkeit entlang der Fließrichtung der Alten Schwentine wird jedoch im Belauer See wiederum rückgängig gemacht. Der Belauer See bewirkt durch die intensiven Abbauprozesse im Hypolimnion eine weitgehende Mineralisation der organischen und partikulären N- und P-Fraktionen zu NH_4^+-N und PO_4^{3-}-P. Auch in einer Studie von KRONVANG (1992) wird einem dänischen See die Funktion der Retention partikulären Materials und die Erhöhung anorganisch löslicher Fraktionen zugeschrieben. Die vorliegende Auswertung der drei Bornhöveder Seen zeigt jedoch, daß diese Funktion offensichtlich nur für tiefere Seen mit einer stabilen Schichtung zutrifft, wo eine deutliche Partikelretention durch Sedimentation und intensive Abbau- und Sedimentrücklösungen auftreten. Bei flacheren Seen ohne ausgeprägtes Hypolimnion überwiegt hingegen die Partikelproduktion, da lösliche N- und P-Verbindungen in Algen gebunden werden und Sedimentresuspensionen eine größere Rolle spielen. Folglich ist nicht nur die Tatsache entscheidend, ob in einem Einzugsgebiet vorgeschaltete Seen vorhanden sind oder nicht, sondern auch deren Schichtungsverhalten, Sedimentdynamik und andere den Nährstoffhaushalt eines vorgeschalteten Sees beeinflussende Prozesse, die einen starken Einfluß auf die Quantität (Frachtraten) und Qualität (Verfügbarkeit) des Nährstoffinputs in den nachgeschalteten See und damit auch auf dessen Produktivität haben.

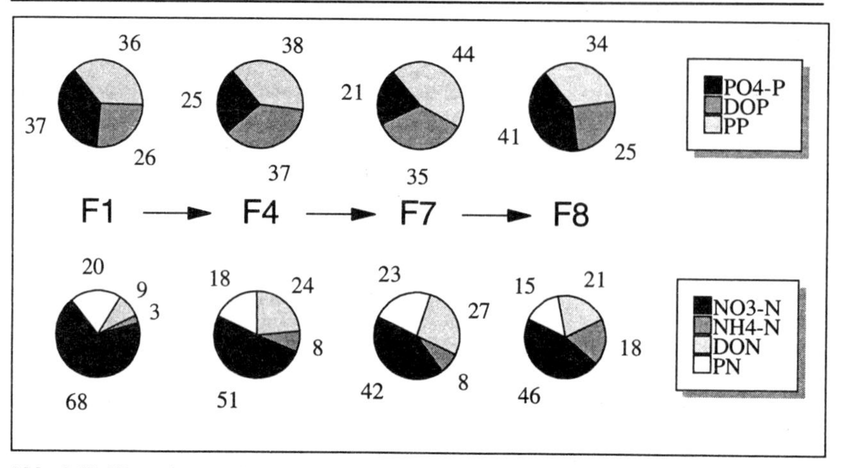

Abb. 3.17 Veränderung der N- und P-Fraktionen entlang der Fließrichtung der Alten Schwentine (Pfeil) durch die Bornhöveder Seen.

3.2.2.2 Grundwasser

Der Übertritt des Grundwassers in den See erfolgt durch die Uferzone, die dabei als Puffer und Speicher zwischen Land- und Seeflächen wirkt (KLUGE et al. 1994). Daher hat die räumliche Heterogenität der Uferzone einen entscheidenden Einfluß auf den Stofftransfer in den See. Eine Klassifikation der Arten des Wasseraustausches zwischen Grundwasserleiter und See führt zu unterschiedlichen Austauschtypen (KLUGE & FRÄNZLE 1992). Entscheidend für den Stofftransfer in den See ist weiterhin die Art des diffusen Übertritts. Ein Teil tritt im Uferbereich oberhalb der Wasseroberfläche aus oder gelangt über Entwässerungsgräben in den See. Ein anderer Teil passiert wasserdurchlässige Seesedimente und infiltriert in Abhängigkeit von den Durchlässigkeitsbeiwerten der Sedimente in näherer oder weiterer Entfernung von der Uferlinie direkt in den Seewasserkörper. Es wird deutlich, daß Grundwasserinfiltration aufgrund der unterschiedlichen Dynamik seiner Teilströme im Sinne der auf S. 49 genannten Definition nicht als eine einzelne Nährstoffquelle angesehen werden kann, sondern daß theoretisch und methodisch eine Untergliederung notwendig erscheint. In Tab. 3-3 sind die hydrochemischen Charakteristika von fünf Arten der Grundwasserspeisung nach einer Klassifizierung von KLUGE et al. (1994) und JELINEK (1995) zusammengestellt.

Zunächst ist das obere, jüngere Grundwasser (im Gegensatz zum tiefen, älteren Grundwasser) durch höhere Redoxpotentiale, Sauerstoff- und Nitratkonzentrationen gekennzeichnet. Beide Bereiche werden durch einen Übergangsbereich, die Redoxkline, voneinander getrennt, die durch abnehmende Redoxpotentiale und Sauerstoffkonzentrationen sowie Nitratabbau gekennzeichnet ist (SCHEYTT 1994). Bezüglich des Stickstoffeintrags ist deshalb insbesondere das nitratreiche obere Grundwasser von Interesse. Die Phosphorkonzentrationen übersteigen auch im tiefen Grundwasser den Wert, der für oligotrophe Seen typisch ist (OECD 1982). Das tiefe, ältere Grundwasser gelangt unterhalb der Wasseroberfläche in den See, wobei eine exponentielle Abnahme der Grundwasserinfiltration in Richtung See mit der

Entfernung von der Uferline als Folge der hydrostatischen Bedingungen modelltheoretisch nachgewiesen wurde (MCBRIDE & PFANNKUCH 1975). Aber schon vergleichsweise dünne Sedimentschichten können, wenn sie einen geringen Durchlässigkeitsbeiwert aufweisen, eine homogenere Verteilung des Grundwasserzustroms über den See bewirken. Eine häufig anzutreffende kleinräumige Variabilität der Durchlässigkeitsbeiwerte in Seesedimenten führt dann zu sehr inhomogenen Mustern, so daß lokale Maxima der Grundwasserinfiltration auch in weiterer Entfernung vom Seeufer mit entsprechend längeren Transportzeiten und niedrigeren Konzentrationen auftreten können (GUYONNET 1991). Im Belauer See konnten die Bereiche mit intensiver Grundwasserinfiltration geothermisch am Westufer des Sees lokalisiert werden (KLUGE, mündl. Mittl.). In Wintern mit Eisbedeckung sind diese ufernahen Bereiche gelegentlich durch eine geringere Eisdicke und offene Wasserflächen gekennzeichnet, wie Messungen der Eismächtigkeit entlang der Ufer im Bornhöveder See, Schmalensee und Belauer See im Januar 1993 ergeben haben.

Im Gegensatz zum tiefen Grundwasser tritt zumindest ein Teil des oberen Grundwassers auch oberhalb des Seewasserspiegels in der Uferzone aus, welches sich nach der Art des diffusen Übertritts in den See und hydrochemisch in drei Grundwasserarten untergliedern läßt. Ein Teil tritt als vergleichsweise kontinuierliche Quellschüttung aus, ein anderer Teil in Kombination

Tab. 3-3 Konzentrationen der fünf Grundwasserteilströme in den Belauer See.

	GWo	GWt	H	Q	E
NO_3^--N	13,97	0,28	4,92	17,19	0,95
NH_4^+-N	<0,1[a]	<0,1[a]	0,235	0,078	1,328
DIN	14,07	0,38	5,16	17,27	2,27
TDN	n.b	n.b	7,10[b]	22,40[b]	4,89[b]
PO_4^{3-}-P	0,019[b]	0,014[b]	0,073	0,068	0,623
TDP	n.b	n.b	0,113[b]	0,141[b]	0,813[b]
TP	0,020[c]	0,015[c]	0,125[c]	0,155[c]	0,895[c]
SiO_2-Si	9,60	12,95	9,82[b]	10,26[b]	8,05[b]
Cl^-	36,2	25,5	32,0[b]	33,8[b]	22,6[b]

Alle Angaben in mg/l. **GWo** = oberes Grundwasser (Multilevelbrunnen M5 und M7, 0-10 m GOK, Daten soweit nicht anders vermerkt nach SCHEYTT (1994) bzw. Datenbank des PZÖ); **GWt** = tiefes Grundwasser (Multilevelbrunnen M5 und M7 20-39 m GOK, Datennachweis wie bei GWo); **H** = Hangdrängewasser; **Q** = Quellaustritte; **E** = Entwässerungsgräben (Daten für H, Q und E soweit nicht anders vermerkt: verändert nach JELINEK (1995)). [a] SCHEYTT (mündl. Mittl.), [b] Analyse durch TV 6.1, [c] Schätzung, n.b. = nicht bestimmt.

mit Interflow, Bodenwasser und Niederschlagswasser als Hangdrängewasser. Längere Verweilzeiten in der Uferzone bewirken durch Denitrifikation und Verdünnung mit Niederschlagswasser eine niedrigere NO_3^--N-Konzentration im Hangdrängewasser gegenüber der Konzentration im (oberen) Grundwasser und den stetiger in den See abfließenden Quellaustritten (Tab. 3-3). Die Phosphorkonzentrationen sind gegenüber dem oberen Grundwasser durch die Interflow- und Bodenwasseranteile, aber auch durch eine partikuläre Fraktion erhöht. Ein weiterer Teil gelangt über Entwässerungsgräben in den See. Hier führen ebenfalls Denitrifikationsprozesse zu verringerten Stickstoffkonzentrationen. Die Phosphorkonzentration steigt demgegenüber infolge der zum Teil anoxischen Verhältnisse in den Gräben auf Werte >1 mg TP/l.

Aus der Wasserbilanz des Belauer Sees geht hervor, daß der Zufluß von Grundwasser im Vergleich zu den oberirdischen Zuflüssen nur eine untergeordnete Bedeutung für den Wasserhaushalt des Sees hat (LEITUNGSGREMIUM 1992, S. 153). Die Konzentration an gelösten anorganischen Stickstoffverbindungen im Grundwasser ist jedoch erheblich höher als das durch die vorgeschalteten Seen in den Belauer See zufließende Oberflächenwasser der Alten Schwentine. Werden ferner die erhöhten Phosphorkonzentrationen einzelner Grundwasserarten berücksichtigt, wird deutlich, daß bereits vergleichsweise geringe Grundwassermengen erhebliche Nährstofffrachten transportieren können. Aufgrund der hydrologischen und hydrogeologischen Verhältnisse im norddeutschen Tiefland stellt diese Situation bei weitem keine Ausnahme dar. Es muß im Gegenteil grundsätzlich davon ausgegangen werden, daß Grundwasserinfiltrationen in vielen Seen die hydrochemische Dynamik entscheidend prägen können und deshalb als wichtiges Glied im Ökosystem See angesehen werden sollten (vgl. VANEK 1987, S. 2).

Für den Belauer See wurden die Ergebnisse der Modellrechnungen mit TWODAN und die Berechnungen zur Quantifizierung diffuser Einträge mit dem Grundwasser von JELINEK (1995) mit einer neuen Angabe zum Grundwasserzustrom in den Belauer See von RUMOHR (1995) und KLUGE (mündl. Mittl.) verrechnet. Damit liegt eine unabhängige Schätzung der Wasser- und Stoffflüsse (DIN und TP) in den Belauer See differenziert nach den fünf Grundwasserteilströmen vor. Für den Bornhöveder See und Schmalensee wurde zunächst die sich aus der Wasserbilanz ergebende Bilanzrestgröße als Grundwasserzustrom interpretiert. Anschließend erfolgte eine Differenzierung in zwei Teilströme (GWo und GWt) durch Abstimmung der Wasserbilanz mit den Chlorid- und Phosphorbilanzen und der in Tab. 3-3 aufgeführten Konzentrationen. Anschließend erfolgte eine Abschätzung der Größenordnungen der drei übrigen Pfade (H, Q und E) für die anderen Seen anhand der Uferstrukturen, die nach der Deutschen Grundkarte 1:5000 bekannt sind oder durch eine Uferbegehung erfaßt wurden. Eine Übertragung der Ergebnisse für den Belauer See auf andere Seen, etwa anhand der Uferlängen, ist aufgrund der Abhängigkeit der Stofftransporte von der Strukturierung der Uferzone nicht möglich, und eine detaillierte Kartierung der Ufer konnte nicht in gleichem Umfang für alle Seen durchgeführt werden. Die Abschätzung der Grundwassereinträge in den Bornhöveder See und Schmalensee kann nicht als unabhängig angesehen werden, da sie im Zusammnehang mit der Wasser- und Stoffbilanzierung durchgeführt wurde. Der Fehler ist deshalb für den Bornhöveder See und Schmalensee höher anzusetzen als er für den Fall des Belauer Sees von JELINEK (1995) angegeben wurde. Die Ergebnisse sind im Anhang A in Tab. VIII bis X dokumentiert.

3.2.2.3 Atmosphärische Deposition

Als Deposition werden zusammenfassend alle Vorgänge bezeichnet, bei denen in der Atmosphäre enthaltene Stoffe aus dieser heraus auf die Erdoberfläche transportiert werden. Während nasse Deposition nur unter Beteiligung fallender Niederschläge erfolgt, bezeichnet man den Transport gasförmiger und partikulärer Stoffe aus der Atmosphäre, der nicht an fallende Niederschläge gebunden ist, als trockene Deposition. Beide Formen der atmosphärischen Deposition führen zu einem Stoffeintrag in Seen, der in Abhängigkeit von der Größe der Seeoberfläche erfolgt. Bei der trockenen Deposition spielen jedoch noch zahlreiche weitere Größen eine Rolle (s.u.).

Im Bereich der Bornhöveder Seenkette wird seit 1989 die atmosphärische Freilanddeposition am Südwestufer des Belauer Sees gemessen (SPRANGER 1992, BRANDING 1996). Zur Bestimmung der nassen Deposition kam ein ERNI-Gerät zum Einsatz. Es verfügt über einen Feuchtigkeitssensor, der dafür sorgt, daß das Gerät nur bei Niederschlagsereignissen geöffnet ist. Weiterhin wurden ständig offene Sammler verwendet, die neben der nassen Deposition einen - unbekannten, aber zumeist kleinen - Teil der trockenen Deposition erfassen (SPRANGER 1992, S. 30). Der aus den offenen Sammlern ermittelte Eintrag wird als "bulk"-Deposition bezeichnet. Angesichts der größeren Anzahl an Parallelstandorten und -proben der offenen Sammler und der Abhängigkeit der erfaßten Raten der nassen Deposition durch das ERNIE-Gerät von der Einstellung des Sensors, werden in dieser Arbeit die "bulk"-Depositionsraten der offenen Sammler zur Abschätzung des Stoffeintrags in die Bornhöveder Seen benutzt (Tab. 3-5). Damit wird gleichzeitig eine mögliche Unterschätzung der gesamten atmoshärischen Einträge, die sich aus der Summe der nassen Deposition und der abzuschätzenden trockenen Deposition ergeben würden, weitgehend ausgeschlossen[2]. Die Beschränkung auf einen einzigen Standort zur Erfassung der Depositionsraten in einem Gebiet bis zu 2,2 km Entfernung vom Meßort mag angesichts der räumlichen Variabilität problematisch erscheinen. Die Analyse der räumlichen Variabilität der Freilanddeposition von sieben Standorten rund um den Belauer See von SPRANGER (1992, S. 75ff.) zeigt jedoch, daß der hier gewählte Standort A 33 B für die meisten

Tab. 3-4 Jahresraten der trockenen Deposition nach FALKOWSKA & KORZENIEWSKI (1988). Als gasförmige Komponente wurde NH_3 berücksichtigt.

	DIN [kg/-ha]	TDN [kg/ha]	PO_4^{3-}-P [kg/ha]	TP [kg/ha]
gasförmig	12,63	12,63	-	-
Partikeln	0,92	1,91	0,025	0,042

[2] Die TP-Konzentration der nassen Deposition im Bereich der Bornhöveder Seen wurde nicht gemessen, so daß zumindest in diesem Fall die Verwendung der "bulk"-Depositionsraten zwingend war. Aus den bereits genannten Gründen und zum Zwecke der Vergleichbarkeit der verschiedenen Stoffe, wurden auch für alle anderen Stoffe die mit der gleichen Methode ermittelten "bulk"-Depositionsraten verwendet.

Stoffe eine Abweichung von ±10 % vom Mittelwert aller Freilandstandorte zeigt[3] und deshalb angesichts der Bedeutung der atmosphärischen Deposition im Vergleich zu anderen Stoffinputs in die Seen mit hinreichender Genauigkeit die tatsächlichen Einträge angibt.

Tab. 3-5
"Bulk"-Depositionsraten am Westufer des Belauer Sees [kg/ha*a] nach BRANDING (1996), Standort A 33 B.

	1992	1993
NH_4^+-N	10,4	8,6
NO_3^--N	5,7	5,0
DIN	16,1	13,7
TDN	19,5	17,0
PO_4^{3-}-P	0,18	0,30
TP[a]	0,45	0,48
Na^+	13,3	16,6
K^+	2,8	6,4
Mg^{2+}	1,8	2,3
Ca^{2+}	3,6	3,4
Cl^-	28,4	30,4
SO_4^{2-}	10,5	10,3

Alle Parameter außer TP basieren auf wöchentlichen Probenahmen der Jahre 1992 und 1993.
[a] Die Depositionsraten für TP beruhen auf Messungen vom 9.10.1993 - 2.8.1994, so daß die anhand der Niederschlagsmengen in den offenen Sammlern umgerechneten Raten für 1992 und 1993 lediglich die Größenordnung widerspiegeln. Es zeigt sich eine weitgehende Übereinstimmung mit aktuellen TP-Depositionsmessungen anderer Seen in ländlich geprägter Umgebung (GIBSON et al. 1995, GRIES & GÜDE 1995, KOSCHEL 1995).

Die meßtechnische Erfassung der trockenen Deposition ist weitaus aufwendiger, da ihr Ausmaß von mikrometeorologischen Einflüssen und den chemisch-physikalischen Eigenschaften des deponierten Stoffes und der Akzeptoroberflächen abhängt (SEHMEL 1980). Im Bereich der Bonhöveder Seenkette wurden deshalb Depositionsraten der trockenen Deposition für verschiedene Flächennutzungen und meteorologische Bedingungen zeitlich hochauflösend modelliert (NAUJOKAT 1991, SPRANGER 1992, POETZSCH-HEFFTER 1994, SPRANGER & HOLLWURTEL 1994), wobei jedoch aus methodischen Gründen ein Schwerpunkt auf die Deposition von SO_2 und SO_4^{2-} auf agrarisch und forstlich genutzte Flächen gelegt wurde. Für die Nährstoffbelastung der Seen ist jedoch der Gesamteintrag (trockene und nasse Deposition) an Phosphor auf die Wasserflächen von Interesse, für die es aber keine Angaben im Bereich der Bornhöveder Seen gibt. Messungen der trockenen Deposition phosphorhaltiger Partikeln über Seeflächen unter natürlichen Bedingungen liegen in der Literatur nur vereinzelt vor. Aus den Angaben von DELUMYEA & PETEL (1979) läßt sich auf einen Eintrag von 0,034 kg/ha*a Gesamtphosphor im südlichen Lake Huron schließen, und FALKOWSKA & KORZENIEWSKI (1988) kommen mit 0,042 kg TP/ha*a für Seen der polnischen Ostseeküste auf einen vergleichbaren Wert (Tab. 3-4). Beide Arbeiten basieren auf mikrometeorologischer Methodik, wobei die Depositionsgeschwindigkeit in Abhängigkeit der Partikelgröße bestimmt wird und durch Multiplikation mit der Partikelkonzentration der Atmosphäre die Depositionsraten berechnet werden. Höhere Werte werden gemessen, wenn "künstliche

[3] Darüberhinaus mußte die Anzahl der um den Belauer See verteilten Freilandstandorte 1992 und 1993 erheblich eingeschränkt werden, so daß lediglich Standort A 33 B (mit drei parallelen Sammlern) ausgewählt wurde.

nasse Oberflächen" (wet surface collector) exponiert werden. JASSBY et al. (1994) ermittelten auf diese Weise für Lake Tahoe eine trockene Depositionsrate von 0,23 kg TP/ha*a, doch dürfte auch die Partikelkonzentration im ariden Einzugsgebiet des Sees sehr viel größer sein als in humiden Klimaten.

Die Gesamtdeposition von Stickstoff und Phosphor für die Bornhöveder Seen wurde anhand der Daten aus Tab. 3-4 und Tab. 3-5 abgeschätzt. Aufgrund der hohen Löslichkeit gasförmiger Stickstoffspezies in Seewasser hat die trockene Deposition einen Anteil von 40-50 % an der Gesamtdeposition. Demgegenüber werden nur etwa 10 % der Gesamtdeposition von Phosphor trocken (als Partikeln) deponiert. Diese Abschätzung zeigt, daß die Jahresfracht durch Deposition in allen Seen im Vergleich zu Frachten aus anderen Nährstoffquellen unbedeutend klein ausfällt. Die ökologische Bedeutung der Nährstoffzufuhren durch Deposition ist jedoch vor allem darin zu sehen, daß 1. der Eintrag direkt ins Epilimnion erfolgt, 2. der überwiegende Anteil (sowohl bei N als auch bei P) in verfügbarer Form vorliegt und 3. extreme Depositionsereignisse zu einem Anstieg der Nährstoffkonzentration in flachen Seebereichen führen können. So wurde von SCHERNEWKSI & SPRANGER (1993) eine Verneunfachung der NH_4^+-N-Konzentration während eines Starkregenereignisses 1989 errechnet. Sommerliche Starkregenereignisse fallen im Bereich der Bornhöveder Seenkette zudem häufig in Phasen möglicher N-Limitierung (vgl. 3.1.6).

Tab. 3-6 Atmosphärischer Eintrag (trockene und nasse Deposition) auf die Wasserfläche der Bornhöveder Seen auf der Basis von Tab. 3-5 und Tab. 3-4.

		DIN [kg/a]	TDN [kg/a]	PO_4^{3-}-P [kg/a]	TP [kg/a]
Bornhöveder See	1992	2160	2480	15	36
	1993	1980	2300	24	38
Schmalensee	1992	2620	3010	18	43
	1993	2410	2790	29	46
Belauer See	1992	3360	3860	23	55
	1993	3080	3570	37	59
Schierensee	1992	810	930	6	13
	1993	740	860	9	14

3.2.2.4 Fischzuchtanlagen

In intensiv betriebenen Fischteichen mit einer Wasserfläche von 0,85 ha entlang des SO-Ufers des Bornhöveder Sees und in ca. 25 Netzkäfigen im See (geschätztes Volumen insgesamt ca. 975 m^3) werden jährlich ca. 10 t Fisch produziert[4, 5], zumeist Regenbogenforellen (*Oncorhynchus mykiss*). Die Wasserversorgung der ca. 50 Teiche von etwa 946000 m^3/a erfolgt zu 60 % über natürlich zuströmendes Grundwasser, zu 30 % wird Grundwasser zusätzlich in die Teiche gepumpt und weitere 10 % werden dem Bornhöveder See entnommen. Das aus den Teichen abfließende Wasser gelangt auf direktem Weg in den Bornhöveder See.

Zahlreiche Untersuchungen haben ergeben, daß intensiv betriebene Fischzuchtanlagen erhebliche Phosphor- und Stickstoffmengen in nachgeschaltete Gewässer abgeben, da der Stoffeintrag durch Futter und Medikamente den Austrag durch Entnahme marktfähiger Fische bei weitem übersteigt (ALERBERSMEYER 1972; BERGHEIM & SELMER-OLSEN 1978; SOLBE 1982; PERSSON 1988; FOY & ROSELL 1991b). Die Jahresfracht einer Fischzuchtanlage ist in erster Linie abhängig vom Futteraufwand sowie den Nährstoffkonzentrationen im Futter und im produzierten Fisch (FOY & ROSELL 1991b; HILGE 1991, S. 104). Als Folge der Bewirtschaftungsmaßnahmen und der Stoffwechselaktivität der Fische erfolgt zwischen Zulauf und Ablauf der Teiche eine Konzentrationszunahme bei allen Phosphorkomponenten und NH_4^+-N, wohingegen die Konzentration an NO_3^--N infolge der Denitrifikation in den Teichen häufig auch sinkt (HORST 1989, S. 12).

Neben der Aufzucht von Fischen in zumeist künstlich angelegten Teichen können auch Netzgehege genutzt werden. In diesem Fall gelangen die Futtergaben unmittelbar in den See und tragen erheblich zur Eutrophierung bei (PENCZAK et al. 1982). Im Bornhöveder See werden Netzgehege lediglich zur Hälterung der Fische eingesetzt. Bei zwei Probenahmen im Bereich der Netzgehege konnte für keinen Parameter eine signifikante Konzentrationserhöhung im Vergleich zur Seemitte (S1) festgestellt werden, während KORZENIEWSKI & SAŁATA (1982, S. 653) eine Erhöhung des TP-Gehalts im Epilimnion von 15-29 % und des TN-Gehalts von 6-24% im Bereich von Netzgehegen gegenüber einer weniger als 1 km entfernten Probenahmestelle im gleichen See gefunden haben.

Eine umfangreiche Literatur zum Thema Nährstoffbilanzen von Forellenzuchtanlagen läßt erkennen, daß die auf die jeweiligen Produktionsmengen bezogenen Nährstofffrachten in weiten Bereichen schwanken können (vgl. die in diesem Abschnitt zitierte Literatur und außerdem: ARBEITSGRUPPE BAGGERSEEN DER DGL 1991, S. 13; BOHL 1985, S. 311; BOHL 1992, S. 114; KLAPPER 1992, S. 74). Es ist jedoch möglich, mit einfachen Bilanzmodellen die Nährstoffexporte rechnerisch zu ermitteln (KNÖSCHE 1971; PERSSON 1988). Da eine Probenahme zur Quantifizierung der Nährstoffeinträge der Bornhöveder Forellenzucht nicht möglich war - einerseits fehlte das Einverständnis des Besitzers,

---

[4] Zum Vergleich: In Schleswig-Holstein wurden 1994 insgesamt 160,2 t Regenbogenforellen in der Teichwirtschaft produziert (GRUNWALDT 1995). Zur Entwicklung der Forellenzucht in Schleswig-Holstein vgl. RUST (1956).

[5] Angaben zu den Fischteichanlagen am Bornhöveder See wurden freundlicherweise vom Besitzer zur Verfügung gestellt. Eine Probenahme zur Erfassung der von den Teichen ausgehenden Stoffbelastung konnte jedoch nicht durchgeführt werden.

andererseits hätten nicht alle Abläufe beprobt werden können -, erweist sich diese Methode als besonders geeignet. Ihr liegt folgender Berechnungsansatz zugrunde (vgl. KNÖSCHE 1971, PERSSON 1988, FOY & ROSELL 1991b, WALLIN & HÅKANSON 1991):

$$L = [\frac{Q*c}{10} + P*(F_q*c_F - c_P)]*0{,}01*(1-d) \qquad (3)$$

Danach setzt sich die Gesamtfracht der Anlage L (kg/a) aus der zufließenden Wassermenge Q (m^3/a) und dessen mittlerer Konzentration c (mg/l) sowie den Bewirtschaftungfaktoren P (Jahresfischproduktion in kg/a), F_q (Futterquotient, d.h. Futteraufwand pro Produktionseinheit), c_F (Nährstoffkonzentration im Futter in %) und c_P (Nährstoffkonzentration der produzierten Fische in %) zusammen. Für Stickstoffbilanzen ist weiterhin der Denitrifikationsverlust d zu berücksichtigen. FOY & ROSELL (1991b) haben aufgezeigt, daß die auf diese Weise berechnete Phosphorfracht einer Forellenzuchtanlage 98 % des gemessenen Werts beträgt. Für Stickstoff ermittelten sie mit 113 % eine Überschätzung, was vermutlich auf die in ihrer Berechnung nicht berücksichtigten Denitrifikationsverluste zurückgeführt werden kann. Für die Situation am Bornhöveder See hat diese Methode weiterhin den Vorteil, daß die Frachten aus der Käfighaltung in der Berechnung integriert sind, da der gesamte Nährstoffverlust des Betriebes über den Futterquotienten und die Produktionsmenge berechnet wird. Die notwendigen Parameter der Gleichung können mit ausreichender Genauigkeit geschätzt werden.

Folgt man den Ausführungen von NICKE (1984, S. 43) und PERSSON (1988), daß 95 % der Produktion von Regenbogenforellen auf Trockenpellets basieren, erscheint es gerechtfertigt, den Nährstoffgehalt dieses Futtermittels (c_F) für die Bornhöveder Fischzuchtanlage zugrunde zu legen. Durch die kontinuierliche Weiterentwicklung und Optimierung dieses Spezialfutters konnte der Gesamtphosphorgehalt von ehemals 2 % auf im Mittel 1,2 % gesenkt werden (HILGE, pers. Mittl.). Dieser Wert stimmt mit Angaben aus der neueren Literatur gut überein (PERSSON 1988, S. 218; PETTERSSON 1988, S. 201; KETOLA & HARLAND 1993, S. 1122). Als Gesamtstickstoffgehalt können in Anlehnung an PENCZAK et al. (1982, S. 379), PERSSON (1988, S. 218) und FOY & ROSELL (1991b, S. 20) 6,8 % angenommen werden.

Der Futterquotient F_q ist stark abhängig von der Art der Fütterung und der tageszeitlichen Verteilung der einzelnen Futterrationen. Die Spannweite der in der Literatur genannten F_q reicht von 1,0 bis >2,0 mit einem Mittelwert von 1,2 (LUKOWICZ 1980, S. 14; DEUFEL et al. 1987, S. 79; PERSSON 1988, S. 220; FOY & ROSELL 1991b, S. 19; HILGE pers. Mittl.). Ein Wert von 1,2 wurde auch für die schleswig-holsteinische Forellenproduktion ermittelt (STATISTISCHES LANDESAMT 1995, S. 30).

Die dritte Bilanzgröße, der Phosphor- bzw. Stickstoffgehalt der Fische c_P , ist artspezifisch und deshalb weitgehend konstant. Bei Regenbogenforellen beträgt der Phosphorgehalt 0,40-0,49 % (Naßgewicht) mit einem Mittel von 0,44 % und der Stickstoffgehalt 2,0-2,9 % mit einem Mittel von 2,55 % (PENCZAK et al. 1982, S. 379; PERSSON 1988, S. 220; FOY & ROSELL 1991b, S. 21; WALLIN & HÅKANSON 1991, S. 46; KETOLA & HARLAND 1993, S. 1120; KETOLA & RICHMOND 1994, S. 591).

Für die Bornhöveder Fischzuchtanlage ergibt sich unter diesen genannten Angaben eine Phosphorfracht (TP) von 132 kg/a und eine Stickstofffracht (TN) von 10,1 t/a in den Bornhöveder See (Tab. 3-7). Als Folge der sehr hohen Nitratkonzentration im zufließenden Grundwasser lassen sich nur 6 % der Stickstofffracht auf den Nährstoffverlust der Fischzucht zurückführen, während die Phosphorfracht zu 76 % aus der Fischzucht stammt.

Tab. 3-7 Parameterschätzung zur Berechnung der Frachten der Bornhöveder Fischzuchtanlage

		TP	TN
Q	[m³/a]	946000	946000
c	[mg/l]	0,034	12,7
c_F	[%]	1,2	6,8
P	[kg/a]	10000	10000
c_P	[%]	0,44	2,55
F_q	[kg/kg]	1,2	1,2
d	[-]	0	0,2
V	[kg/t*a]	10,0	56,1
L	[kg/a]	132	10063
a	[%]	76	6

Q Wasserzufluß, c mittlere Konzentration im Zufluß (geschätzt aus den Konzentrationen des oberen Grundwassers in Tab. 3-3 und einer Einmischung in den Sommermonaten von 10% Seewasser), c_F Nährstoffkonzentration im Futter, P Jahresfischproduktion, c_P Nährstoffkonzentration der produzierten Fische, F_q Futterquotient, d Denitrifikationsfaktor, V Nährstoffverlust der Fischzucht (Differenz aus Futtermitteleinsatz und Produktion) bezogen auf 1 t Produktion, L Gesamtfracht der Anlage, a Anteil der Fischzucht an der Gesamtfracht.

Die zeitliche Variabilität dieser Jahresfrachten ist nach den Erfahrungen von BOHL (1992, S. 116) von den Fütterungsintervallen abhängig. So wird beispielsweise bei zweimaliger Handfütterung ein Maximum der Frachten vom späten Abend bis nachts beobachtet. Bei einer bedarfsorientierten automatischen Fütterung tritt dieser Tagesgang hingegen nicht auf. Eine Belastungsspitze ist zu erwarten, wenn durch das Abfischen der Teiche aufgewühltes Sediment über den Teichablauf in die nachgeschalteten Gewässer gelangt. Sedimente aus Forellenteichen hatten in einer Versuchsanlage vergleichsweise hohe TP-Gehalte von 15-22,5 g/kg TS (BOHL 1985, S. 313f.). Nach HORST (1989, S. 16) werden bei der Abfischung zwischen 1 und 15 m³ Schlamm pro ha Teichfläche abgegeben. Die Abflußkonzentration bei Abfischung betrug 0,07-24,0 mg/l PO_4^{3-}-P. Weiterhin ist ein Ansteigen der NH_4^+-Konzentration im Winter zu beobachten, wenn aufgrund der niedrigen Wassertemperatur in den Teichen von 0-2 °C die Nitrifikation nur noch langsam abläuft. (BERNHARDT et al. 1981, S. 181).

FOY & ROSELL (1991a) haben eine Differenzierung nach Nährstofffraktionen am Ablauf einer intensiv betriebenen Forellenzuchtanlage durchgeführt. Es zeigt sich, daß 70 % der Phosphorverluste (V in Tab. 3-7) aus der Fischzucht als TDP und 30 % als partikulärer Phosphor (PP) auftreten. Da die Fraktion des partikulären Phosphors im Zufluß der Anlage nahezu Null ist, ergibt sich ein Anteil von PP an der Gesamtfracht L von 30 kg/a bzw. 23 %. Damit liegt der Anteil des als direkt verfügbar anzusehenden TDP bei 77 % von L. Für Stickstoff ergibt sich ein NH_4^+-N-Anteil an den Stickstoffverlusten V von 62 %. Da der überwiegende Teil der Stickstofffracht der Anlage jedoch auf nitratreiches Grundwasser zurückgeht, beträgt der NH_4^+-N-Anteil an L nur ca. 3,5 %.

3.2.2.5 Run-off

Die Bornhöveder Seen sind 5-20 m tief gegenüber ihrem Umland eingesenkt (MÜLLER 1981, S. 11). Folglich ist auch in allen Seen grundsätzlich mit einem durch Oberflächenabfluß ausgelösten, erosiven Stoffeintrag zu rechnen. JELINEK (1995, S. 68ff.) hat mit einem Simulationsmodell von SCHMIDT (1990), welches neben dem erosiven Abtrag auch die Retentionswirkung der Uferzone berücksichtigt, über eine Modellanwendung an einzelnen Ufersegmenten eine Abschätzung dieser Nährstoffquelle für den Belauer See vorgenommen. Er kommt zu dem Ergebnis, daß mit einem Eintrag von Bodenmaterial durch Run-off-Ereignisse bei Starkniederschlägen ≥ 10 mm/h in den Bereichen zu rechnen ist, in denen die Vegetationsdecke des Hanges der unteren Seeterrasse beschädigt ist (Viehtritt) und die Uferzone nur eine geringe Breite aufweist. Auch Feuchtzonen, die durch Hangdrängewasser oder Quellaustritte stark vernäßt sind, führen zu einem Eintrag von Bodenmaterial in den See. Anhand der Anzahl der Starkniederschlagsereignisse mit einer mittleren Niederschlagsintensität von ≥ 10 mm/h und einem TP-Gehalt im Oberboden von 500 mg/kg kommt JELINEK (1995, S. 81) zu einem mittleren TP-Eintrag von ca. 0,5 kg/a. Da in den beiden Untersuchungsjahren nur zwei Starkniederschlagsereignisse (beide 1993) am Belauer See registriert wurden, wurden in diesem Jahr ca. 0,1 kg TP/a eingetragen. Folgt man weiterhin den Untersuchungen von SHARPLEY (1993, S. 267), wonach im Mittel 31 % des erosiven TP-Eintrags von landwirtschaftlichen Flächen als phytoplanktonverfügbar angesehen werden können[6], wird deutlich, daß die Bedeutung erosiver Einträge durch Run-off gegenüber anderen Nährstoffquellen am Belauer See vernachlässigbar klein ausfällt. Auch ein Starkregenereignis ≥ 30 mm/h, welches einmalig 1994 registriert wurde, führt lediglich zu einem Eintrag von ca. 2 kg TP. Aufgrund dieser Ergebnisse wurde auf eine Modellanwendung an den anderen Seen verzichtet. Eine Uferbegehung erbrachte darüberhinaus keine Hinweise auf Erosionsrinnen oder stark erosionsgefährdete Hänge. Während am Schmalensee und Schierensee gehölzbestandene Ufer eine sehr viel geringere Erosionsgefährdung erwarten lassen als am Belauer See, ist dieses am Bornhöveder See einerseits durch die geringere Eintiefung gegenüber seinem Umland (5 m statt 20 m am Belauer See, MÜLLER 1981, S. 11) und andererseits durch die befestigten Dämme der Fischteichanlagen zu erwarten.

3.2.2.6 Weitere direkte externe Nährstoffquellen

Zur Abschätzung des **Laubstreueintrags** entlang der Seeufer wurden von LENFERS (1994) in einem Erlenbruch am Westufer des Belauer Sees Streufallen in der Schilfzone aufgestellt und aus dem gesammelten Material der Trockensubstanzeintrag und die Elementgehalte bestimmt. Der Eintrag durch Erlenstreu in die Schilfzone (Randsammler) betrug 437,6 g TS/m^2. Da der Trockensubstanzeintrag eine exponentielle Abnahme vom Ufer zum See hin aufweist, wurde eine Berechnung nach HANLON (1981) gewählt, in der der Abstand zum gegenüberliegenden Ufer eingeht. Eine Luftbildauswertung zur Ermittlung der zugrundezulegenden Uferlänge ergab, daß neben den bewaldeten Ufern, die nur im Schierensee einen höheren Anteil erlangen, vor allem die gehölzbestandenen Ufersäume (hauptsächlich Erlen) berücksichtigt werden müssen. Dadurch ergeben sich Anteile von >65 % Uferlänge, die zum

---

[6] In Abhängigkeit der jeweiligen Bodenbearbeitung und Flächennutzung: 72 % bei Grünland, 32 % bei konventionell bearbeitetem Ackerland.

Tab. 3-8 Eintrag durch Streu entlang der Seeufer berechnet aus Daten nach LENFERS (1994).

	gehölzbestandene Uferlinie		TP	TN
	[m]	[%]	[kg/a]	[kg/a]
Belauer See	4625	82	5,1	145
Schmalensee	4400	76	4,8	138
Bornh. See	2028	65	2,2	63
Schierensee	2650	100	2,9	83

Laubstreueintrag beitragen (Tab. 3-8). Die baumbestandene Uferlinie eines jeden Sees wurde in Segmente geteilt, denen jeweils eine Seebreite zugeordnet wurde. Der auf diese Weise berechnete Trockensubstanzeintrag ergibt durch Multiplikation mit den Phosphor- und Stickstoffgehalten der Erlenstreu (LENFERS 1994, S. 53) die in Tab. 3-8 angegebenen jährlichen Einträge entlang der Seeufer. Ein Großteil dieses Eintrags erfolgt in den Monaten September bis Dezember (LENFERS 1994, S. 24). Erwartungsgemäß ist der Eintrag von Laubstreu im Vergleich zu anderen Nährstoffquellen für die eutrophen Bornhöveder Seen von untergeordneter Bedeutung, während diese Nährstoffquelle an oligotrophen Seen oft zu einem relativ bedeutenden Nährstoffinput beiträgt (GASITH & HASLER 1976, CASPER 1987).

In dieser Abschätzung ist nicht berücksichtigt, daß zusätzlich Streu durch die Zuflüsse in die Seen verfrachtet wird. Legt man einen Streufall von 0,45 kg TS/m Fließlänge zugrunde, den GRAMATTE (1988, S. 53) in Waldbächen ermittelt hat, so ergeben sich unter Verwendung durchschnittlicher Elementgehalte (vgl. Zusammenstellungen bei LENFERS 1994 oder GRAMATTE 1988) und einer aus Liftbildern bestimmten gehölzbestandenen Uferlinie an allen Fließgewässerstandorten Frachten <0,5 kg TP/a und <10 kg TN/a. Der Grund für die geringe Bedeutung dieser Nährstoffquelle ist in dem geringen Waldanteil im Einzugsgebiet und weitgehend fehlenden Ufergehölzen zu sehen. Zusätzlich konnte im Winterhalbjahr an den Standorten F4 und F7 ein Transport abgestorbener Schilfhalme des jeweils vorgeschalteten Sees beobachtet werden, der die Durchfahrt mit dem Boot z.T. erheblich behinderte. Eine Überschlagsrechnung machte deutlich, daß auch hierdurch nur geringe Nährstoffmengen in die nachfolgenden Seen eingetragen werden[7]. Die Summe aller Streueinträge in die Seen (Uferstreu sowie Streu- und Schilftransport der Zuflüsse) ist in Tab. 3-9 wiedergegeben.

KOWALCZEWSKI & RYBAK (1981) untersuchten den Phosphoreintrag, der durch absterbende **Insekten** in einen eutrophen See erfolgte. Hierfür wurden 13 ständig offene Sammler auf dem 0,38 km^2 großen See installiert. Die Methode entspricht im wesentlichen der zur Erfassung der "bulk"-Deposition, jedoch wurde destilliertes Wasser in die Sammler gefüllt um eine Auswehung von Partikeln und anderem Material zu verhindern. Ein wesentlicher Unterschied ist jedoch darin zu sehen, daß die in die Sammler gelangten Insekten nicht wie bei Depositionsmessungen üblich als Kontamination der Probe angesehen wurden,

[7] Die Schilfbestände (*Phragmites australis*) unmittelbar vor den Seeabflüssen F4 und F7 umfassen ein Areal von ca. 3400 bzw. 14700 m^2. Bei einer Halmdichte von 50/m^2, Elementgehalten in den Althalmen im Herbst von 14 mg TP/Halm bzw. 175 mg TN/Halm (SCHIEFERSTEIN 1994) und der Annahme, daß 20 % des Bestandes in den nachfolgenden See verfrachtet wird, erfolgt bei F4 ein Transport von 0,5 kg TP/a bzw. 6 kg TN/a und bei F7 von 2,1 kg TP/a und 26 kg TN/a.

sondern getrennt analysiert wurden. 29-50 % der auf diese Weise ermittelten TP-Eintrags entfiel auf die Fraktion der Insekten, woraus sich ein Jahreseintrag auf die Seefläche von 0,35 kg TP/ha*a ableiten läßt. Das entspricht etwa dem achtfachen Wert der trockenen Deposition (Tab. 3-4). Eine Artbestimmung ergab, daß hauptsächlich terrestrisch lebende Arten in die Sammler gelangten, während Arten mit einem limnischen Lebenszyklus (*Chironomidae, Ephemeroptera*) nur einen sehr kleinen Anteil in den Fallen ausmachte. Im Frühjahr findet ein Stoffaustrag aus Seen durch schlüpfende Insekten dieser Artengruppen - statt, über dessen Größe ebenfalls keine Messungen im Bereich der Bornhöveder Seenkette vorliegen. An nordamerikanischen Seen wurden Austräge von 0,1-0,2 kg TP/ha*a ermittelt (LIKENS & LOUCKS 1978, S. 572). Dieses berechtigt zu der Annahme, daß durch schlüpfende und absterbende Insekten insgesamt ein Netto-Eintrag von 0,2 kg TP/ha*a zugrundegelegt werden kann, also 15 kg/a für den Bornhöveder See, 18 kg/a für den Schmalensee und 23 kg/a für den Belauer See.

Ein dritter biogener Stofffluß, der im Rahmen der Nährstoffquellenanalyse Berücksichtigung finden soll, erfolgt durch Nahrungsaufnahme und Exkretion der am See lebenden **Wasservögel** (DOBROWOLSKI et al. 1976, GERE & ANDRIKOVICS 1994, MANNY et al. 1994). In bezug auf Nährstoffeinträge muß zwischen zwei Gruppen von Vogelarten unterschieden werden, denn nur Arten, deren Nahrungserwerb auf terrestrischen Flächen erfolgt und die die Seefläche anschließend als Rastplatz nutzen, tragen zu einem Netto-Eintrag in den See bei. Eine zweite Gruppe, die sich von Fisch ernährt, bewirkt demgegenüber eine Transformation der Nährstoffe aus Fischbiomasse in die lösliche Fraktion ohne Veränderung der Gesamtgehalte aller Fraktionen im See. Allerdings ist mit einem Netto-Austrag zu rechnen, wenn sich diese Arten nach der Jagd längere Zeit an Land aufhalten. Für die zuerst genannte Gruppe, im Bereich der Bornhöveder Seen in erster Linie Graugänse, wurde von GRAJETZKY (mündl. Mittl.) basierend auf Zählungen der Brutvogelpopulation (1991: 33 Graugänse) ein jährlicher Eintrag von 17,8 kg/a Stickstoff und 11,8 kg/a Phosphor geschätzt. Dieses entspricht einem Eintrag von 0,10 kg TP/ha*a bzw. 0,16 kg TN/ha*a, der auch für die anderen Seen, an denen keine Bestandszählungen durchgeführt wurden, zugrundegelgt werden soll. In dieser Angabe konnten allerdings nicht die Einträge durch überwinternde Graugänse berücksichtigt werden. An einigen Seen Schleswig-Holsteins kommt es im Winter zu einer massiven Konzentration rastender Graugänse, die die Zahl des Brutbestandes um etwa das 10fache überschreitet (GRAJETZKY mündl. Mittl.).

Bei einer intensiven **fischereilichen Nutzung** können Besatzmaßnahmen und Anfütterung zu einer erheblichen Eutrophierung beitragen (SCHARF & EHLSCHEID 1993). Alle vier untersuchten Seen werden fischereilich genutzt, der Schierensee durch einen Anglerverein und die drei größeren Seen kommerziell durch einen Fischereibetrieb. Aufgrund der vorliegenden Informationen ist jedoch im Fall der Bornhöveder Seen mit einem höheren Stoffaustrag durch den Fang gegenüber den

Tab. 3-9 Summe aller Streueinträge (Seeufer und Zuflüsse)

	TP [kg/ha*a]	TN [kg/ha*a]
Bornh. See	0,03	0,97
Schmalensee	0,06	1,64
Belauer See	0,06	1,56
Schierensee	0,13	3,04

Besatzmaßnahmen zu rechnen. In allen drei größeren Seen werden Besatzmaßnahmen durchgeführt (PAC 1989, S. 40), die rechnerisch zu einem zu vernachlässigenden Eintrag um 0,01 kg TP/ha*a führen. Die absoluten Fangmengen wurden nicht veröffentlicht, doch beträgt im Belauer See die Fangmenge 84 % der Menge des Schmalensees (PAC 1989, S. 43). Der Phosphorentzug durch den Fischfang beträgt nach eigenen Schätzungen zwischen 0,04 (Belauer See) und 0,08 kg TP/ha*a (Bornhöveder See). Für den Schierensee liegen keine Angaben über Besatz- und Fangmengen vor.

An allen untersuchten Seen befinden sich offizielle **Badestellen**. An stark frequentierten Badeseen ist mit einem erheblichen Nährstoffeintrag durch diese Nutzungsform zu rechnen (SCHULZ 1981, ZIMMERMANN 1991). Von SCHULZ (1981) wurde ein Eintrag pro Besucher von 94 mg TP/d und 3115 mg TN/d in Seen ermittelt. Legt man diesen Eintrag und jährlich 5000 - 6000 Besucher im Freibad Bornhöved zugrunde[8], errechnet sich ein zu vernachlässigender Eintrag von <0,01 kg TP/ha*a bzw. 0,26 kg TN/ha*a in den Bornhöveder See. Da die Badestellen an den anderen Seen sehr viel weniger frequentiert werden, ist auch dort diese Nährstoffquelle als unbedeutend anzusehen.

Am Belauer See und Schmalensee hat das **Weidevieh** an einigen Stellen direkten Zugang zum See. Der damit verbundene Nährstoffeintrag konnte am Belauer See durch einen Konzentrationsgradienten von einem als Viehtränke genutzen Uferbereich zum Pelagial hin nachgewiesen werden (STANNIK 1992, S. 40). Ausgehend von einer Exkretion von 0,026 kg TP/GV*d bzw. 0,23 kg TN/GV*d (SRU 1985, S. 153. GV = Großvieheinheit) und 4500 d*GV/a (jährliche Anzahl der Tiertage auf den Weiden) kann der Eintrag am Belauer See 117 kg TP/a bzw. 1035 kg TN/a nicht übersteigen. Der Anteil, welcher direkt in das Gewässer gelangt, wird bei der Betrachtung größerer Einzugsgebiete, d.h. mit einem hohen Anteil an Weidefläche ohne Zugang zu offenen Gewässern, mit 0,5-2 % geschätzt (HAMM 1976a, S. 9; WERNER et al. 1991, S. 690). Für eine einzelne Weide soll von einem höheren Prozentsatz von 10 % ausgegangen werden, so daß für den Belauer See 11,7 kg TP/a (0,10 kg TP/ha*a) und 104 kg TN/a (0,91 kg TN/ha*a) angenommen werden sollen. Ein weiterer offener Zugang für Weidevieh befindet sich im SO des Schmalensees. Da es sich um extensiv genutztes Grünland handelt, welches 1993 nicht beweidet wurde, ist nur für 1992 mit 300 d*GV/a zu rechnen, was einem Eintrag von <0,01 kg TP/ha*a und 0,08 kg TN/ha*a gleichkommt. Am Bornhöveder See sind Weiden mit einer Ufernutzung als Viehtränken nicht vorhanden.

Die **Dünger**ausbringung auf landwirtschaftliche Flächen, die an Gewässerränder grenzen, führt zu einem Direkteintrag in das Gewässer als Folge der je nach Gerätetyp unterschiedlichen Abdrift. Im Bereich der Seeufer der Bornhöveder Seen bewirkte die Absenkung des Wasserstandes (Kap. 3.4) eine Vergößerung des Abstandes zwischen Uferlinie und landwirtschaftlicher Nutzfläche und die Ausbildung gehölzbestandener Ufer. Eine Luftbildanalyse ergab, daß entlang einer Uferlinie von 1170 m im Bornhöveder See, 1150 m am Schmalensee und 800 m am Belauer See dieser Gehölzbestand sehr lückenhaft ist oder fehlt und in einigen Fällen Grünland (Weiden oder Mähweiden) bis an die Uferlinie heranreichen. Ein Teil dieser Flächen wird extensiv genutzt, so daß von geringeren Düngergaben als den von REICHE (1991, S. 99) ermittelten ausgegangen werden soll. Bei einer Düngergabe von 100 kg N/ha*a und 15 kg P/ha*a sowie einer Abdrift von 10 % von der der Uferlinie nächst-

[8] Information der Gemeindeverwaltung Bornhöved.

gelegenen Fahrspur mit einer Arbeitsbreite von 10 m berechnet sich ein Eintrag in den Bornhöveder See, Schmalensee und Belauer See von 0,024, 0,019 und 0,011 kg TP/ha*a bzw. 0,16, 0,13 und 0,07 kg TN/ha*a. Während für den ganzen See diese Nährstoffquelle folglich von untergeordneter Bedeutung ist, trägt sie durch die in leicht verfügbarer Form zugeführten Nährstoffe in einzelnen Litoralbereichen möglicherweise zu verstärkter Phytoplanktonentwicklung und Aufwuchs bei.

3.2.3 Ermittlung der indirekten Nährstoffquellen in den Einzugsgebieten

3.2.3.1 Punktquellen: Einleitungen aus Kläranlagen und Regenwasserkanalisationen

Im Untersuchungsgebiet bestehen insgesamt drei zentrale Kläranlagen. In Bornhöved (Teileinzugsgebiet 1a) wird eine dreistufige Kläranlage (simultane P-Fällung) der Größenklasse 2 (1000 bis 5000 EGW) seit 1974 betrieben. Der gegenwärtige Schmutzwasserzustrom beträgt 3611 EGW (NOWOK 1994). Während bei einer Untersuchung in den ersten Betriebsjahren der Anlage noch unzureichende Wirkungsgrade festgestellt wurden (LANDESAMT 1977), werden gegenwärtig deutlich verbesserte Reinigungsleistungen erzielt, so daß die in die Alte Schwentine eingeleiteten Stickstoff- und Phosphorfrachten - mit Ausnahme einiger Störfälle - einen langfristigen Abwärtstrend verzeichnen (vgl. die ausführliche Beschreibung der Kläranlage Bornhöved bei NOWOK 1994, S. 48ff.). Im Vergleich zum langjährigen Mittel gelangten 1992 und 1993 folglich sehr viel weniger N- und P-Verbindungen aus der Kläranlage in den Bornhöveder See[9]. Demgegenüber erreichten die Nährstofffrachten 1991 infolge eines Betriebsunfalls etwa das Doppelte des Werts von 1992 bei Phosphor und das Sechsfache bei Stickstoff. Die zeitliche Variabilität der Nährstoffkonzentrationen und -frachten von Kläranlagen ist folglich in starkem Maße vom technischen Zustand der Anlagen abhängig. Neben auftretenden Störungen im Betriebsablauf sind die Frachten am Ablauf der Anlage abhängig von der Dosierung der Fällungsmittel für die P-Elimination, von meteorologischen Einflüssen (Intensität der Denitrifikation), dem Zustand des Belebtschlamms und weiteren Einflüssen. Deshalb zeigt sich auch bei Normalbetrieb neben einem deutlichen Tagesgang

Tab. 3-10 Jahresfrachten der Kläranlagen im Untersuchungsgebiet.

		PO_4^{3-}-P	TDP	TP	NO_3^--N	NH_4^+-N	TDN	TN
Bornhöved	1992	70	85	118	178	517	711	1117
	1993	51	62	91	475	548	1131	1387
Ruhwinkel	1992	42	k.A.	46	47	102	k.A.	k.A.
Dorfstr.	1993	44	k.A.	47	49	106	k.A.	k.A.
Ruhwinkel	1992	31	k.A.	37	24	132	k.A.	k.A.
Ch.-Roß-Weg	1993	35	k.A.	41	27	148	k.A.	k.A.

Alle Angaben in kg/a. Datengrundlagen: Eigene Berechnungen auf der Basis der Anlagenberichte der Kläranlagen, der behörlichen Überwachung, der Selbstüberwachungsverordnung und eigener Probenahmen. k.A. = keine Angaben.

[9] Als Mittelwert von 1985-1993 ergeben sich 4400 kg/a an TN und 180 kg/a an TP.

infolge der diurnalen Abwasseranlieferung eine hohe zeitliche Variabilität der Nährstofffrachten. Aus Tab. 3-10 ist zu ersehen, daß die leicht verfügbaren Nährstofffraktionen einen hohen Anteil an der Gesamtfracht der Kläranlage Bornhöved haben (60-70 % des TN als DIN und 70 % des TP als TDP). Untersuchungen an Kläranlagenabläufen in den USA haben ergeben, daß die gesamte lösliche und 63 % der partikulären Fraktion als phytoplanktonverfügbar angesehen werden müssen (STEINBERG 1989, S. 235).

Das Problem stoßartiger Mischwasserbelastungen durch Niederschlagsereignisse (LANGE et al. 1991) tritt in der Kläranlage Bornhöved nicht auf, da die Ortschaft über eine Trennkanalisation verfügt. Der Regenwasserabfluß der versiegelten Flächen der Ortschaft wird jedoch ebenfalls an mehreren Stellen - während der beiden Untersuchungsjahre noch unbehandelt, aber z.T. über den Mühlenteich - in die Alte Schwentine geleitet. Diese Einleitungen unterscheiden sich deutlich an Menge, Konzentration und zeitlicher Variabilität von den Einleitungen von Kläranlagen, so daß ihre Bedeutung als Nährstoffquelle gesondert zu betrachten ist. NOWOK (1994, S. 61ff.) beobachtete einen für Regenwassereinleitungen typischen Konzentrationsverlauf mit höchsten Konzentrationen zu Beginn des Niederschlagsereignisses und einer raschen Konzentrationsabnahme während des Abflußvorgangs (vgl. DAUB et al. 1993, S. 155). Ein Vergleich mit den Konzentrationen in den ständig offenen Depositionssammlern zeigt eine deutliche Konzentrationserhöhung des abgeleiteten Wassers, da dieses während des Abflußvorgangs mit den auf den versiegelten Flächen abgelagerten Stoffen angereichert wird (atmosphärische Stäube, Düngung in Gärten, Tierexkremente, Bodenerosion vegetationsfreier Flächen, Straßenlaub und verkehrsbedingte Emissionen wie z.B. Fahrbahn- und Reifenabrieb, vgl. KRAUTH 1979, CULLEN 1983, S. 52; HAHN & XANTOPOULOS 1989). Bedingt durch die hohe zeitliche Variabilität der Frachten an den Regenwassereinleitungen können diese kurzfristig ein Vielfaches der Einleitungen aus Kläranlagen ausmachen (PAULSEN 1986).

Ausgehend von 3,9 ha versiegelter Fläche in Bornhöved, den von NOWOK (1994) gemessenen Konzentrationen, den Niederschlagsmengen der Jahre 1992 und 1993 und Abflußmessungen an Regenwasserkanalisationen anderer Einzugsgebiete - die zeigen, daß etwa 70 % der jährlichen Niederschlagsmenge auf versiegelte Flächen zum Abfluß gelangt (PECHER 1974, S. 113; ROBERTS et al. 1979, S. 133; PECHER 1988, S. 660) -, ergeben sich die in Tab. 3-11 dargestellten Jahresfrachten der aus der Regenwasserkanalisation in die Alte Schwentine eingeleiteten Nährstoffe.

In Ruhwinkel werden zwei belüftete Teichanlagen betrieben, die für 165 EGW (Dorfstraße) bzw. 100 EGW (Charles-Roß-Weg) zugelassen sind. An die Anlage Ruhwinkel-Dorfstr. waren 1992 120 Einwohner und 1993 110 Einwohner angeschlossen, an die Anlage Charles-Roß-Weg 60 bzw. 59 Einwohner. In beiden Anlagen wird sowohl Schmutzwasser als auch Regenwasser biologisch gereinigt und anschließend in den "Umlaufgraben Fuhlensee" (Teileinzugsgebiet 4a) eingeleitet, so daß die Stofffrachten dieser beiden Kläranlagen am Standort F10 in den Schierensee gelangen. Der Regenwasseranteil an der Abflußmenge der Teiche wird 1992 auf 47 % (Dorfstr.) bzw 69 % (Ch.-Roß-Weg) geschätzt (1993 etwa 3 % mehr). Bezogen auf die Phosphorfracht am Ablauf der Teichanlagen beträgt der Regenwasseranteil jedoch nur 14 %. Hinsichtlich der Stickstofffracht besteht ein deutlicher Unterschied zwischen beiden Teichanlagen. Da es sich bei der Anlage Dorfstraße um einen künstlich belüfteten Abwasserteich handelt, ist dort eine intensivere Nitrifikation zu beobachten als in

Tab. 3-11 Jahresfrachten der Regenwassereinleitungen versiegelter Flächen.

		PO_4^{3-}-P	TDP	TP	NO_3^--N	NH_4^+-N	TDN	TN
Bornhöved [a]	1992	4	6	7	30	27	65	68
	1993	5	7	7	32	29	70	74
Ruhwinkel	1992	3	k.A.	4	19	19	k.A.	k.A.
Dorfstr. [b]	1993	4	k.A.	5	23	22	k.A.	k.A.
Ruhwinkel	1992	4	k.A.	6	23	23	k.A.	k.A.
Ch.-Roß-Weg [b]	1993	5	k.A.	7	26	25	k.A.	k.A.

Alle Angaben in kg/a. Datengrundlagen: für Bornhöved verändert nach NOWOK (1994, S. 61ff.); für Ruhwinkel geschätzt aus Niederschlagmengen, Einleitungserlaubnisse des Kreises Plön von 1989, Konzentrationsmessungen von NOWOK (1994) und Grundlagen von PECHER (1974). k.A. = keine Angabe.

[a] Einleitung in die Alte Schwentine über Trennkanalisation, d.h. zusätzlich zur Einleitung der Kläranlage.

[b] Einleitung gemeinsam mit häuslichen Abwasser aus den beiden Klärteichanlagen Ruhwinkels, d.h. diese Mengen sind bereits in den Angaben von Tab. 3-10 enthalten.

der natürlich belüfteten Anlage am Charles-Roß-Weg (vgl. das Verhältnis von NH_4^+-N zu NO_3^--N in beiden Anlagen). Der natürlich belüftete Klärteich erhält eine Nitratfracht aus dem Regenwasser in der Höhe von 90 % der am Ablauf der Anlage auftreten Nitratfracht. Bezogen auf DIN beträgt der Regenwassereinteil beider Teichabläufe etwa 30 %.

Eine Aussage zur zeitlichen Variabilität der Teichkläranlagen des Untersuchungsgebiets ist aufgrund der geringen zeitlichen Auflösung der Messungen nicht möglich. In der Literatur werden Teichkläranlagen als vergleichsweise zuverlässig, wartungsarm und aufgrund ihres Speichervermögens als weitgehend unempfindlich gegenüber Mischwasserbelastungen bezeichnet (BISCHOF 1989, S. 498), was sich in geringeren Varianzen der Abflußkonzentrationen der beiden Teichkläranlagen Ruhwinkels im Vergleich zur Bornhöveder Kläranlage widerspiegelt. Weiterhin macht sich gegenüber der Bornhöveder Kläranlage bei den auf die biologische Klärstufe beschränkten Teichkläranlagen nicht nur eine sehr viel höhere Stofffracht pro angeschlossenem Einwohner bemerkbar[10], sondern als Folge einer fehlenden Phosphatfällung auch ein größerer verfügbarer Nährstoffanteil bei Phosphor[11].

---

[10] Im Mittel der beiden Untersuchungsjahre und bezogen auf die Fracht der Anlagen am Abfluß abzüglich der auf Regenwasser beruhenden Fracht: Bornhöved: 0,09 g TP/E.*d; Ruhwinkel (Dorfstr.): 0,99 g TP/E.*d; Ruhwinkel (Ch.-Roß-Weg): 1,51 g TP/E.*d.

[11] 85 % des TP der Teichkläranlagen entfällt auf PO_4^{3-}-P, so daß mit einem TDP-Anteil von >90 % (im Gegensatz zu 70 % in Bornhöved) gerechnet werden kann. Eine vergleichbare Aussage kann für Stickstoff nicht getroffen werden, da keine Daten zu TN-Konzentrationen der Teichkläranlagen vorliegen.

3.2.3.2 Diffuse Quellen

Für das Teileinzugsgebiet 1a soll exemplarisch eine Differenzierung der Gesamtfracht erfolgen. Nach Abzug der unter 3.2.3.1 ermittelten Punktquellen verbleibt eine aus verschiedenen diffusen Quellen stammende Fracht. Die hier vorgenommene Differenzierung basiert auf den Ergebnissen von NOWOK (1994) und NOWOK et al. (1996).

Tab. 3-12 Differenzierung der TP- und TN-Jahresfracht 1993 nach diffusen und punktuellen Nährstoffquellen für das Einzugsgebiet 1a bezogen auf Standort F1.

	TP		TN	
	[kg/a]	[%]	[kg/a]	[%]
Kläranlage(P)	91	19,7	1387	4,6
Regenwasser(P)	7	1,5	74	0,2
Deposition(D)	2	0,5	82	0,3
Direktdüngung(D)	24	5,2	103	0,3
Run-off(D)	39	8,5	1676	5,6
Hauskläranlagen(D)	70	15,2	420	1,4
Fischteiche(P)	22	4,8	4855	16,3
Mühlenteich(D)	98	21,3	2936	9,8
Grundwasser(D)	108	23,4	18325	61,4
Summe	461	100,0	29858	100,0

(D) diffuse Nährstoffquelle, (P) Punktquelle.

Zur Abschätzung der **Deposition**, die direkt auf die Gewässerfläche gelangt, wurde die im Einzugsgebiet ermittelte Oberfläche der Fließgewässer, Gräben und Teiche mit den Depositionsraten aus Tab. 3-5 multipliziert. Die Angabe zur **Direktdüngung** basiert auf der Oberfläche der Fließgewässer und den in 3.2.2.6 verwendeten Düngergaben. **Run-off** wurde von NOWOK (1994) über den Anteil des Oberflächenabflusses am Gesamtabfluß mit einem Simulationslauf des Modells von REICHE (1991) ermittelt. Die Nährstofffracht der **Hauskläranlagen** wurde aus Angaben der Gemeinde Bornhöved berechnet[12]. Weiterhin wurde die Ermittlung der Nährstofffrachten von **Fischteichen** (am "Büschen" in Bornhöved) und des **Mühlenteichs** aus NOWOK (1994) übernommen. Inklusive der Punktquellen (3.2.3.1) erklärt diese Abschätzung 77 % der TP-Fracht und 39 % der TN-Fracht der Alten Schwentine am Zufluß in den Bornhöveder See (F1). Die jeweils verbleibende Restgröße wird als Eintrag von

[12] 1993 wurde in Bornhöved das häusliche Abwasser von 96 Einwohnern in Hauskläranlagen behandelt. Als Berechnungsgrundlage dienten einwohnerspezifische Stofffrachten von 2 g P/E.*d und 12 g N/E.*d (KLAPPER 1992).

Grundwasser in die Alte Schwentine interpretiert (Tab. 3-12), beinhaltet jedoch auch einen unbekannten Anteil aus der Mineralisation des Niedermoortorfs der Schwentineniederung. Eine Aufteilung in punktuelle und diffuse Nährstoffquellen ergibt ein deutliches Übergewicht der diffusen Nährstoffquellen. Auf punktuelle Nährstoffquellen entfallen lediglich 26% der TP-Fracht und 21% der TN-Fracht.

3.2.4 Sedimentation

Während im Belauer See sowohl Sedimentation als auch Rücklösung (von Phosphor) aus Sedimenten untersucht wurden und Sedimentdatierungen erfolgten, konnten an den anderen Seen keine vergleichbaren Untersuchungen durchgeführt werden. Eine Übertragung der Ergebnisse des Belauer Sees auf die vorgeschalteten Seen ist trotz der in hydrochemischer Hinsicht vergleichbaren Verhältnisse ausgeschlossen, da die wesentlichen Steuergrößen von Sedimentations-, Resuspensions- und Rücklösungsprozessen sehr stark von der planktischen Biomasseentwicklung, der Windexposition, der Dauer und Fläche aerober bzw. anaerober Sedimente, der Intensität der Kalzitfällungen und morphometrischer Parameter abhängig ist. Im folgenden soll deshalb anhand der vorliegenden Informationen die Bedeutung der Sedimente als Nährstoffquellen und -senken im Bornhöveder See und Schmalensee beleuchtet werden.

Im Belauer See wurde mit Sedimentfallen eine Brutto-Sedimentation von 89 kMol TP/a (2757 kg TP/a) ermittelt (ARPE 1995). BAINES & PACE (1994, S. 33) haben eine Regression zwischen der Konzentration von Chlorophyll-a und der mit Sedimentfallen ermittelten Sedimentation aufgestellt, die für den Belauer See einen berechneten Wert von 2578 kg TP/a ergibt[13]. Unter der Annahme, daß auch für die anderen Seen der Fehler zwischen berechnetem und gemessenem Wert <10 % betragen sollte, ist im Schmalensee mit einer Brutto-Sedimentation von 3600 kg TP/a und im Bornhöveder See von 3050 kg TP/a zu rechnen. Nach KOZERSKI (1994) ist die Messung der Sedimentation mit Sinkfallen jedoch mit einem unbekannten methodischen Fehler behaftet, da Sedimentation nicht als Analogie zum fallenden Niederschlag aufgefaßt werden darf. In die Sedimentfallen gelangt außerdem resuspendiertes Material, so daß nicht der gesamte auf diese Weise ermittelte Stofffluß als Senke aufzufassen ist.

Als Senke für Nährstoffe ist im Rahmen der Fragestellung dieser Arbeit die dauerhafte Festlegung im Sediment von Interesse. Als Näherungswert für die letzten Jahrhunderte rechnet WIETHOLD (mündl. Mittl.) aufgrund pollenanalytischer Befunde mit einer Sedimentationsrate von 0,65 cm/a im zentralen Belauer See (tiefste Stelle, Kern Q300). Die rezente Sedimentationsrate wird demgegenüber von ERLENKEUSER (schriftl. Mittl.) nach vorläufigen Auswertungen von ^{210}Pb-Datierungen mit 2,5 cm/a angegeben. SCHERNEWSKI (1996) hat über die Abhängigkeit der Sedimentationsrate von der Wassertiefe einen Wert von 3 mm/a als Mittelwert für den Belauer See (bezogen auf die ganze Seefläche) errechnet, was unter Be-

---

[13] $\log S_c = 1{,}81 + 0{,}62 * \log Chl.$, vgl. BAINES & PACE (1994, S. 33)
$r^2 = 0{,}83$ mit S_c: Sinkstofffluß für Kohlenstoff [mg/m^2*d], Chl: Konzentration von Chlorophyll-a [µg/l]. Das C/P-Verhältnis im Sinkfallenmaterial betrug im Mittel 50,4.

Tab. 3-13 P-Festlegung im Sediment [kg/a] der Bornhöveder Seen bei verschiedenen Sedimentationsraten [mm/a].

	3 mm/a	4 mm/a	5 mm/a
Bornhöveder See	370	490	610
Schmalensee	270	360	440
Belauer See	550	740	920
Schierensee	120	160	200

rücksichtigung der sedimentologischen Befunde von STARK (1993)[14] einer effektiven Festlegung von 550 kg TP/a entspricht. ZEILER (1996) kommt demgenüber zu einer etwas höheren Festlegung im Sediment von 650 kg TP/a[15].

Im Bornhöveder See und Schmalensee wurde ein Sedimentkern aus der Seemitte mit der ^{210}Pb-Methode datiert (ERLENKEUSER, schriftl. Mittl.), woraus sich eine rezente Sedimentationsrate (seit 1980) von 2,5 cm/a für den Bornhöveder See und 2,0 cm/a für den Schmalensee ableiten läßt. Diese Angaben müssen allerdings als unsicher gelten, da Störungen in den oberen Zentimetern der Kerne, evtl. bewirkt durch Grundnetzfischerei, auftreten. Eine mittlere Sedimentationsrate für den gesamten See kann nicht angegeben werden, da in jedem See nur ein Kern datiert werden konnte. Bei angenommenen mittleren Akkumulationsraten von 3 bis 5 mm/a (bezogen auf die gesamte Seefläche) ist mit den in Tab. 3-13 wiedergegebenen Festlegungen von Phosphor im Sediment zu rechnen.

Die Festlegung von Stickstoff im Sediment wurde wie bei DUDEL & KOHL (1991 und 1992) anhand der P-Festlegung und den N/P-Verhältnissen im Sediment[16] berechnet.

---

[14] Mittl. Gehalte im Sediment des Belauer Sees: 86,3 % Wasser und 1,36 mg P/g TS.

[15] Differenz der Flüsse über die Sediment/Wasser-Grenze: 1270 kg/a sedimentärer Fluß in das Sediment abzüglich 620 kg/a diffuser Fluß aus dem Sediment in die Wassersäule (Rücklösung aus tiefen Sedimenten >5mm Sedimenttiefe), vgl. ZEILER (1996, S. 34).

[16] Das N/P-Verhältnis in der oberen Sedimentschicht des Belauer Sees beträgt im Mittel 7,64 (STARK 1993) und wurde auch für die anderen Seen verwendet.

3.3 Bilanzierung

3.3.1 Wasser- und Stoffbilanzen der Seenkette

Die Wasser- und Stoffbilanzen für die Bornhöveder Seenkette werden im folgenden aufgrund der gemessenen und berechneten Nährstoffquellen und -senken nach folgender Bilanzgleichung aufgestellt:

$$G_t + E - A \pm R = G_{t+1} \quad (4)$$

mit G_t = Gehalt im See zum Zeitpunkt t, E = Summe aller bekannten Einträge aus Nährstoffquellen, A = Summe aller Austräge aus bekannten Nährstoffsenken, R = Restgröße als Summe aller unbekannten Nährstoffquellen und -senken und G_{t+1} = Gehalt im See zum Zeitpunkt t+1. Führt man als Differenz der Gehalte zum Beginn und zum Ende des Bilanzzeitraums Δ_G als Änderung des Gehaltes im See (Speicheränderung) ein,

$$\Delta_G = G_{t+1} - G_t \quad (5)$$

so berechnet sich die Restgröße R der Bilanz wie folgt:

$$R = \Delta_G - E + A \quad (6)$$

Die Ergebnisse der Bilanzierung sind im Anhang A in den Tab. XI bis XVI aufgeführt. In Abb. 3.18 sind die Phosphor- und Stickstoffbilanzen für 1993 dargestellt. Mit Ausnahme der Wasser- und Chloridbilanz für den Bornhöveder See und Schmalensee, bei der die Restgröße als Grundwasserzustrom definiert wurde (vgl. 3.2.2.2), ist $R \neq 0$. Dieses ist aufgrund der bislang nicht behandelten bzw. nur grob geschätzten internen Nährstoffquellen und -senken auch zu erwarten. Für den Fall $R < 0$ überwiegen interne Nährstoffsenken und umgekehrt bei $R > 0$ interne Nährstoffquellen. Im folgenden sollen diese auftretenden Differenzen diskutiert werden.

3.3.2 Diskussion der internen Nährstoffquellen und -senken

Die Restgröße der Phosphorbilanzen ist für alle drei Seen in beiden Jahren positiv ($R > 0$) und beträgt nach Umrechnung auf die Seefläche im Belauer See ca. 2 kg P/ha*a, im Schmalensee ca. 4 kg/ha*a und im Bornhöveder See 5 bis 8 kg/ha*a. Bezogen auf die Gesamtbelastung aus externen und internen Nährstoffquellen berechnet sich ein Anteil der internen Nährstoffquellen von 18 % (Belauer See), 25 % (Schmalensee) und 45 % (Bornhöveder See, vgl. Tab. 3-15). Die Bornhöveder Seen erhalten offensichtlich einen erheblichen Teil ihrer Phosphorbelastung aus den Sedimenten, wie es auch an anderen eutrophen Seen festgestellt wurde (bis zu 91 % bei NÜRNBERG & PETERS 1984). Die beiden flacheren Seen sind offensichtlich in höherem Maße durch interne Nährstoffquellen belastet als der Belauer See.

Die klassische Vorstellung der Freisetzung von Phosphor aus Sedimenten basiert auf der Reduktion von Fe^{3+} zu Fe^{2+} bei Redoxpotentialen <200 mV und der anschließenden Diffusion

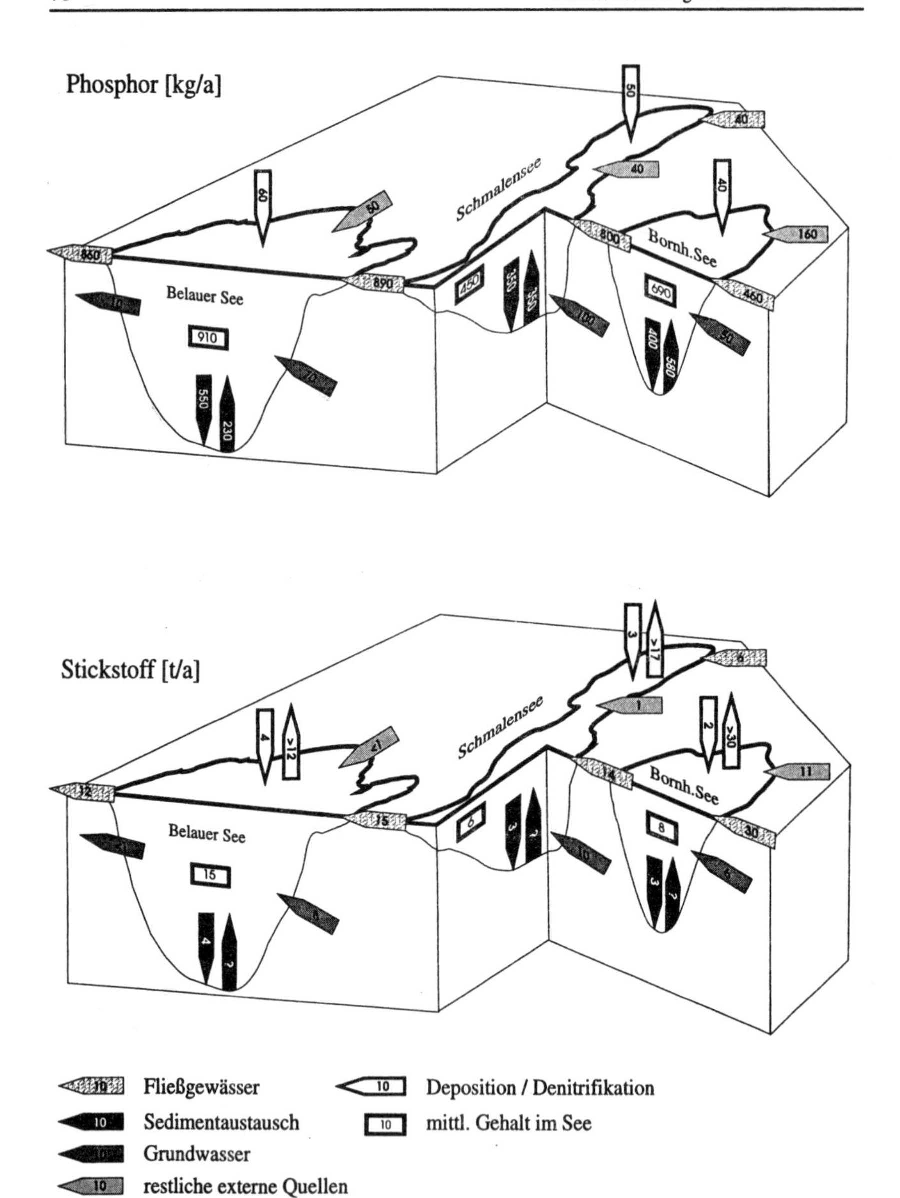

Abb. 3.18 Phosphor (TP)- und Stickstoffflüsse (TN) der Bornhöveder Seen im Jahr 1993.

von Fe^{2+} und PO_4^{3-} über die Sediment/Wasser-Grenze (BOSTRÖM et al. 1988, S. 232). Diese **Rücklösung von Phosphor aus anaerobem Sediment** wurde im Belauer See über die Berechnung der diffusiven Flüsse durch die Sediment/Wasser-Grenze von ZEILER (1996) ermittelt. Auch wenn entsprechende Untersuchungen an Sedimenten des Schmalensees und Bornhöveder Sees nicht vorliegen, läßt sich aufgrund der Dauer anaerober Verhältnisse in der dem Sediment überstehenden Wassersäule ableiten, daß die P-Freisetzung aus anaeroben Sedimenten lediglich für den Belauer See von Bedeutung ist (Tab. 3-14). Anaerobe Bedingungen treten im Bornhöveder See nur an <100 Tagen im Jahr auf, im Belauer See hingegen an etwa 160 Tagen. Als Indikator für die unterschiedliche Bedeutung einer Diffusion von Phosphor aus anaeroben Sedimenten kann die Flächendauer (Produkt aus Dauer und Sedimentfläche) herangezogen werden. Unterstellt man in beiden Seen einen Fluß der gleichen Größenordnung, kann im Bornhöveder See ca. ein Neuntel der Menge des Belauer Sees aus anaeroben Sedimenten freigesetzt werden (Tab. 3-14). Im Schmalensee ist dieser Prozeß zu vernachlässigen. Die Freisetzung aus anaeroben Sedimenten kann offensichtlich nicht zu der beobachteten absoluten und relativen Abnahme der Restgröße von See zu See in Fließrichtung der Alten Schwentine führen.

Es wurden zahlreiche weitere Prozesse der Mobilisierung und des Transports von Phosphor aus Seesedimenten in den Wasserkörper beschrieben (BOSTRÖM et al. 1982, BOSTRÖM et al. 1988, FORSBERG 1989, MARSDEN 1989, SANTSCHI et al. 1990). **Freisetzung von Phosphor unter aeroben Bedingungen** wird wesentlich durch Temperatur, pH-Wert und NO_3^--Konzentration gesteuert. Höhere Wassertemperaturen beschleunigen die Mineralisationsprozesse im Sediment und führen zu einem Transfer von Phosphor aus organischer Bindung in die lösliche Phase. Die erhöhte mikrobielle Aktivität bei höheren Temperaturen verringert die Sauerstoffkonzentration und senkt das Redoxpotential in der oxidierten, oberen Sedimentschicht (oxidized surface layer), so daß auch der an Fe gebundene Phosphor freigesetzt werden kann. JENSEN & ANDERSEN (1992) beobachteten bei Temperaturanstieg eine Zunahme der P-Freisetzungen aus aeroben Sedimenten in vier dänischen Flachseen. Die oxidierte Sedimentschicht nahm mit zunehmender Temperatur ab. Aufgrund der geringeren mittleren Tiefe des Bornhöveder Sees und des Schmalensees sind die Wassertemperaturen vor allem im Frühjahr - aber auch im Jahresmittel um ca. 1 °C - gegenüber dem Belauer See erhöht (Kap. 3.1.1), was zu einer höheren mikrobiellen Aktivität und einer im Mittel geringeren Mächtigkeit der oxidierten Sedimentschicht in den beiden vorgeschalteten Seen führen würde. Andererseits nimmt die Mächtigkeit der oxidierten Sedimentschicht mit höheren NO_3^--Konzentrationen zu, was einer Freisetzung von Fe-gebundenem Phosphor entgegenwirkt (JENSEN & ANDERSEN 1992, S. 586). FORSBERG (1989, S. 275) verweist jedoch auch auf einen gegenteiligen Effekt, da durch erhöhte NO_3^--Konzentrationen die mikrobielle Mineralisation stimuliert und Phosphor aus organischer Bindung freigesetzt werden kann.

Tab. 3-14 Dauer [d] und Flächendauer [km²*d] anaerober Verhältnisse über dem Sediment.

		[d]	[km²*d]
Bornh. See	1992	84	7,7
	1993	98	7,1
Schmalensee	1992	14	0,1
	1993	0	0
Belauer See	1992	154	74,0
	1993	168	60,8

Bioturbation führt zu einer Einmischung von Porenwasser, einem Transport von Sedimentpartikeln in den Seewasserkörper und bewirkt eine Lockerung der oberen, oxidierten Sedimentschicht, wodurch sich der Phosphorfluß aus dem Sediment deutlich erhöht. Der Einfluß der Bioturbation auf P-Freisetzungsraten ist höher als der Einfluß anderer chemisch-physikalischer Parameter (BOSTRÖM et al. 1982, S. 38ff.). Da größere Anteile des Sediments im Schmalensee und Bornhöveder See oxisch sind, ist dort auch von einer (auf die gesamte Seefläche bezogenen) höheren Besiedlungsdichte von Zoobenthos auszugehen.

Weiterhin ist in Flachseen eine **windinduzierte Resuspension** von Sediment und die daran anschließende Mineralisation der resuspendierten Partikeln und Desorption von Phosphor von erheblicher Bedeutung für die internen Stoffflüsse. Turbulenz an der Sediment/Wasser-Grenze erhöht darüberhinaus den diffusen Fluß, da ein steiler Konzentrationsgradient aufrecht erhalten wird und führt zur Einmischung von Porenwasser in den Wasserkörper (BOSTRÖM et al. 1988, S. 233). Schmalensee und Bornhöveder See bieten aufgrund ihrer Form der Uferlinie, der Fetchrichtung und der geringeren Eintiefung gegenüber dem Umland eine effektivere Angriffsfläche gegenüber Winden aus der Hauptwindrichtung als der Belauer See, so daß mit einer kontinuierlichen Resuspension zu rechnen ist (vgl. 3.1.2).

Als zwei weitere Prozesse, die zu einer höheren Freisetzung von Phosphor aus den Sedimenten des Schmalensees und Bornhöveder Sees im Gegensatz zum Belauer See führen können, seien genannt: Aufwühlung des Sediments durch **Fische** und Einmischung von Porenwasser und Resuspension als Folge von **Sedimententgasungen** (CH_4 und andere gasförmige Produkte mikrobieller Umsetzungen) (BOSTRÖM et al. 1988, S. 233; FORSBERG 1989, S. 267).

Ein weiterer Transferpfad von sedimentärem Phosphor in den Schmalensee und Bornhöveder See ist gegeben, wenn die gegenüber dem Belauer See sehr viel höhere **Grundwasserinfiltration** auch nur zum Teil **durch organische Sedimente** stattfindet, die grundsätzlich nicht als impermeabel angesehen werden dürfen (VANEK 1987, S. 20; ENELL & LÖFGREN 1988, S. 104; FORSBERG 1989, S. 272). Da der Eintrag von Grundwasser unterhalb des Wasserspiegels anhand der Konzentrationen der Multilevelbrunnen berechnet wurde (vgl. 3.2.2.2 und Tab. 3-3), ist ein tatsächlich höherer Stofffluß durch die Verdrängung von phosphorreichem Porenwasser in den Seewasserkörper durch nachströmendes Grundwasser nicht berücksichtigt und bewirkt eine Erhöhung der Restgröße in der Bilanz.

Schließlich sei noch darauf hingewiesen, daß die Restgröße der Bilanz nicht nur als Stofffluß aus dem Sediment aufzufassen ist, sondern auch den Netto-Fluß zwischen Pelagial und **Litoral** enthält. Dieser wird einerseits bestimmt durch Sedimentation im Litoral (MOELLER & WETZEL 1988), weshalb der Litoralbereich auch als Nährstoffsenke beschrieben wird (OSTENDORP 1992 und 1995). Andererseits bewirkt die nächtliche Abnahme der Wassertemperatur im Litoral, daß ein zirkulationsbedingter Abstrom von Litoralwasser mit höherer Phosphorkonzentration erfolgt (SCHRÖDER 1975, JAMES & BARKO 1991), so daß Uneinigkeit darüber besteht, ob Schilfgürtel als Nährstoffquelle oder -senke für einen Seen wirken (MEISSNER & OSTENDORP 1988). Weiterhin ist von einigen **Makrophyten** bekannt, daß sie ihren Nährstoffbedarf zum Teil über ihr Wurzelsystem aus dem Porenwasser decken, so daß dem Sediment entstammender Phosphor durch Exkretion aus den Blättern oder durch Mineralisation abgestorbener Makrophyten ein Nährstoffinput erfolgt. Auch dieser Pfad bzw. dessen Bedeutung ist in der Literatur umstritten (BOSTRÖM et al. 1982, S. 40f.;

WELCH et al. 1988).

Im Gegensatz zu den Phosphorbilanzen sind die Restgrößen der Stickstoffbilanzen in allen Seen deutlich negativ (Tab. XIV bis XVI). Sie bilden die Summe aus Rücklösungen aus dem Sediment und **Denitrifikation**sverlusten an die Atmosphäre, die als Nährstoffquelle bzw. Nährstoffsenke mit entgegengesetztem Vorzeichen in die Bilanzierung eingehen. Da eine Angabe des internen Flusses von Stickstoff aus dem Sediment (positives Vorzeichen) nicht vorliegt, kann aus der Restgröße (negativ) abgeleitet werden, daß die tatsächlich auftretenden Denitrifikationsverluste[17] größer sind, d.h. bei Umrechnung auf die Seefläche mit einer Denitrifikation im Mittel der beiden Bilanzjahre von >430 kg N/ha*a im Bornhöveder See, >177 kg/ha*a im Schmalensee und >99 kg/ha*a im Belauer See zu rechnen ist. JENSEN et al. (1990) ermittelten aus Massenbilanzen von 69 dänischen Flachseen ($\bar{z}$ = 4,1 m) mittlere Denitrifikationsverluste von 230 kg/ha*a. Zahlreiche Studien, in denen Denitrifikationsverluste aus Massenbilanzen abgeleitet wurden, lassen vermuten, daß die Denitrifikationsverluste mit der N-Belastung der Seen - wie auch bei den Bornhöveder Seen - zunehmen (SEITZINGER 1988, FLEISCHER et al. 1994). Daß der Gasaustausch mit der Atmosphäre insgesamt als N-Austrag anzusehen ist, belegen für den Fall des Belauer Sees auch die Untersuchungen von WITZEL (in LEITUNGSGREMIUM 1992, S. 264), nach denen in allen Wasserschichten deutliche N_2-Übersättigungen gemessen wurden und die N-Fixierung vernachlässigbar klein ist. In fast allen Seen, in denen Denitrifikation und N-Fixierung gemessen wurden, ist der Denitrifikationsverlust größer als der Eintrag durch N-Fixierung (SEITZINGER 1988).

3.3.3 Zusammenfassung der Nährstoffquellenanalyse und der Bilanzierung

Ausgehend von einer möglichst vollständigen Liste aller potentiellen Nährstoffquellen wurden schwerpunktmäßig die Phosphor- und Stickstoffeinträge von drei Bornhöveder Seen für die Jahre 1992 und 1993 ermittelt. Alle drei Seen erhalten den größten Teil ihrer externen Nährstoffzufuhr über ihren Hauptzufluß, die Alte Schwentine. Lediglich am Bornhöveder See existiert eine zweite bedeutsame Nährstoffquelle (Fischzuchtanlage), die ca. ein Drittel der Frachten des Hauptzuflusses in den See einträgt. An jedem See wurden außerdem die Einträge der Nebenzuflüsse und von weiteren zehn Nährstoffquellen angegeben: Deposition, Grundwasserinfiltration, Run-off und Nährstoffeinträge durch Streu, Wasservögel, Insekten, Fischbesatzmaßnahmen, Direktdüngung, Viehtränken und Badestellen. Von diesen Nährstoffquellen erreichen lediglich die Grundwassereinträge einen höheren Prozentsatz an der gesamten externen Belastung, während die verbleibenden anderen neun Nährstoffquellen wie auch die Nebenzuflüsse nur sehr geringe Anteile an der externen Belastung der Seen aufweisen. Ihre Bedeutung für die Eutrophierung der Seen und für Entlastungsmaßnahmen ist abhängig von der räumlichen und zeitlichen Variabilität der Frachtraten, dem Ort des Nährstoffeintritts in den See und vom Anteil der phytoplanktonverfügbaren Nährstofffraktionen. Am Beispiel der Schmalenseefelder Au konnte gezeigt werden, daß die ökologische Bedeutung kleinerer Nährstoffquellen auch im Zusammenhang mit der Limitierungssituation im See und den Eigenschaften anderer Nährstoffquellen gesehen werden muß.

---

[17] Genauer: der Absolutbetrag der Denitrifikation (ohne Berücksichtigung des Vorzeichens).

Tab. 3-15 Phosphorbelastung (TP) der Bornhöveder Seen 1993.

	Bornhöveder See		Schmalensee		Belauer See	
	[kg/ha*a]	[%]	[kg/ha*a]	[%]	[kg/ha*a]	[%]
Hauptzufluß	6,3	36	9,1	58	7,8	68
+ Nebenzuflüsse und andere Einträge	2,8	16	1,4	9	1,0	9
+ Grundwasser	0,6	4	1,1	7	0,6	6
= externe Belastung	9,8	55	11,6	75	9,5	82
+ interne Belastung	8,0	45	3,9	25	2,0	18
= Gesamtbelastung	17,7	100	15,5	100	11,5	100

Im Einzugsgebiet 1a der Alten Schwentine vor dem Bornhöveder See ergab eine Differenzierung der Jahresfracht des Fließgewässers nach Nährstoffquellen im Einzugsgebiet, daß 80 % der Phosphorfracht und 95 % der Stickstofffracht diffusen Quellen entstammt. Die diffusen Phosphoreinträge gehen zurück auf Einträge aus dem Grundwasser (23 %), dem Abfluß des aufgestauten, flachen Mühlenteichs mit vermuteten intensiven Freisetzungen von Phosphor aus den Sedimenten (21 %), sowie Hauskläranlagen (15 %) und Landwirtschaft (Run-off und Düngung zusammen 14 %). Die auf Punktquellen zurückzuführenden Phosphoreinträge entstammen hauptsächlich der Bornhöveder Kläranlage (20 %). Diffuse Stickstoffeinträge sind zum weit überwiegenden Teil auf Grundwassereinträge (60 %) und grundwassergespeiste, extensiv genutzte Fischteiche (16 %) zurückzuführen.

Eine anschließende Phosphorbilanzierung hat ergeben, daß in allen Seen neben der Belastung durch externe Nährstoffquellen eine Freisetzung von Phosphor aus den Sedimenten (internal load) auftritt. Während die (auf die Seefläche bezogene) externe Belastung im Schmalensee geringfügig höher ist als in den beiden anderen Seen, nimmt die interne Belastung vom Bornhöveder See über den Schmalensee zum Belauer See hin ab. Die interne Belastung ist folglich die Ursache für die in gleicher Weise abnehmende Gesamtbelastung von See zu See in Fließrichtung der Alten Schwentine.

Die externe Stickstoffbelastung nimmt vom Bornhöveder See (672 kg N/ha*a) über den Schmalensee (384 kg N/ha*a) zum Belauer See (242 kg N/ha*a) hin deutlich ab. Im Gegensatz zu Phosphor erfolgt etwa ein Drittel der externen Stickstoffeinträge mit dem Grundwasser, wobei fünf Arten des Grundwasserübertritts in den See zu unterscheiden sind. Am Bornhöveder See erfolgt ein Teil des Grundwasserzustroms zudem über grundwassergespeiste Fischteiche. Über eine Nährstoffbilanz dieser intensiv genutzten Forellenzuchtanlage konnte der nur auf Bewirtschaftungsmaßnahmen zurückzuführende Nährstoffeintrag von der Vorbelastung durch das Grundwasser getrennt werden. Die Stickstoffbilanzen zeigen erhebliche Denitrifikationsverluste in allen Seen auf. Sie verhalten sich proportional zur externen Stickstoffbelastung, d.h. der am stärksten belastete See weist die höchsten Denitrifikationsverluste auf.

3.4 Seeneutrophierung in historischer Rückschau

Die in dieser Arbeit dargestellte Belastungssituation der Jahre 1992 und 1993 hat einen hohen Anteil der internen Belastung an der Gesamtbelastung (Kap. 3.3) und damit einhergehend eine hohe Bedeutung der Sedimente für die gegenwärtige Nährstoffbelastung der Seen ergeben. Aus diesem Grund und um die aktuelle Belastungssituation in den Zusammenhang einer langfristigen historischen Entwicklung zu stellen, soll an dieser Stelle ein Überblick vergangener Trophieverhältnisse gegeben werden. Dabei ist es nicht das Ziel dieser Übersicht, einen möglichst genauen Verlauf der sich in unterschiedlichem Ausmaß ändernden Trophieverhältnisse der Seen als Folge der Landschaftsgeschichte nachzuzeichnen. Es soll jedoch anhand einzelner Beispiele aufgezeigt werden, daß die Eutrophierung der Seen innerhalb längerer Entwicklungsphasen nicht kontinuierlich von einem vormals oligotrophen zu dem heutigen eutrophen Zustand zugenommen hat, sondern daß ein mehrfacher Wechsel der Trophiezustände stattgefunden hat.

Man muß eine potentielle Einflußnahme menschlicher Tätigkeiten auf den Trophiezustand der Seen seit der menschlichen Besiedlung des Raums im Boreal[1] annehmen. Die pollenanalytischen Untersuchungen an einem Sedimentkern des Belauer Sees von WIETHOLD & PLATE (1993) - an die sich die folgenden Ausführungen anlehnen - ergaben ein erstmaliges Auftreten der Siedlungszeiger im Subboreal (ca. 5000 - 3000 Jahre vor heute[2]), die auf Rodungen durch spätneolithische und frühbronzezeitliche Menschen hindeuten. Noch 1825 existierten 115 Megalith- und Hügelgräber aus dieser Zeit südlich und südöstlich des Bornhöveder Sees (ERICH 1965). Seit dieser Zeit haben die in unterschiedlicher Intensität stattgefundenen menschlichen Aktivitäten im Einzugsgebiet der Seen deren Stoffhaushalt geprägt und verändert. Da dieser Einfluß als ein Wechsel von niedrigen und hohen Nutzungsintensitäten im Einzugsgebiet und direkten Eingriffen in den Wasser- und/oder Stoffhaushalt der Seen anzusehen ist, kann man auch nicht von einer kontinuierlich zunehmenden Eutrophierung sprechen[3].

So nimmt die Rodung der Wälder für Siedlungen, Ackerbau und Viehzucht vom ersten Abschnitt des Subatlantikums (ca. 3000 - 1950 vor heute) bis zum Maximum waldfreier Flächen in der römischen Kaiserzeit (1950 - 1575 vor heute) deutlich zu (WIETHOLD & PLATE 1993). Einhergehend mit der Verarmung der Böden und einer Zunahme der offenen Acker-, Grünland- und Heideflächen durch die intensivere menschliche Nutzung dürften auch höhere Nährstofffrachten in die Seen den Trophiegrad erstmals merklich haben ansteigen lassen. Es ist ein deutliches Maximum des minerogenen Anteils im Sediment nachweisbar, was zwar nicht auf die Zunahme terrigenen Eintrags in die Seen zurückzuführen ist, aber als autigenes SiO_2 infolge verstärkten Diatomeenwachstums identifiziert werden konnte (ERLENKEUSER et al. 1993, S. ii). Eine zunehmende Eutrophierung des Sees zu dieser Zeit wird außerdem durch die Untersuchung von HÅKANSSON (1993) an der Diatomeenflora des Seesediments und von ERLENKEUSER (1993) an dem als Trophieindikator geltenden $\delta^{13}C$-Maß der karbonatischen Gesamtfraktion belegt.

---

[1] Paläolithische Funde bei Negernbötel, vgl. PIENING (1953, S. 17).

[2] Bezugsjahr: 1950

[3] Vgl. die Untersuchungen von OHLE (1972) am Großen Plöner See

Anschließend kommt es jedoch zu einer Erholung der Wälder und einem damit verbundenen Rückgang der Nährstofffrachten in die Seen, da sich der Völkerwanderungszeit eine siedlungsleere oder äußerst siedlungsarme Periode bis ins 8. nachchristliche Jahrhundert anschließt (Minimum der Siedlungszeiger um 550 n.Chr.), in deren Folge auch die Seen wieder einen naturnäheren, oligotropheren Charakter angenommen haben dürften. Auch in der Zeit der slawischen Besiedlung bleibt das Umland der Bornhöveder Seen nur dünn besiedelt. Die südlich des Belauer Sees errichtete slawische Wallanlage (Belau-Burg) wird als Teil des "Limes Saxoniae" betrachtet, der die slawischen Abodriten im Osten von den Sachsen im Westen trennt. Die Seen werden zu einem peripheren Grenzraum. "Dementsprechend darf der menschliche Einfluß auf den See und sein Umfeld mit Ausnahme der Errichtung der Burganlage am Südufer in dieser Zeit als überwiegend gering eingestuft werden" (WIETHOLD & PLATE 1993). Erst nach dem Jahr 800 nehmen die siedlungszeigenden Wildpflanzen- und Getreidepollen wieder deutlicher zu. Die Wälder wurden stark gelichtet und in den folgenden Jahrhunderten zunehmend gerodet[4]. Schließlich hat man sich die Landschaft der frühen Neuzeit offen und agrarisch geprägt vorzustellen (WIETHOLD & PLATE 1993).

Landwirtschaftliche Nutzung und ihre Intensität sind bis heute entscheidende Einflußgrößen für den Trophiezustand der Seen geblieben. Neben der eigentlichen Landnutzung durch Ackerbau und Viehzucht führten jedoch auch kurzfristig durchgeführte Eingriffe zu Veränderungen im Stoffhaushalt der Seen. Einen wichtigen Aspekt bei der Rekonstruktion der trophischen Entwicklungsgeschichte bilden Eingriffe in den Wasserhaushalt des Sees, wie sie seit dem hohen Mittelalter durch den Bau von Wassermühlen an den Gewässern Schleswig-Holsteins bekannt sind. Eine Burg Perdoel am Abfluß des Belauer Sees wird um 1200 erstmals urkundlich erwähnt. Sie hat sich auf einer Insel im Stolper See befunden, die heute 1,30 m unter dem Seespiegel liegt. Später mußten die Gebäude an das Seeufer verlegt werden, denn der Wasserstand des Stolper Sees wurde zum Betrieb der Mühle des Gutes Depenau (am Abfluß des Stolper Sees) um 1,50 m angehoben. Um das Jahr 1500 wird die Wassermühle des Gutes Perdoel errichtet, für deren Betrieb man auch den Wasserstand des Belauer Sees und mit ihm den der vorgeschalteten Seen anheben mußte (ARBEITSGEMEINSCHAFT FÜR HEIMATKUNDE IM KREIS PLÖN 1984, S. 167; KARSTENS 1990, S. 204ff.; RUMOHR & NEUSCHÄFFER 1983, S. 234f.). Es ist mit Sicherheit anzunehmen, daß dieser Eingriff zu einer beschleunigten Eutrophierung führte, wie sie OHLE (1972) am Gr. Plöner See rekonstruierte. Dort hatte man den Wasserstand in der Mitte des 13. Jh. um etwa 2 m angehoben und durch die Überschwemmung der am See befindlichen Niederungsflächen einen offensichtlich erheblichen Nährstoffeintrag ausgelöst, so daß die Sedimentationsraten sprunghaft zunahmen. An dieser Stelle sei verwiesen auf die Rekonstruktion der Wasserspiegeländerungen des Gr. Plöner Sees und Bischofssees im Rahmen der historisch-geographischen Untersuchungen von KIEFMANN (1975).

---

[4] Im Pollendiagramm zeigt sich ein starker Rückgang der Baumpollen im Verhältnis zu den Nicht-Baumpollen. Neben der Entwaldung zum Zwecke der landwirtschaftlichen Nutzung muß auch auf den hohen Holzkohlebedarf hingewiesen werden, der z.B. für die auf Raseneisenstein gestützte Eisengewinnung unerläßlich war. ERICH (1965, S. 6ff.) kommt im Rahmen seiner Erläuterungen zum Verlauf des limes Saxoniae zu dem Schluß, daß der Schmalensee wegen der zahlreichen, in seinem Umland vorhandenen Kohlenmeiler zur Zeit Karls des Großen als Kohlsee bezeichnet wurde.

Aus der Zeit der letzten einhundert Jahre sollen ergänzend noch einige für das Verständnis der gegenwärtigen Situation hilfreiche Sachverhalte angesprochen werden. Von einer Absenkung des Seespiegels im Jahr 1934 "um reichlich 60 cm" berichtet PIENING (1953, S. 54). Die durch diese Maßnahme trockengefallene Seeterrasse ist an allen Seen der Bornhöveder Seenkette deutlich ausgeprägt (STANSCHUS-ATTMANNSPACHER 1969, S. 21f.) Den Vorstellungen OHLEs (1972) folgend, wirken auch Seespiegelsenkungen durch die Erosion der trockengefallenen Sedimente des Litoralbereichs eutrophierend. An den Bornhöveder Seen wird dieser Bereich von PIENING (1953, S. 55) jedoch als "teils sandiger, teils steiniger Strand" beschrieben, "der erst nach Jahren allmählich größtenteils mit Schilf bewachsen ist". Hieraus läßt sich kein nennenswerter Nährstoffeintrag ableiten. Doch wird hier sehr wahrscheinlich ein Zustand beschrieben, der sich nach der in kurzer Zeit erfolgten Abspülung der Sedimente bis zur erneuten Besiedlung durch Litoralvegetation vorübergehend einstellte. Bedeutsamer für die Eutrophierung der Seen ist die durch die Seespiegelabsenkung beabsichtigte Trockenlegung der Niederung der Alten Schwentine bei Bornhöved (und anderer Bereiche mit vorwiegend organogenen Böden wie dem Erlenbruch am Belauer See), die einen erheblichen und langandauernden Nährstoffeintrag durch die Mineralisation der Niedermoortorfe auslöste.

Die gegenwärtige Nutzung eines Teils der trockengefallenen Ufer trägt einerseits weiterhin zum Nährstoffeintrag in die Seen bei, da erst durch die Wasserstandsabsenkung der Bau von Fischteichen entlang der trockengefallenen südöstlichen Uferabschnitte des Bornhöveder Sees möglich wurden. Andererseits blieben die Katastergrenzen nach der Seespiegelsenkung unverändert, wodurch der Abstand zwischen landwirtschaftlichen Nutzflächen und der Uferlinie vergrößert wurde. Am Belauer See und Schmalensee konnten sich infolgedessen gehölzbestandene Uferabschnitte entwickeln.

Eine Wirtschaftsaktivität aus der jüngeren Geschichte Bornhöveds, die an der Eutrophierung der Seen einen erheblichen Anteil hatte, ist die 1884 am Adolfplatz in Bornhöved gegründete Meierei. Über den Verbleib der dort anfallenden Abwässer kann man heute nur noch mutmaßen, doch sind sie vermutlich über die Alte Schwentine in den Bornhöveder See gelangt. Eine zweite Meiereigründung am Kieler Tor im Jahre 1908 führte dagegen zur Einleitung der Abwässer direkt in den nahegelegenen Bornhöveder See. 1937 wurden beide Meiereien zu einer (am gleichen Standort Kieler Tor) vereinigt (TIMMERMANN 1987). Die fast exponentielle Zunahme der Milchanlieferungen, über die PIENING (1953) und GUTSCHE (1976) berichten, müssen in erheblichem Maße steigende Abwassermengen zur Folge gehabt haben: 1949 werden jährlich 3 Mill. Liter Milch angeliefert, 1961 schon 5,54 Mill. l, 1972 14 Mill. l und 1974 schließlich 32 Mill. l.

Die Inhaltsstoffe in Molkereiabwässern entstammen fast ausschließlich den Produktresten (NYHUIS 1994). Legt man den im Vergleich zu Seewasser extrem hohen Gesamtphosphorgehalt in Milch von etwa 930 mg/l zugrunde (KIELWEIN 1985, S. 37), so ist die P-Belastungsgrenze des Bornhöveder Sees von 0,19 g P/m^2*a nach VOLLENWEIDER (1976) bereits erreicht, wenn auch nur 0,44 % der Menge von 32 Mill. l verarbeiteter Milch als Abwasser in den See gelangt sind[5]. Nach BERTSCH (mündl. Mittl.) muß man in der Milchverarbeitung

[5] Mit dem Modell von VOLLENWEIDER (1976, S. 59) errechnet sich für den Bornhöveder See eine tolerierbare P-Belastung von 142 kg P/a bzw. 0,20 g P/m^2*a auf die Seefläche bezogen, vgl. 4.1.

jedoch mit Produktverlusten von durchschnittlich 1 % rechnen, was im Jahr 1974 einem P-Eintrag von 298 kg/a bzw. 0,41 g P/m²*a allein aus den Produktverlusten der Meierei gleichkäme. Hierzu addiert sich ein heute nicht mehr zu quantifizierender Eintrag aus der Verwendung phosphathaltiger Reinigungsmittel. Der VERBAND DER DEUTSCHEN MILCHWIRTSCHAFT (1994) ermittelte Gesamtphorsphorkonzentrationen in Molkereiabwasser von 20-250 mg/l und einen Abwasseranfall von ca. 2 l/kg verarbeiteter Milch. Mit diesen Angaben berechnet sich die Phosphorfracht im Abwasser der Bornhöveder Meierei im Jahr 1974 sogar auf mindestens 1280 kg/a bzw. 1,75 g P/m²*a.

KÖNIG (1963, S. 33), der explizit auf die Abwassersituation der schleswig-holsteinischen Meiereien eingeht, bezeichnet die Situation am Bornhöveder See bereits zum Beginn der 60er Jahre als "verheerend". Es läßt sich anhand der von GUTSCHE (1976) für das Jahr 1961 genannten Anlieferungsmenge von 5,54 Mill. Litern, einem postulierten Abwasseranfall von 2 l/kg verarbeiteter Milch und einer Gesamtphorsphorkonzentration von 20 mg/l ableiten, daß in diesem Jahr die P-Belastung aus Produktverlusten der Meierei mit 0,3 g P/m²*a bereits den tolerierbaren Eintrag von 0,19 g P/m²*a deutlich überstieg. Für das Jahr 1949 errechnet sich in analoger Weise bereits eine P-Belastung von 0,16 g P/m²*a. Aus diesen Überlegungen heraus muß der Meiereibetrieb in Bornhöved als Hauptursache der Eutrophierung nicht nur des Bornhöveder Sees, sondern auch der nachgeschalteten Seen angesehen werden.

Auch die Abwasserbelastung aus dem häuslichen Bereich hat entsprechend des Bevölkerungswachstums der Siedlungen im Einzugsgebiet der Seenkette zugenommen. Ein ausgeprägtes Maximum der Abwassermengen dürfte durch den sprunghaften Anstieg der Bevölkerung durch die Flüchtlingsströme zum Ende der 40er Jahre eingetreten sein[6]. Seit den 60er Jahren wird ein Teil des Abwassers der Ortschaft in vier kleinen Kläranlagen mechanisch und nur z.T. biologisch gereinigt.

Aus den angeführten Beispielen wird ersichtlich, daß die Eutrophierung der Bornhöveder Seenkette während der letzten einhundert Jahre in erheblichem Maße zugenommen haben muß. Erste vergleichende chemische Analysen schleswig-holsteinischer Seen wurden von OHLE (1934) durchgeführt, doch gibt er für die Bornhöveder Seen nur die Konzentration des für den Trophiegrad belanglosen Chloridions an[7]. In den Jahren 1958/59 wird jedoch wiederum von OHLE (1959, S. 35) die Primärproduktion (in kg Glucose/ha) des Phytoplanktons verschiedener holsteinischer Seen gemessen[8]. Danach hat der Schmalensee mit 8950 kg Glucose/ha eine höhere Primärproduktion als der Bornhöveder See mit 7700 kg/ha. Für den Stolper See wurden 3100 kg/ha gemessen. Bei mehr als 2000 kg/ha ist lt. OHLE (1959) von einer "passiven Düngung" auszugehen, die er wesentlich auf unzureichend gereinigtes Siedlungsabwasser und Oberflächenwasser aus landwirtschaftlichen Flächen zurückführt.

---

[6] PIENING (1953, S. 201) nennt für die Gemeinde Bornhöved (ohne die Siedlung Trappenkamp) folgende Zahlen: 1835: 533 Einwohner; 1939: 1144 E.; 1950 (Maximum): 2765 E.

[7] Bornhöveder See: 20,6 mg/l; Schmalensee: 19,3 mg/l; Belauer See: 19,6 mg/l (OHLE 1934, S. 636)

[8] OHLE (1959, S. 36) erwähnt, daß parallel zu den Produktionsmessungen auch P- und N-Komponenten bestimmt wurden. Sie wurden aber nicht veröffentlicht und stehen auch im MPI Plön heute nicht mehr zur Verfügung.

Mehrere Autoren berichten übereinstimmend seit den 60er Jahren von den negativen Folgen der starken Eutrophierung, die insbesondere am Bornhöveder See eine weitere Nutzung als Fisch- und Badegewässer unmöglich erscheinen ließen (KÖNIG 1963, S. 33; OHLE 1970, S. 3:88; MUUSS et al. 1973, S. 38). Der See wird von OHLE (1970, S. 3:88) als ein "von Abwässern extrem eutrophiertes Gewässer" beschrieben. Es wird deshalb, noch bevor Maßnahmen zur Nährstoffreduzierung realisiert wurden, der Ausbau der Bundesstraße B 430 genutzt, um das dort reichlich anfallende Aushubmaterial zur Sedimentabdeckung im Bornhöveder See zu verwenden. Eine Senkung der Nährstoffkonzentration im Seewasser als Folge einer solchen Maßnahme erfolgt nach OHLE (1971, S. 446) durch

- die Adsorption von Phosphat-, Ammonium- und Kaliumionen an eisen- und manganreiche Tonmineralien,
- die Fällung von gelösten und suspendierten organischen Substanzen induziert durch die Tonpartikel,
- die Abdeckung der Gyttja mit mineralischem Material
- und durch die Hemmung bakterieller Aktivität im überdeckten Sediment.

Ab August 1970 wurden 120000 m^3 tonreiches Baggergut (OHLE 1970, S. 3:88; lt. GUTSCHE 1976, S. 61, sogar 180000 m^3) im Lauf von acht Monaten über eine Rohrleitung auf Schwimmkörpern in den See gepumpt, was einer Menge von 3,5% (5%), bezogen auf das vor dieser Maßnahme vermutlich vorhandene Seevolumen, entspricht. Die mittlere Tiefe des Sees verringerte sich um 16 cm auf die heutigen 4,63 m. Es ist zumindest zweifelhaft, ob tatsächlich eine ausreichende Abdeckung der anoxischen Sedimente im Bornhöveder See gelungen ist. Der Eigentümer des Sees, Herr Christophersen aus Bornhöved, berichtete von kegelförmigen Halden, die bis wenige Meter unter der Wasseroberfläche des Sees aufragten und die Befischung des Sees für einige Jahre erschwerten. Die Position des Endes der Rohrleitung sei entgegen der Absicht OHLEs nicht häufig genug verändert worden. Die nach der Sedimentabdeckung von MÜLLER (1981) veröffentlichte Tiefenkarte des Bornhöveder Sees zeigt durch den Verlauf der Isobathen im südwestlichen Seeteil, daß hauptsächlich die zirkulationsbedingt ohnehin oxidierten Sedimente bis in eine Tiefe von ca. 6 m abgedeckt worden sind (MÜLLER 1981, S. 17). Möglicherweise wurde jedoch auf der Sedimentoberfläche des Sees als Folge der Sedimentation des im gesamten Wasserkörpers suspendierten Tons eine dünne aber ausreichende Sedimentabdeckung erreicht. Während der acht Monate der Maßnahme war der See nach Auskunft von Herrn Christophersen extrem stark getrübt.

MÜLLER (1981, S. 45) berichtet, daß während seiner Arbeiten an den Bornhöveder Seen die Abwässer Bornhöveds nach Fertigstellung der Trennkanalisation, aber vor Inbetriebnahme des Klärwerks im November 1974, gesammelt und ungeklärt in den Bornhöveder See geleitet wurden. Erst mit der Inbetriebnahme der vollbiologisch arbeitenden und mit dritter Reinigungsstufe versehenen Kläranlage im Jahre 1974, für dessen Gesamtkapazität von 6000 EGW für die Meierei 2560 EGW eingeplant wurden (LANDESAMT 1977), wird die Einleitung ungeklärten Abwassers der Meierei und der Haushalte beendet.

3.4.1 Hydrochemische Veränderungen seit 1974

Um Aussagen zur Nährstoffbelastung der Bornhöveder Seen während der letzten zwanzig Jahre treffen zu können, ist es naheliegend, auf hydrochemische Daten zurückzugreifen, die in der Literatur verfügbar sind.

Erstmals veröffentlicht wurde hydrochemisches Datenmaterial der Bornhöveder Seenkette in der Arbeit von MÜLLER (1981), welche die Ergebnisse von Messungen der Jahre 1974 und 1975 enthält. Seitdem folgten mehrere Arbeiten, die teilweise den Gewässerzustand der Seenkette selbst zum Untersuchungsziel hatten (LANDESAMT 1982) oder im Rahmen anderer Fragestellungen hydrochemische Grundlagendaten erhoben haben, die entweder veröffentlicht wurden oder für diese Arbeit von den Autoren freundlicherweise zur Verfügung gestellt wurden (HOFMANN 1981, MEFFERT & WULFF 1987, LAMMEN 1989, PAC 1989, BRUHM 1990). Für die Standorte F1 und F4 wurden vom Max-Planck-Institut für Limnologie (Plön) Daten des Jahres 1991 zur Verfügung gestellt. Damit stehen zum Vergleich mit den im Rahmen der vorliegenden Arbeit erhobenen Daten Vergleichswerte aus den Jahren 1974, 1975, 1979, 1980, 1985, 1988, 1989 und 1991 zur Verfügung, die für einige Standorte und Parameter vollständige Jahresgänge abdecken. Einzelne Messungen an den Seeabflüssen werden darüberhinaus vom Landesamt für Wasserhaushalt und Küsten Schleswig-Holstein (Kiel) jeweils im Frühjahr seit 1983 im Rahmen des Seenkontrollmeßprogramms durchgeführt und veröffentlicht (LANDESAMT 1985).

Quantitativ gesehen ist folglich für mehrere Standorte ein sehr umfangreiches Datenmaterial vorhanden, jedoch bestehen hinsichtlich der untersuchten Parameter, der zeitlichen Auflösung, der Wahl der Standorte und insbesondere der verwendeten Analytik - und als Folge davon der Nachweisgrenzen, Genauigkeit und Reproduzierbarkeit - beachtliche Unterschiede zwischen den Datensätzen. Trotzdem soll im folgenden ein kritischer Vergleich dieser Daten mit denen vom Projektzentrum Ökosystemforschung seit 1990 auf dem Belauer See und den für diese Arbeit gewonnenen Daten des Jahres 1992 im Bereich der Seenkette durchgeführt werden, um die Entwicklung der Nährstoffbelastung in den beiden zurückliegenden Jahrzehnten aufzuzeigen.

Die Auswahl der für den Vergleich herangezogenen Parameter beruht auf der Überlegung, daß ein hohes Maß an Aussagesicherheit bezüglich des Trophiegrads erreicht wird, wenn der betreffende Parameter einerseits als Indikator für den Trophiegrad angesehen werden kann und andererseits der methodisch bedingte Meßfehler des Parameters über den gesamten Betrachtungszeitraum von 20 Jahren hinweg annähernd gleich groß ist.

Angaben zur Nährstoffkonzentration besitzen so gesehen zwar einen hohen Indikatorwert, doch Reproduzierbarkeit und Genauigkeit unterlagen als Folge der Weiterentwicklung der chemischen Analytik einer nur schwer abzuschätzenden Veränderung. Demgegenüber darf man bei den Temperaturdaten zwar von einer ausreichenden Genauigkeit ausgehen, doch spielen sie im vorliegenden Zusammenhang keine Rolle. Von Interesse sind neben Angaben zur Nährstoffkonzentration jedoch möglicherweise auch die Konzentration des im Wasser gelösten Sauerstoffs, die elektrische Leitfähigkeit und die Sichttiefe. Auf diese Parameter wird in Abschnitt 3.1.2.3. eingegangen.

Weiterhin muß überlegt werden, welche der vorliegenden Nährstoffparameter geeignet erscheinen, langjährige Veränderungen des Trophiegrades widerzuspiegeln. Die Gesamtgehalte der Nährstoffe Stickstoff und Phosphor (TN und TP) als Summe aller verfügbaren und nicht verfügbaren, löslichen und partikulären Fraktionen bieten den Vorteil, ohne Beachtung von Umsetzungsprozessen verglichen werden zu können und einen Eindruck des Ausmaßes der gesamten Nährstoffbelastung zu liefern. Ihr Jahresgang ist ausgeglichener als der der löslichen Fraktionen, was einen Vergleich erleichtert. Als Nachteil muß aber angesehen werden, daß die methodischen Unterschiede der verwendeten Aufschlußverfahren zu Fehleinschätzungen führen können, daß die Gesamtgehalte einen für die Phytoplanktonproduktion eines Sees unbekannten Anteil enthalten und daß speziell im Bereich der Bornhöveder Seenkette keine TN-Konzentrationen des Zeitraums 1974/75 vorliegen. Von den löslichen Fraktionen liegen Daten der PO_4^{3-}-, NO_3^-- und NH_4^+-Konzentration vor. Die Entwicklung der Phosphoreinträge und -konzentrationen soll dennoch aus Gründen der Vergleichbarkeit mit den in Kap. 4 verwendeten Methoden (OECD 1982, SAS et al. 1989) anhand der Gesamtphosphorkonzentration (TP) als Belastungsindikator diskutiert werden. Die Diskussion über den Eintrag von Stickstoff muß wegen des Fehlens von TN-Analysen 1974/75 hauptsächlich mit den NO_3^--Analysen geführt werden. Auf die Aussagefähigkeit der NH_4^+-N-Werte wird an entsprechender Stelle eingegangen.

In jeweils einem Abschnitt wird im folgenden auf Veränderungen der P- und N-Konzentration eingegangen, wobei zunächst diejenigen vier Seezuflüsse des Untersuchungsgebiets, die nicht durch einen vorgeschalteten See fließen, betrachtet werden sollen, um Veränderungen der terrestrischen Einzugsgebiete der Seen zu erkennen. Anschließend daran werden die auf den Seen oder an den Seeabflüssen gewonnenen Daten auf die Frage hin untersucht, welche Veränderungen im Seewasserkörper eingetreten sind. Ein dritter Abschnitt befaßt sich mit den Veränderungen weiterer Parameter.

3.4.1.1 Veränderung der Gesamtphosphorkonzentration

Die TP-Konzentrationen haben an den Zuflüssen der Alten Schwentine zum Bornhöveder See (F1), der Schmalenseefelder Au (F5) und am Zufluß Bockelhorn zum Schierensee (F10) seit den Messungen der Jahre 1974 und 1975 von MÜLLER (1981) ersichtlich abgenommen. Am deutlichsten ist diese Abnahme am Zufluß in den Bornhöveder See (F1) zu beobachten, wo die TP-Konzentrationen von im Mittel 1,306 mg/l 1974/75 (MÜLLER 1981) über 0,532 mg/l 1979/80 (LANDESAMT 1982), 0,238 mg/l 1988/89 (BRUHM 1990) und 0,152 mg/l 1991 (MPI, unveröffentlichetes Datenmaterial) auf 0,085 mg/l 1992 abgenommen haben (Abb. 3.19). Dieses kann mit großer Wahrscheinlichkeit auf den Bau der Kläranlage Bornhöved und darüberhinausgehende Abnahmen der TP-Konzentration im Abwasser - etwa als Folge der 1980 verabschiedeten "Verordnung über Höchstmengen für Phosphate in Wasch- und Reinigungsmitteln" - zurückgeführt werden.

Deutliche Abnahmen der TP-Konzentration von ca. 1 mg/l TP der Jahre 1974/75 auf unter 0,1 mg/l 1992 lassen sich außer bei F1 auch an den Standorten der Schmalenseefelder Au (F5) und am Zufluß Bockelhorn (F10) beobachten, nicht jedoch am Schierenseezufluß bei Altekoppel (F9), dessen Konzentrationen 1974/75, 1979/80 und 1988/89 im Mittel bei 0,27 mg/l TP lagen (MÜLLER 1981, LANDESAMT 1982, BRUHM 1990) und erst 1992 auf

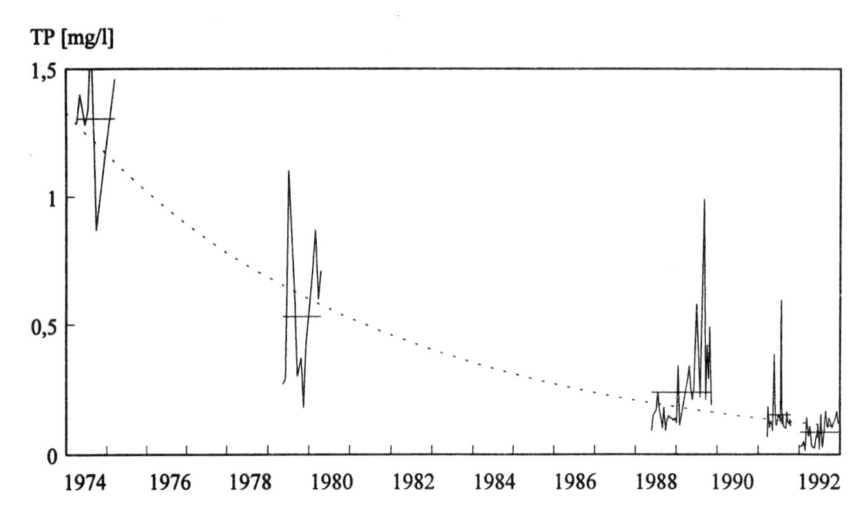

Abb. 3.19 Langfristige Entwicklung der TP-Konzentration der Alten Schwentine am Zufluß in den Bornhöveder See (F1). Zusätzliche Datenquellen: MÜLLER (1981), LANDESAMT (1982), BRUHM (1990) und Daten des Max-Planck-Instituts für Limnologie, Plön (1991).

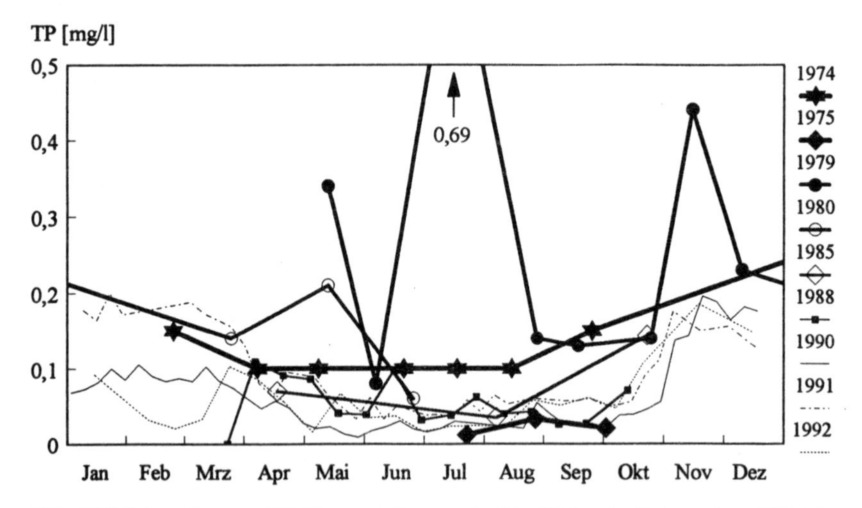

Abb. 3.20 Jahresgänge der TP-Konzentration an der Oberfläche des Belauer Sees (S6). Zusätzliche Datenquellen: MÜLLER (1981), HOFMANN (1981), LANDESAMT (1982), MEFFERT & WULFF (1985), LAMMEN (1989).

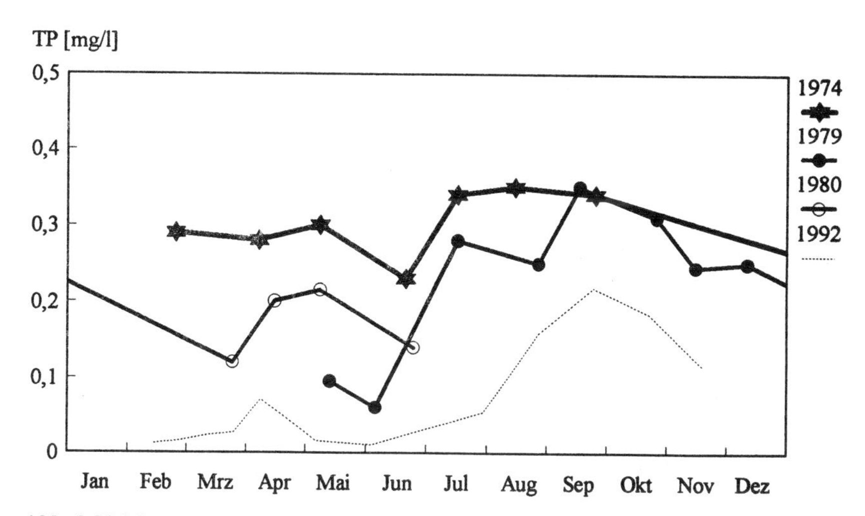

Abb. 3.21 Jahresgänge der TP-Konzentration an der Oberfläche des Schmalensees (S3). Zusätzliche Datenquellen: MÜLLER (1981), LANDESAMT (1982).

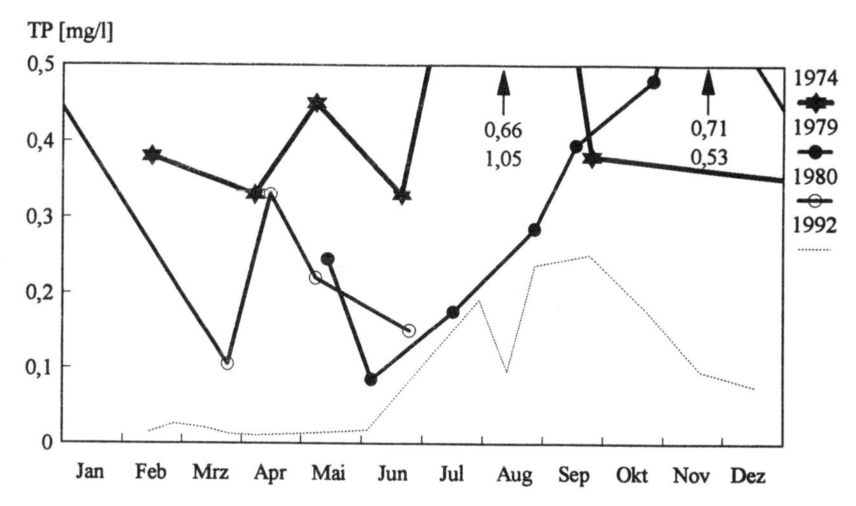

Abb. 3.22 Jahresgänge der TP-Konzentration an der Oberfläche des Bornhöveder Sees (S1). Zusätzliche Datenquellen: MÜLLER (1981), LANDESAMT (1982).

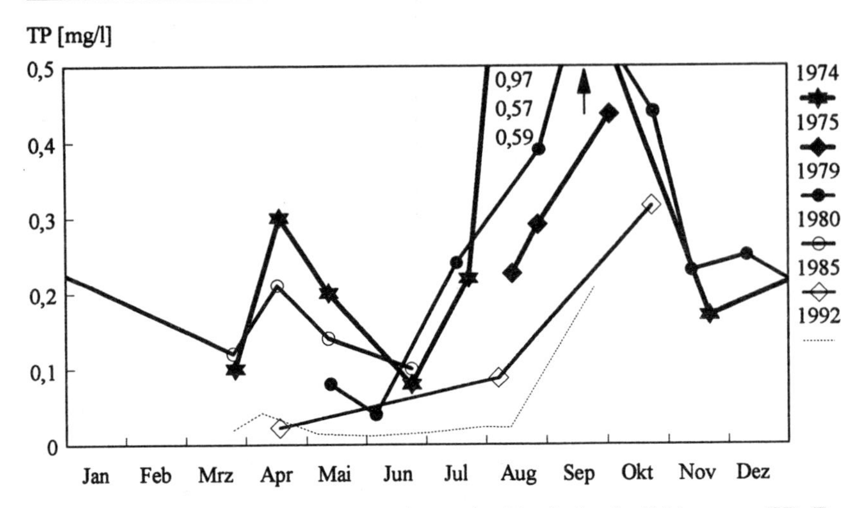

Abb. 3.23 Jahresgänge der TP-Konzentration an der Oberfläche des Schierensees (S7). Zusätzliche Datenquellen: MÜLLER (1981), HOFMANN (1981), LANDESAMT (1982), MEFFERT & WULFF (1985).

im Mittel 0,077 mg/l fielen. Dieser Standort ist als einziger der vier direkten Seezuflüsse nicht durch häusliche oder kommunale Abwassereinleitungen belastet, woraus die Annahme abzuleiten ist, daß die Konzentrationsabnahme von TP seit 1974 an den anderen drei Standorten wesentlich auf verringerte P-Abgaben aus dem häuslich-kommunalen Bereich zurückgeführt werden kann.

Die Verringerung der P-Belastung in den Zuflüssen hat eine Konzentrationsabnahme von TP im Oberflächenwasser des Bornhöveder Sees, Schmalensees und Schierensees zur Folge gehabt, was sich an den von MÜLLER (1981) und LANDESAMT (1982) gemessenen Jahresgängen von 1974/75 und 1979/80 im Vergleich zum Jahresgang von 1992 zeigen läßt. Im Bornhöveder See wurden nach Auflösung der Thermokline von MÜLLER (1981) am 17.7.1974 0,66 mg/l TP und am 15.8.1974 als Maximum 1,05 mg/l gemessen, vom LANDESAMT (1982) am 16.11.1979 ein Maximum von 0,71 mg/l (Abb. 3.22). Sowohl die Werte von MÜLLER (1981) als auch die vom LANDESAMT (1982) zeigen starke Schwankungen von Termin zu Termin, die nicht als Folge der internen Nährstoffdynamik oder externer Stoffeinträge interpretiert werden können. Es soll deshalb von einer einfachen Mittelwertbildung Abstand genommen werden, da diese zu stark von den analytischen Unsicherheiten beeinflußt ist. Auch die zeitgewichteten Mittelwerte (Tab. 3-16) werden noch erheblich durch die Extremwerte beeinflußt und sollten nur zusammen mit einem Blick auf die Einzelmessungen interpretiert werden (Abb. 3.20 bis Abb. 3.23).

Jedoch zeigt sich deutlich das zum Beginn der 70er Jahre höhere Belastungsniveau, auch wenn man die Maxima als möglicherweise fehlerbehaftet nicht berücksichtigt. Auch im Schierensee treten deutliche Maxima in allen untersuchten Zeiträumen auf, die im Gegensatz zum

Bornhöveder See von allen Autoren zu vergleichbaren Jahreszeiten gefunden wurden (Ende August und September ein Hauptmaximum und im März/April ein zweites, vgl. Abb. 3.23). Darüberhinaus werden die von MÜLLER (1981) und vom LANDESAMT (1982) dokumentierten Jahresgänge durch Daten von HOFMANN (1981) des Jahres 1975 und von MEFFERT & WULFF (1987) des Jahres 1985 gestützt. Die TP-Jahresgänge des Schmalensees von 1974/75, 1979/80 und 1992 enthalten keine deutlich ausreißenden Werte (Abb. 3.21). Auch hier läßt sich die Konzentrationsabnahme von TP gut rekonstruieren. Lediglich für den Belauer See läßt sich aufgrund der zur Verfügung stehenden Daten keine deutliche Abnahme in der TP-Konzentration seit 1974 belegen (Abb. 3.20), da die Konzentrationen des Jahres 1974 offensichtlich im Bereich der damaligen Nachweisgrenze von ca. 0,1 mg/l lagen und die ungewöhnlichen Maxima im Jahresgang von 1979/80 als fehlerhaft angesehen werden müssen. Auch die Werte von HOFMANN (1981) des Jahres 1975 liegen im Bereich der heute noch gemessenen TP-Konzentration. Führt man die TP-Konzentrationsabnahme der Zuflüsse, wie oben beschrieben, auf den Rückgang von P-Exporten aus dem häuslich-kommunalen Bereich zurück, so erscheint dieser Befund durchaus plausibel, da der Belauer See Abwässer aus diesem Bereich nur über zwei vorgeschaltete Seen erhält.

3.4.1.2 Veränderung der Stickstoffkomponenten

Am Zufluß der Alten Schwentine zum Bornhöveder See (F1) hat seit 1974 die NO_3^--N-Konzentration deutlich zugenommen (Abb. 3.24). Auch bei der seit 1979 vorliegenden Gesamtstickstoffkonzentration (TN) läßt sich von 1979 bis 1992 eine Zunahme von im Mittel 6,35 mg/l (1979/80) auf 7,7 mg/l (1988/89) und 8,37 mg/l (1992) beobachten. Demgegenüber ist die Veränderung der NH_4^+-N-Konzentration seit 1974 schwieriger zu beurteilen, da die Werte sehr viel stärker streuen. Die höchsten Konzentrationen wurden im Frühjahr 1980 vom LANDESAMT (1982) mit bis zu 2,2 mg/l gemessen und auch 1989, 1991 und 1992 treten Maxima zwischen 1,34 und 1,65 mg/l auf. Der höchste Mittelwert der untersuchten Zeiträume mit 0,863 mg/l ergibt sich ebenfalls für den Zeitraum 1979/80 (gegenüber 0,55 mg/l der Jahre 1974/75 und 0,4 bis 0,191 von 1988 bis 1992).

Bei der Schmalenseefelder Au (F5) zeigt sich eine noch deutlichere Zunahme bei NO_3^--N von im Mittel 1,83 mg/l (1974/75) auf 8,86 mg/l (1979/80) und 13,34 mg/l (1988/89), jedoch gefolgt von einer leichten Abnahme auf 10,96 mg/l (1992). Die TN-Konzentration zeigt einen vergleichbaren Verlauf mit einem Anstieg von 1979/80 (12,16 mg/l) bis 1988/89 (16,71 mg/l) gefolgt von einem leichten Rückgang auf 15,55 mg/l (1992). Große Unterschiede ergeben sich wiederum beim Vergleich der gemessenen NH_4^+-N-Konzentration. Die Werte der Jahre 1979/80 ergeben ein Mittel von 2,045 mg/l, während 1974/75 nur 0,473 mg/l, 1988/89 0,07 mg/l und 1992 0,146 mg/l gemessen wurden.

Ein Blick auf die Daten des Standorts F10 zeigt, daß die NO_3^--N-Konzentration von 1974/75 (3,35 mg/l) gut mit der von 1979/80 (3,58 mg/l) übereinstimmt, sich dann aber bis 1992 fast verdoppelt (6,41 mg/l). Während die TN-Konzentration diesen Anstieg widerspiegelt (von 6,02 mg/l 1979/80 auf 9,71 mg/l 1992), ist es wiederum die NH_4^+-N-Konzentration, die 1979/80 mit 1,472 mg/l deutlich höher liegt als 1974/75 (0,144 mg/l) und 1992 (0,188 mg/l). Eine Zunahme der Konzentration von NO_3^--N und TN ist an diesem Standort also erst nach 1979/80 eingetreten.

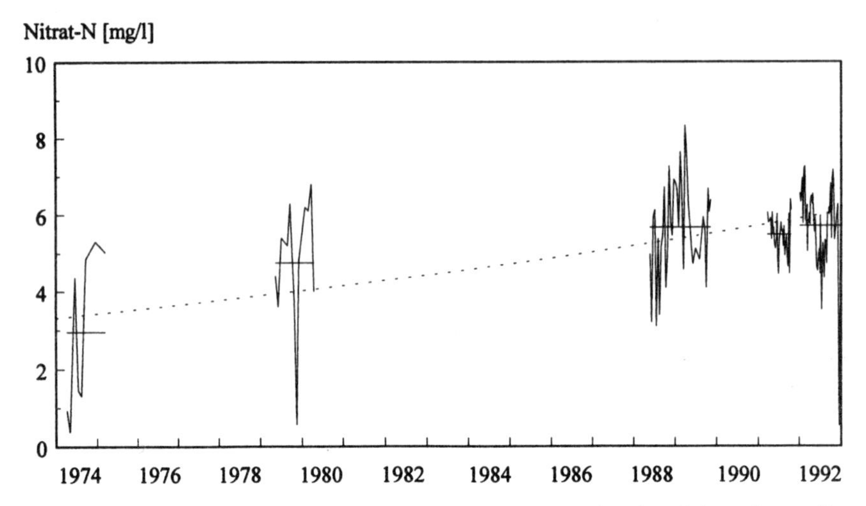

Abb. 3.24 Langfristige Entwicklung der NO_3^--N-Konzentration der Alten Schwentine am Zufluß in den Bornhöveder See (F1). Zusätzliche Datenquellen: MÜLLER (1981), LANDESAMT (1982), BRUHM (1990) und Daten des Max-Planck-Instituts für Limnologie, Plön (1991).

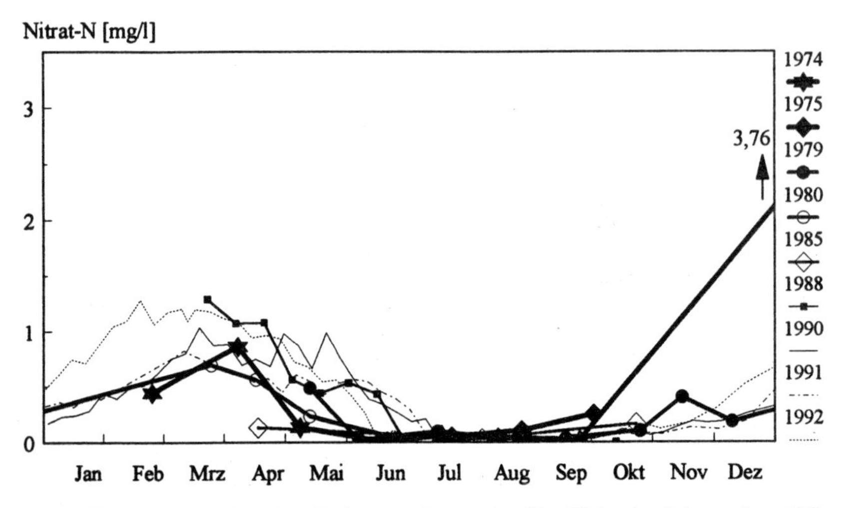

Abb. 3.25 Jahresgänge der NO_3^--N-Konzentration an der Oberfläche des Belauer Sees (S6). Zusätzliche Datenquellen: MÜLLER (1981), HOFMANN (1981), LANDESAMT (1982), MEFFERT & WULFF (1985), LAMMEN (1989).

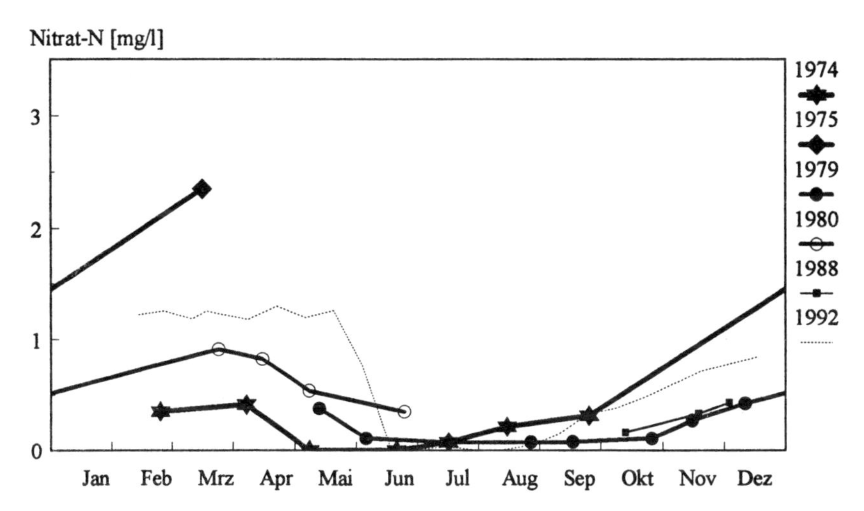

Abb. 3.26 Jahresgänge der NO_3^--N-Konzentration an der Oberfläche des Schmalensees (S3). Zusätzliche Datenquellen: MÜLLER (1981), LANDESAMT (1982), PAC (1989).

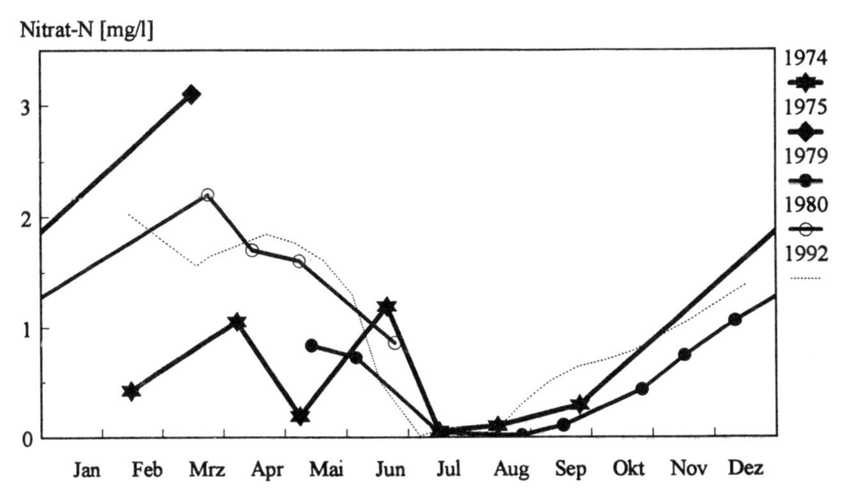

Abb. 3.27 Jahresgänge der NO_3^--N-Konzentration an der Oberfläche des Bornhöveder Sees (S1). Zusätzliche Datenquellen: MÜLLER (1981), LANDESAMT (1982).

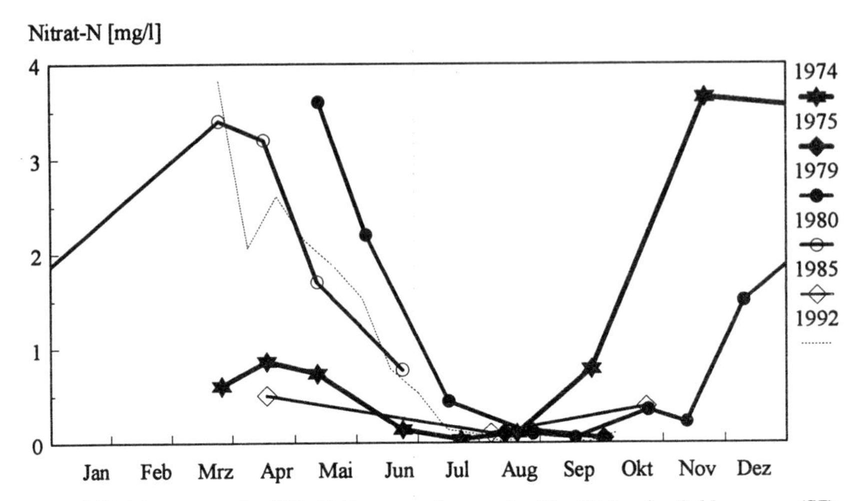

Abb. 3.28 Jahresgänge der NO_3^--N-Konzentration an der Oberfläche des Schierensees (S7). Zusätzliche Datenquellen: MÜLLER (1981), HOFMANN (1981), LANDESAMT (1982), MEFFERT & WULFF (1985).

Am Standort F9 läßt sich im Gegensatz zu den bereits genannten drei Standorten kein eindeutiger Trend der Konzentrationänderung der Stickstoffkomponenten erkennen. Die Mittelwerte der NO_3^--N-Konzentration von 1974/75 (1,32 mg/l), 1988/89 (1,28 mg/l) und 1992 (1,34 mg/l) sind recht stabil, und lediglich für den Untersuchungszeitraum 1979/80 errechnet sich ein niedrigerer Wert von 0,78 mg/l. Die TN-Konzentration sank von 3,01 mg/l (1979/80) auf 2,29 mg/l (1988/89) bzw. 2,27 mg/l (1992) (Messungen von 1974/75 liegen nicht vor). Diese Konzentrationsabnahme von TN ist auf die recht hohen NH_4^+-N-Konzentrationen von im Mittel 0,973 mg/l zurückzuführen, die 1979/80 vom LANDESAMT (1982) gemessen wurden. Es läßt sich keine plausible Erklärung für diese hohen NH_4^+-N-Werte von 1979/80 finden (0,973 mg/l), stimmen doch die Mittelwerte der NH_4^+-N-Konzentration der übrigen Untersuchungszeiträume recht gut überein (1974/75 bei 0,157 mg/l als auch 1988/89 bei 0,124 mg/l und 1992 bei 0,103 mg/l).

An den Seezuflüssen, die zuvor keinen vorgeschalteten See passiert haben, läßt sich also in drei von vier Fällen ein deutlicher Anstieg der NO_3^--N-Konzentration seit 1974/75 (bzw. seit 1979/80 bei F10) und ein Maximum der NH_4^+-N-Konzentration im Zeitraum 1979/80 beobachten. Ein genereller Anstieg der Stickstoffverbindungen seit 1979/80 in den drei Seezuflüssen ist außerdem durch die Zunahme der TN-Konzentration belegt.

Im Pelagial der Seen (an der Seeoberfläche) bzw. am Seeabfluß soll als Maß der Stickstoffbelastung der Mittelwert der NO_3^--N-Frühjahrskonzentration herangezogen werden, da er den Gehalt an gelösten Nährstoffen widerspiegelt, der im Sommer dem Phytoplankton als Nahrungsgrundlage zur Verfügung steht. Der Konzentrationsanstieg in der zweiten Jahreshälfte nach Abklingen der Hauptproduktionsphase im Sommer und nach Auflösung der Thermokline erscheint demgegnüber als ungeeignetes Maß, da er von Jahr zu Jahr sehr unterschiedlich verlaufen kann. Darüberhinaus wurden für die Zeiträume 1974, 1979/80 und 1992 zeitgewichtete Mittelwerte gebildet, die in Tab. 3-16 wiedergegeben sind.

Der Bornhöveder See hatte in der ersten Jahreshälfte von 1974 eine niedrigere NO_3^--N-Konzentration (0,55 mg/l) als 1980 und 1992 (1,83 bzw. 1,76 mg/l), was allerdings nur durch drei Analysen von MÜLLER (1981) gestützt wird, die einen ungewöhnlichen zeitlichen Verlauf zeigen. Im Juli der drei Jahre werden dann jeweils bis zur Auflösung der Thermokline die Minima der NO_3^--N-Konzentration gemessen. Im März 1975 wurde jedoch von MÜLLER (1981) ein Maximum von 3,1 mg/l NO_3^--N gemessen, und obwohl auch im Schmalensee, im Belauer See und an den Seeabflüssen ein solch ungewöhnlich hohes Maximum existiert, bleibt dessen Ursache ungeklärt[9]. Noch deutlicher als im Bornhöveder See zeigt sich ein Anstieg der NO_3^--N-Konzentration im Schmalensee im Vergleich der Frühjahrskonzentration der Jahre 1974, 1980 und 1992. Hier liegen die entsprechenden Mittelwerte im Zeitraum von Ende Februar bis Mitte April dieser Jahre bei 0,38 mg/l, 0,87 mg/l und 1,23 mg/l. Im Belauer See liegen die Frühjahrswerte der Jahre 1974 und 1979 so geringfügig unter denen von 1988, 1990, 1991 und 1992, daß sich hier kein genereller Trend zu höheren Konzentrationen nachweisen läßt. Im Schierensee liegt die NO_3^--N-Konzentration im Frühjahr 1974 zunächst bei 0,73 mg/l, steigt jedoch in der zweiten Jahreshälfte auf über 3 mg/l an, was bis ins Frühjahr 1975 andauert. Auch 1979, 1980 und 1992 lagen die NO_3^--N-Konzentrationen vergleichbar hoch. Eine Analyse vom 18.4.1985 von MEFFERT & WULFF (1987) mit 0,5 mg/l NO_3^--N scheint nicht in dieses Bild zu passen, doch sollte man davon ausgehen, daß die Jahresgänge im Schierensee von Jahr zu Jahr aufgrund der kurzen Austauschzeit und der Beeinflussung durch Witterungs- und Abflußereignisse stärker differieren können als in den anderen Seen.

Es ist also davon auszugehen, daß neben der beschriebenen Zunahme der Stickstoffbelastung in den drei zuvor erwähnten Seezuflüssen auch eine deutliche Zunahme der NO_3^--N-Konzentration zwischen 1974/75 und 1979/80 im Oberflächenwasser des Pelagials des Bornhöveder Sees und des Schmalensees erfolgte. Im Schmalensee setzte sich dieser Anstieg darüber hinaus bis 1992 fort. Im Belauer See ist ein Ansteigen der NO_3^--N-Konzentration dagegen - nicht eindeutig nachweisbar, und der Schierensee wies bereits 1974/75 NO_3^--N-Konzentrationen der heutigen Größenordnung auf.

Seit 1974/75 wurde auch die NH_4^+-N-Konzentration der Seen von allen eingangs erwähnten Autoren wiederholt gemessen. Eine Bewertung dieser Ergebnisse ist jedoch nicht unproblematisch, da NH_4^+ - mehr noch als NO_3^- - als Stoffwechselprodukt im limnischen Stickstoffkreislauf anzusehen ist. So sind die herbstlichen Maxima der NH_4^+-Konzentration als Indikator der Stickstoffbelastung im See wenig aussagekräftig, da ihre Ausprägung nicht nur von der NO_3^--Konzentration vor der Schichtungsphase abhängt, sondern wesentlich von Sediment-

[9] Berechnet man auf der Grundlage der NO_3^--N-Konzentration im März 1975 und der Seevolumina von MÜLLER (1981) die Menge des in den Seen gelösten NO_3^--N so ergeben sich 10,5 t NO_3^--N für den Bornhöveder See, 8,5 t für den Schmalensee und 38 t für den Belauer See. Subtrahiert man 1,9 t, 1,4 t und 4,9 t, die schätzungsweise in der ersten Jahreshälfte 1974 in den Seen zu finden waren, so müßte folglich im Laufe eines Jahres eine Menge von 49 t NO_3^--N zusätzlich in die Seen gelangt oder durch Umsetzungen aus organisch gebundenem N oder NH_4^+-N entstanden sein. Dies muß als äußerst unrealistisch angesehen werden.

austauschprozessen, der zeitlichen Dauer anoxischer Verhältnisse im Hypolimnion, dem Volumenverhältnis von Epilimnion zu Hypolimnion und der Geschwindigkeit der Auflösung der Thermokline zum Ende der Schichtungsphase bestimmt werden. Oxidation zu NO_3^- sorgt nach Einsetzen der Vollzirkulation außerdem dafür, daß erhöhte NH_4^+-Konzentrationen nur zeitlich kurz befristet auftreten und durch monatliche Probenahmen - wie in einigen vorliegenden Untersuchungen - nicht genügend wiedergegeben werden. Die längeren Phasen im Jahr mit niedriger NH_4^+-Konzentration lassen sich für einen langjährigen Vergleich nicht heranziehen, da sie häufig im Bereich der Nachweisgrenze liegen und folglich als sehr unzuverlässig anzusehen sind.

3.4.1.3 Veränderung weiterer Parameter

Sowohl die Kenntnis über das Ausmaß der Sauerstoffzehrung im Hypolimnion wie auch die Sauerstoffübersättigungen im Epilimnion liefern Hinweise auf das Ausmaß der Primärproduktion und den Trophiegrad. Gegenüber den Methoden der Nährstoffanalytik wird die Bestimmungsmethode der Konzentration an gelöstem Sauerstoff in Wasser nach WINKLER seit ihrer Veröffentlichung im Jahre 1888 im wesentlichen unverändert angewendet (BARBIERI & MOSELLO 1992), so daß bei diesem Parameter mit geringeren methodisch bedingten Meßfehlern zu rechnen ist. Die hohe zeitliche und räumliche Variabilität dieses Parameters während starker Phytoplanktonentwicklungen muß jedoch als Nachteil für den Aussagewert für langfristige Veränderungen des Trohpiegrades angesehen werden, da die in diesem Zusammenhang besonders relevanten Maxima durch die zum Teil sehr langen Meßintervalle der vorliegenden Untersuchungen nur zufällig erfaßt werden. Darüberhinaus ist die Konzentration an gelöstem Sauerstoff im Wasser stark temperaturabhängig.

Vergleicht man die O_2-Konzentration der Jahre 1974/75, 1979/80 und 1992 im Bornhöveder See, so läßt sich feststellen, daß die Frühjahrsmaxima 1979 und 1980 mit 21,0 bzw. 22,65 mg/l etwas über denen von 1974 und 1975 mit 19,9 bzw. 19,6 mg/l liegen und 1992 nur 18,5 mg/l erreicht wurden. Diese Werte liegen angesichts der hohen zeitlichen und räumlichen Variabilität der O_2-Konzentration im Frühjahr sehr dicht zusammen, so daß man hieraus keine langfristigen Entwicklungen ablesen sollte. Im Schmalensee mit Frühjahrsmaxima von 22,3 mg/l (1975), 21,65 (1980), 18,4 (1979), 17,8 (1974) aber nur 15,05 mg/l (1992) fallen die Unterschiede etwas deutlicher aus. Ein außergewöhnliches Ereignis, das gegen eine Abnahme seit Beginn der 80er Jahre spricht, ist allerdings im August 1988 von PAC (1989) mit einem für diese Jahreszeit ungewöhnlichen hohen Wert von 19,2 mg/l gemessen worden. Im Belauer See sind langfristige Veränderungen der O_2-Konzentration ebenfalls nicht auszumachen. Die Frühjahrsmaxima wurden hier 1988 (18,7 mg/l), 1974 (18,5), 1991 (18,1 mg/l), 1975 (17,4) und 1980 und 1990 (jeweils 16,5 mg/l) gemessen. Im Schierensee wurden 1980 26,3 mg/l gemessen, 1992 22,2 mg/l und 1974 21,0 mg/l. Man muß also festhalten, daß Veränderungen des Frühjahrsmaximums der O_2-Konzentration im Epilimnion der Bornhöveder Seen während der letzten 20 Jahre nur gering waren. Auch die zeitgewichteten Mittelwerte zeigen nur geringfügige Veränderungen von Jahr zu Jahr (Tab. 3-16).

auf S. 99: **Tab. 3-16**
Zeitgewichtete Jahresmittelwerte an der Oberfläche des Bornhöveder Sees (S1), Schmalensees (S3), Belauer Sees (S6), Schierensee (S7) sowie des Abflusses vom Schierensee (F12). Zusätzliche Datenquellen: für 1974: MÜLLER (1981); für 1979/80: LANDESAMT (1982).

Ort	Jahr	NO_3^--N [mg/l]	NH_4^+-N [mg/l]	TN [mg/l]	TP [mg/l]	O_2 [mg/l]	O_2 [%]	Sichttiefe [m]	LF [µS/cm]	Chl. a [µg/l]
S1	1974	0,65	0,077	-	0,458	13,01	-	-	-	-
	1979/80	0,97	0,471	2,67	0,321	13,12	119	1,32	270	50
	1992	1,14	0,132	-	0,118	12,27	108	1,15	400	-
	1993	1,07	0,201	-	0,197	12,45	112	1,25	418	34
S3	1974	0,39	0,041	-	0,300	12,98	-	-	-	-
	1979/80	0,39	0,409	2,06	0,227	13,05	118	1,05	248	63
	1992	0,71	0,230	-	0,097	11,27	101	1,43	386	-
	1993	0,61	0,091	-	0,125	12,05	108	1,38	401	32
S6	1974	0,49	0,030	-	0,138	12,26	-	-	-	-
	1979/80	0,26	0,449	1,4	0,229	11,94	109	1,98	238	17
	1990	0,35	0,379	-	0,071	11,07	102	2,30	355	26
	1991	0,28	0,333	1,4	0,095	11,72	104	2,21	320	19
	1992	0,46	0,191	1,2	0,091	11,29	102	1,98	355	14
	1993	0,55	0,183	1,1	0,072	11,40	100	2,36	373	18
	1994	0,42	0,104	-	-	12,04	108	1,93	359	9
S7	1974	1,08	0,104	-	0,282	13,87	-	-	-	-
	1979/80	1,44	0,524	3,31	0,253	13,31	123	1,28	306	43
	1992	1,44	0,073	-	-	11,39	109	1,36	519	-
F12	1974	0,40	0,074	-	0,297	9,59	-	-	-	-
	1979/80	2,11	0,697	4,28	0,317	10,99	101	-	330	-
	1992	1,80	0,120	-	0,102	10,81	99	-	533	-
	1993	2,02	0,080	-	0,153	10,69	97	-	556	35

Die Veränderungen der Sichttiefe in den Seen ergeben nur für den Schmalensee eine deutliche Verbesserung von 1,05 m im Jahr 1979 auf 1,43 m 1992 (Tab. 3-16). Im Belauer See verbesserte sich die Sichttiefe von 1,98 m (1979/80) zunächst auf etwa 2,25 m (1990 und 1991), lag jedoch 1992 wieder bei 1,98 m. Die Veränderungen im Schierensee und Bornhöveder See sind mit Differenzen von 0,08 bzw. 0,17 m zwischen 1979/80 und 1992 zu gering, um hieraus Rückschlüsse ziehen zu können. Langfristige Veränderungen des Trophiegrades lassen sich also anhand der Sichttiefenmessungen nur für den Schmalensee feststellen.

Die Messungen der Konzentration von Chlorophyll-a ergeben für den Bornhöveder See und Schmalensee etwa eine Halbierung des Jahresmittelwerts von 1979/80 auf 1993. Im Belauer See läßt sich eine solche Entwicklung nicht erkennen.

Die langfristigen Veränderungen der elektrischen Leitfähigkeit wurden bereits an anderer Stelle erörtert (SCHERNEWSKI 1992, NAUJOKAT und SCHERNEWSKI 1992). Für den Belauer See ergibt sich eine deutliche Abnahme der Leitfähigkeit von 1974/75 bis 1979/80 und ein erneuter Anstieg bis 1988, der bis 1992 auf ungefähr diesem Niveau geblieben ist. Hierin spiegelt sich eine Abnahme der Ionenkonzentration in den Seen wider, die in den Folgejahren vermutlich durch die Zunahme der diffusen Belastung mit Stickstoffverbindungen nahezu kompensiert wird. Die langjährigen Veränderungen der elektrischen Leitfähigkeit unterstützen folglich die anhand des chemischen Datenmaterials erörterten Entwicklungen.

3.4.2 Zusammenfassung der Eutrophierungsgeschichte

Man muß eine potentielle Einflußnahme menschlicher Tätigkeiten auf den Trophiezustand der Seen seit der Besiedlung des Untersuchungsraums im Boreal annehmen. Da dieser Einfluß als ein Wechsel von niedrigen und hohen Nutzungsintensitäten im Einzugsgebiet und direkten Eingriffen in den Wasser- und/oder Stoffhaushalt der Seen anzusehen ist, kann man auch nicht von einer kontinuierlich zunehmenden Eutrophierung sprechen. Es werden drei Beispiele aus der jüngeren Vergangenheit beschrieben, die vermuten lassen, daß die Eutrophierung der Bornhöveder Seenkette hauptsächlich während der letzten einhundert Jahre in erheblichem Maße zugenommen haben muß. Allein die Einleitungen unzureichend geklärten Abwassers der Bornhöveder Meierei (seit 1884) haben die P-Belastungsgrenze des Bornhöveder Sees nach VOLLENWEIDER (1976) um ein Vielfaches überschritten. Der Meiereibetrieb in Bornhöved wird als einer der Hauptursachen der Eutrophierung nicht nur des Bornhöveder Sees, sondern auch der nachgeschalteten Seen angesehen. Eine Absenkung des Seespiegels der Bornhöveder Seen im Jahr 1934 "um reichlich 60 cm" (PIENING 1953, S. 54) hat ebenfalls durch die Oxidation der Niedermoortorfe der damit verbundenen Trockenlegung der Niederung der Alten Schwentine bei Bornhöved und durch die Erosion der trockengefallenen Sedimente des Litoralbereichs zu einer Eutrophierung der Seen beigetragen. Schließlich hat auch die Abwasserbelastung aus dem häuslichen Bereich entsprechend des Bevölkerungswachstums der Siedlungen im Einzugsgebiet der Seenkette zugenommen. Ein ausgeprägtes Maximum der Abwassermengen dürfte durch den sprunghaften Anstieg der Bevölkerung durch die Flüchtlingsströme zum Ende der 40er Jahre eingetreten sein. Seit den 60er Jahren wurde ein Teil des Abwassers der Ortschaft mechanisch und nur z.T. biologisch gereinigt.

Der Bornhöveder See wird von OHLE (1970, S. 3:88) als ein "von Abwässern extrem eutrophiertes Gewässer" beschrieben. 1970 wird deshalb das bei dem Ausbau der Bundesstraße

B 430 anfallende tonreiche Baggergut im Lauf von acht Monaten in den Bornhöveder See gepumpt, um eine Sedimentabdeckung zu erreichen. Vier Jahre später wird mit der Inbetriebnahme der vollbiologisch arbeitenden und mit dritter Reinigungsstufe versehenen Kläranlage die Einleitung des weitgehend ungeklärten Abwassers der Meierei und der Haushalte beendet.

Anhand von Literaturdaten (MÜLLER 1981, HOFMANN 1981, LANDESAMT 1982, MEFFERT & WULFF 1987, LAMMEN 1989, PAC 1989, BRUHM 1990) konnten Trends der Eutrophierung und der hydrochemischen Entwicklung im Bereich der Bornhöveder Seen seit 1975 aufgezeigt werden.

Die TP-Konzentrationen haben an den Zuflüssen der Alten Schwentine zum Bornhöveder See (F1), der Schmalenseefelder Au (F5) und am Zufluß Bockelhorn zum Schierensee (F10) seit den Messungen der Jahre 1974 und 1975 von MÜLLER (1981) ersichtlich abgenommen, was auf wesentlich verringerte P-Abgaben aus dem häuslich-kommunalen Bereich zurückgeführt wird (Bau von Kläranlagen in Bornhöved und Ruhwinkel, "Verordnung über Höchstmengen für Phosphate in Wasch- und Reinigungsmitteln, 1980"). Die Verringerung der P-Belastung in den Zuflüssen hat eine Konzentrationsabnahme von TP im Oberflächenwasser des Bornhöveder Sees, Schmalensees und Schierensees zur Folge gehabt. Lediglich für den Belauer See läßt sich aufgrund der zur Verfügung stehenden Daten keine deutliche Abnahme in der TP-Konzentration seit 1974 belegen. Führt man die TP-Konzentrationsabnahme der Zuflüsse auf den Rückgang von P-Exporten aus dem häuslich-kommunalen Bereich zurück, so erscheint dieser Befund durchaus plausibel, da der Belauer See Abwässer aus diesem Bereich nur über zwei vorgeschaltete Seen erhält.

An den Seezuflüssen, die zuvor keinen vorgeschalteten See passiert haben, läßt sich in drei von vier Fällen ein deutlicher Anstieg der NO_3^--N-Konzentration beobachten. Diese Zunahme der Stickstoffbelastung der Seezuflüsse hatte eine deutliche Zunahme der NO_3^--N-Konzentration zwischen 1974/75 und 1979/80 im Oberflächenwasser des Pelagials des Bornhöveder Sees und des Schmalensees zur Folge. Wiederum ist im Belauer See ein Ansteigen der NO_3^--N-Konzentration nicht eindeutig nachweisbar. Der Zusammenhang zwischen Nährstoffkonzentration in den Zuflüssen und im Wasserkörper der Seen läßt sich - vermutlich durch den Einfluß der Denitrifikation - für die Stickstoffkomponenten weniger deutlich erkennen als bei Phosphor.

Die Konzentration von Chlorophyll-a hat sich im Schmalensee und Bornhöveder See, nicht jedoch im Belauer See, zwischen 1979/80 und 1993 deutlich verringert. Entsprechende Veränderungen der Sichttiefe sind nicht festzustellen.

4. Trophische Situation der Bornhöveder Seen: Gegenwärtiger Zustand und Ausblick

4.1 Trophieklassifikation

Ursachen, Bedeutung und Konsequenzen der Eutrophierung stehender Gewässer sind einführend in Kap. 1.1 behandelt. Nachdem für die Vergangenheit sowohl eine starke Nährstoffbelastung der Bornhöveder Seen als auch die bisherigen Maßnahmen zu ihrer Verringerung zusammengestellt wurden (Kap. 3.4), stellt sich die Frage der Einordnung der gegenwärtigen trophischen Situation der Bornhöveder Seen. Hierfür stehen zahlreiche in der Limnologie

Tab. 4-1 Trophieklassifikation der Bornhöveder Seen (fixed boundary system, OECD 1982).

	TP [µg/l]	Chlorophyll-a [µg/l]		Sichttiefe [m]	
	Mittel	Mittel	Maximum	Mittel	Minimum
oligotroph	<10	<2,5	<8	>6	>3
mesotroph	10-35	2,5-8	8-25	6-3	3-1,5
eutroph	35-100	8-25	25-75	3-1,5	1,5-0,7
hypertroph	>100	>25	>75	<1,5	<0,7
Bornh. See	204	34	134	1,25	0,65
Schmalensee	126	32	152	1,38	0,55
Belauer See	89	18	71	2,36	1,25

entwickelte Klassifikationsverfahren zur Verfügung, mit denen sich der Trophiegrad eines Sees ermitteln läßt (vgl. Literaturstudie von HENNING 1986). Genannt seien das auf Stoffbilanzen basierende Nährstoffbelastungskonzept von VOLLENWEIDER (1976), der "trophic state index" (TSI) von CARLSON (1977), ein auf dem Gleichgewicht von Aufbau zu Abbau basierendes System von SCHRÖDER & SCHRÖDER (1978), der "lake evaluation index" (LEI) von PORCELLA et al. (1979), zwei Klassifikationssysteme der OECD (1982) und der Fachbereichsstandard der ehemaligen DDR (TGL 27885/01 von 1982). Ein für die Bundesrepublik einheitliches Verfahren befindet sich derzeit in der Entwicklung (LAWA-ARBEITSKREIS 1992). Da die Datengrundlagen dieser Verfahren ausnahmslos von Seen außerhalb Schleswig-Holsteins stammen, wird von HENNING (1986) die Frage nach der lokalen Anwendbarkeit in Schleswig-Holstein erörtert. Aufgrund der Schlußfolgerungen von HENNING (1986), den im Bereich der Bornhöveder Seen erhobenen Daten und den in den jeweiligen Arbeiten selbst erwähnten Einschränkungen ihrer regionalen Gültigkeit, wurde eine Ableitung des Trophiegrades der Bornhöveder Seen mit dem Verfahren von VOLLENWEIDER (1976) und den beiden Klassifikationen der OECD (1982) durchgeführt.

Gegenstand des Modells von VOLLENWEIDER (1976) ist die Beziehung zwischen Nährstoffbelastung und der sich einstellenden Stoffkonzentration im See, auf die in Kap. 4.2 eingegangen wird. An dieser Stelle wird anhand der von VOLLENWEIDER (1976) definier-

Tab. 4-2 Trophieklassifikation der Bornhöveder Seen (open boundary system, OECD 1982). Wahrscheinlichkeit des Trophiegrades [%] anhand der drei Indikatoren TP-Konzentration[a], Chlorophyll-a[b] und Sichttiefe[c] (Daten von 1993).

		mesotroph	eutroph	hypertroph
Bornh. See	TP[a]	1	31	68
	Chl.a[b]	1	33	66
	Sichttiefe[c]	3	28	69
Schmalensee	TP[a]	6	57	37
	Chl.a[b]	3	32	65
	Sichttiefe[c]	4	34	62
Belauer See	TP[a]	16	66	18
	Chl.a[b]	9	60	30
	Sichttiefe[c]	19	54	25

[a] TP: zeitgewichtetes Jahresmittel des Tiefenintegrals. [b] Chlorophyll-a: zeitgewichtetes Jahresmittel in 0,3 m Wassertiefe. [c] zeitgewichtetes Jahresmittel. Anmerkung: Die Differenz der jeweiligen Zeilensummen zu 100 % gibt die Wahrscheinlichkeit für einen oligotrophen Zustand an.

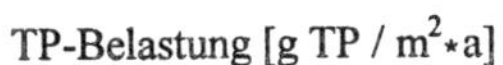

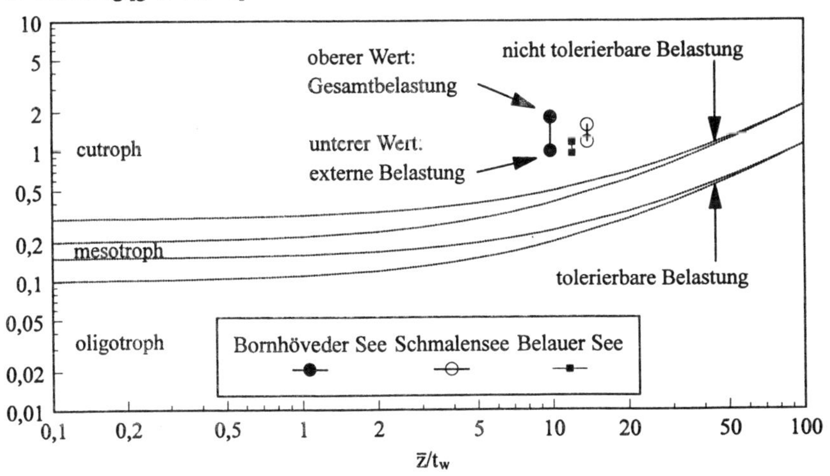

Abb. 4.1 TP-Belastung der Bornhöveder Seen nach VOLLENWEIDER (1976).

ten tolerierbaren Phosphorbelastung aufgezeigt, daß die Bornhöveder Seen diesen Grenzwert um das 4-5fache überschreiten und deutlich im eutrophen Bereich liegen (Abb. 4.1). Die tolerierbare Belastung (in Abhängigkeit von der hydraulischen Belastung[1] definiert) beträgt für die Bornhöveder Seen[2] etwa 0,2 g TP/m^2*a (=2 kg/ha*a). HAMM (1979) hat aufgezeigt, daß dieser Wert, also der oligotrophe Zustand, in zahlreichen Seen und Einzugsgebieten nahe an der Phosphorzufuhr durch den Niederschlag und der natürlichen Grundbelastung aus dem Einzugsgebiet liegt.

Die OECD (1982) nimmt eine Einstufung des Trophiegrades anhand der Indikatoren TP-Konzentration, Chlorophyll-a-Konzentration und Sichttiefe vor. Auf der Basis von 126 Seen wurde die in Tab. 4-1 wiedergegebene Trophieskala definiert (fixed boundary system). Ein Vergleich mit den Daten der Bornhöveder Seen von 1993 zeigt, daß der Belauer See als eutroph zu bezeichnen ist, während Bornhöveder See und Schmalensee (bei allen fünf Kriterien) im hypertrophen Bereich liegen. Unter Berücksichtigung der notwendigerweise unscharfen Grenzen zwischen den Trophiegraden wurde von der OECD (1982) ein zweites System vorgeschlagen, welches anhand der Indikatoren die Wahrscheinlichkeit für einen Trophiegrad angibt (open boundary system). Das Ergebnis für die Bornhöveder Seen ist in Tab. 4-2 wiedergegeben. Mit Ausnahme der TP-Konzentration des Schmalensees, die offensichtlich niedriger ausfällt als aufgrund der beiden anderen Indikatoren zu erwarten ist, zeigen die drei Trophieindikatoren eine gute Übereinstimmung für die bereits mit dem "fixed boundary system" ermittelten Trophiegrade.

4.2 Zusammenhang zwischen P-Belastung, P-Konzentration im See und Chlorophyll-a

Zur Prognose der zeitlichen Entwicklung von Eutrophierungsvorgängen in Seen wurden in der Vergangenheit sowohl Simulationsmodelle als auch Regressionsmodelle entwickelt. Obwohl ein Vergleich der beiden Ansätze in norwegischen Seen zu dem Ergebnis kommt, daß Simulationmodelle realistischere Prognosen lieferten (SEIP & IBREKK 1988, SEIP 1990), äußerten sich die Autoren skeptisch, ob der deutlich erhöhte Aufwand für die Anwendung von Simulationsmodellen den Informationsgewinn gegenüber den Regressionsmodellen rechtfertigt. Berücksichtigt man weiterhin, daß bislang kein ökologisches Simulationsmodell befriedigend an einem anderen See, als für den es kalibriert wurde, eingesetzt werden konnte (GOLTERMAN & DE OUDE 1991, S. 107), wird verständlich, warum bei anwendungsorientierten Fragestellungen Regressionsmodelle stets bevorzugt wurden. Auch das Eutrophierungsmodell für den Belauer See befindet sich derzeit noch in der Entwicklung, so daß im Rahmen der vorliegenden Arbeit geprüft werden soll, inwieweit Regressionsmodelle im Bereich der Bornhöveder Seenkette zum Einsatz kommen können.

---

[1] Der Quotient aus mittlerer Tiefe $\bar{z}$ [m] und theoretischer Wasseraufenthaltszeit t_w [a] wird als hydraulische Belastung q_s [m/a] bezeichnet: $q_s = \bar{z}/t_w$. Die Wasseraufenthaltszeit t_w berechnet sich aus der jährlich zugeflossenen Wassermenge Q [m^3/a] und dem Seevolumen V [m^3]: $t_w = V/Q$.

[2] Die tolerierbare Belastung beträgt: Bornhöveder See 0,20, Schmalensee 0,24 und Belauer See 0,22 g TP/m^2*a. Die gegenwärtige Belastung beträgt (1993): 0,98, 1,16 bzw. 0,95 g TP/m^2 (vgl. Tab. 3-15).

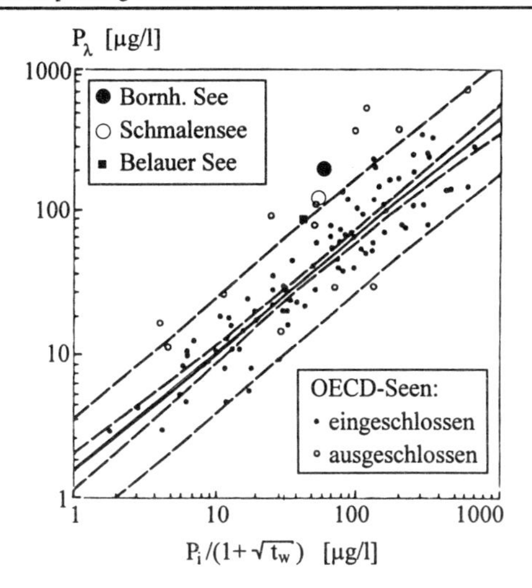

Abb. 4.2 Regression der OECD (1982, S. 64) zwischen der TP-Konzentration der externen Einträge P_i und der TP-Konzentration im See P_λ.

Auf den Grundlagen der Arbeiten von VOLLENWEIDER (1976) wurde von der OECD (1982) mit einer umfangreichen Datengrundlage eine regressionsanalytische Betrachtung des Zusammenhangs zwischen Nährstoffbelastung, der sich einstellenden Nährstoffkonzentration im See und der resultierenden Konzentration von Chlorophyll-a durchgeführt. Das Ziel der Untersuchungen bestand darin, anhand der statistischen Zusammenhänge eine Möglichkeit der Prognose bei Nährstoffentlastungsmaßnahmen an Seen zu schaffen. In einem ersten Schritt (P_i-P_λ-Modell) wird die TP-Konzentration im See als Funktion der externen Phosphorbelastung interpretiert. Als unanhängige Variable wird eine mit der Austauschzeit t_w verrechnete mittlere TP-Konzentration der Einträge P_i gewählt, als abhängige Variable die mittlere TP-Konzentration im See P_λ [3].

Der Zusammenhang lautet (OECD 1982, S. 65):

[3] Es wird sich weitgehend an die Formelzeichen der OECD (1982) gehalten. Die Indices i und λ stehen für "inflow" bzw. "lake". Um zu gewährleisten, daß P_i die externe P-Belastung repräsentiert (Zuflüsse und weitere externe Quellen), wird die Jahressumme der externen Einträge (Einheit: Masse, vgl. 3.3.3) durch den Jahreswasserzufluß (Einheit: Volumen) dividiert (SAS et al. 1989, S. 48). P_λ wird als Jahresmittel für den gesamten Seewasserkörper angegeben, d.h. räumlich und zeitlich gewichtet. P_λ ist deshalb infolge der P-Anreicherung im Hypolimnion größer als die in 3.4.1.1 diskutierten Jahresmittel der Konzentration an der Wasseroberfläche. 1993 betrug der Unterschied zwischen P_λ und TP-Oberflächenkonzentration 17 µg/l (Belauer See), 1 µg/l (Schmalensee) und 7 µg/l (Bornhöveder See).

$$P_\lambda = 1{,}55\ [P_i\ /(1 + \sqrt{t_w}\ )]^{0{,}82} \tag{7}$$

(n=87; r=0,93; s=0,193). Abb. 4.2 läßt erkennen, daß die Bornhöveder Seen außerhalb des Konfidenzintervalls der P_i-P_λ-Regression liegen. Der Grund ist darin zu sehen, daß die Bornhöveder Seen ein P_λ:P_i-Verhältnis > 1 haben, mithin nicht nur die externe Belastung, sondern auch interne Quellen einen deutlichen Einfluß auf P_λ nehmen. Seen mit einer hohen internen Belastung wurden aber von der Datengrundlage ausgeschloseen (OECD 1982, S. 48).

Aus diesem Grund wurde der Versuch unternommen, in Analogie zu den von SAS et al. (1989) untersuchten Fallstudien eine Regressionsanalyse mit den im Bereich der Bornhöveder Seenkette vorliegenden Zeitreihen vorzunehmen[4]. Das Ergebnis ist in Abb. 4.3 dargestellt. Hierzu folgende Anmerkungen:

- SAS et al. (1989, S. 32) argumentieren, daß die Bedingung des Steady State (Fließgleichgewicht) als erfüllt anzusehen ist, wenn ein Gleichgewicht zwischen Gesamtbelastung (externer und interner Belastung) und der Konzentration im See besteht und keine systematische Veränderung der Systemparameter von Jahr zu Jahr stattfindet. Diese Bedingung ist im Fall der Bornhöveder Seen erfüllt. Der Zeitraum, in dem kein Steady State vorliegt, grenzt sich auf wenige Jahre im Anschluß an eine Belastungsreduzierung ein. Ein

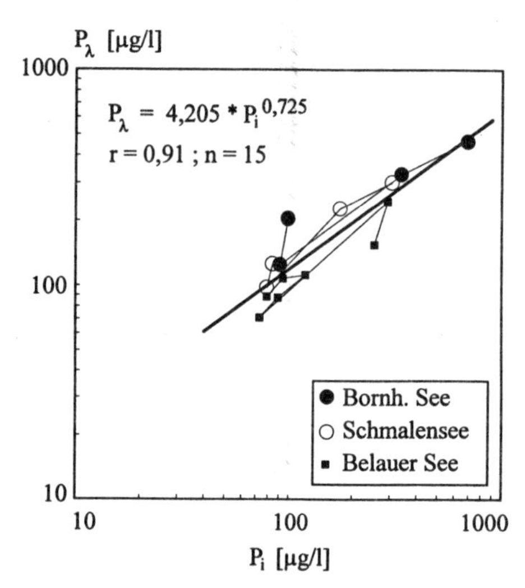

Abb. 4.3 Regression der zeitlichen Entwicklung der TP-Konzentration der externen Einträge P_i und der TP-Konzentration im See P_λ.

[4] P_λ und P_i der Jahre 1974 und 1979/80 wurde auf der Basis der Daten von MÜLLER (1981) und LANDESAMT (1982) berechnet.

P_λ:P_i-Verhältnis >1 wie bei den Bornhöveder Seen beinhaltet nicht grundsätzlich, daß die Steady State Bedingung unerfüllt ist.

- Die zeitliche Entwicklung der Seen ist so ähnlich, daß eine gemeinsame Regression für die drei Seen vertretbar erscheint.
- In den drei Bornhöveder Seen erfolgten seit 1974 erhebliche Reduktionen der P-Belastung. Die anschließende Entwicklung der P_λ:P_i-Verhältnisse zeigt deutliche Parallelen zu den von SAS et al. (1989, S. 64ff.) untersuchten Fällen. Beispielsweise zeigen flachere Seen tendenziell höhere P_λ:P_i-Verhältnisse als tiefere, was auf die größere Bedeutung der internen Nährstoffquellen nach Belastungsreduzierungen bei Flachseen zurückgeführt wird.
- Der Regressionskoeffizient für Zeitreihen einzelner Seen schwankt in der Untersuchung von SAS et al. (1989, S. 95) zwischen 0,58 und 1,01. Eine gemeinsame Regression der 18 Fallstudien ergab einen Koeffizienten von 0,65. Der Koeffizient für die Bornhöveder Seen (0,725) liegt folglich zwischen dem von SAS et al. (1989) und dem der OECD (1982) mit 0,82.
- Im Gegensatz zur OECD (1982) verzichten SAS et al. (1989) auf eine Berücksichtigung der Austauschzeit t_w in der unabhängigen Variable (vgl. auch die Kritik an dieser Variablentransformation bei LIJKLEMA (1991, S. 166)). Sie konnten jedoch nachweisen, daß die mit beiden Ansätzen (mit und ohne t_w) durchgeführten Regressionen keinen signifikant abweichenden Koeffizienten ergaben (SAS et al. 1989, S. 96).

Auf der Basis der Regressionsgleichung wird von SAS et al. (1989, S. 94) folgendes Prognosemodell vorgeschlagen:

$$\frac{P_\lambda^{post}}{P_\lambda^{pre}} = \left(\frac{P_i^{post}}{P_i^{pre}}\right)^a \qquad (8)$$

Sofern der Regressionskoeffizient a bekannt ist (für die Bornhöveder Seen: a=0,725, vgl. Abb. 4.3), kann folglich die notwendigerweise zu erreichende Konzentration der externen Einträge P_i^{post} aus dem Wertepaar <u>vor</u> der Reduktionsmaßnahme (P_λ^{pre} und P_i^{pre}) und dem angestrebten Wert der Konzentration im See (P_λ^{post}) berechnet werden. Es muß betont werden, daß mit diesem Ansatz nur die zu erwartende Konzentration im See nach Erreichung eines neuen Gleichgewichts (Steady State) prognostiziert werden soll. Aussagen über die Übergangsphase zwischen altem und neuem Gleichgewicht sind hiermit nicht möglich. Ein Vorteil dieser Methode besteht darin, daß die Regressionskonstante und damit auch ihr Fehler entfällt.

Ein weiterer Vorteil ist darin zu sehen, daß in die Prognose die spezifischen P_λ:P_i-Verhältnisse eines <u>einzelnen</u> Sees (bzw. hier der Seenkette) <u>vor</u> einer Sanierung (also P_λ^{pre}:P_i^{pre}) eingehen (SAS 1989, S. 61), weil dadurch ein möglicher Einfluß interner Nährstoffquellen auf P_λ^{post} berücksichtigt bleibt. Aus diesem Grund wird eine Prognose jedoch stets einen höheren Wert für P_λ als für P_i ergeben, wenn dieses auch vor einer Reduzierung der Einträge der Fall war, obwohl eine Umkehrung des Verhältnisses im Verlauf einer Entwicklung im Anschluß an eine Sanierungsmaßnahme plausibler erscheint, da mit zunehmender Oligotrophie auch die Retentionskapazität für Phosphor zunehmen sollte (also $P_\lambda < P_i$). SAS et al. (1989, S. 96) vermuten stattdessen, daß eine geringere Bindungskapazität für Phosphor im Sediment im Anschluß an eine Sanierungsmaßnahme dafür verantwortlich ist, daß in vielen Fällen gilt: $P_\lambda > P_i$. Im Rahmen einer Anwendung von Gleichung (8) wird nochmals auf dieses Thema einzugehen sein.

Zuvor ist es sinnvoll, daß zweite Modell vorzustellen, welches den Zusammenhang zwischen der Konzentration im See (P_λ) als unabhängiger Variable und dem Jahresmittel der epilimnischen Chlorophyllkonzentration (Chl.a) beschreibt. Die OECD (1982, S. 54) stellte folgende Regressionsgleichung auf:

$$Chl.a = 0{,}28\ P_\lambda^{0{,}96} \tag{9}$$

(n=77; r=0,88; s=0,251). Abb. 4.4 zeigt, daß die Bornhöveder Seen sehr viel enger um die P_λ-Chl.a-Regressionsgerade streuen als bei dem ersten OECD-Modell. Da für beide Variablen auch die Daten von 1979/80 (LANDESAMT 1982) vorliegen[5], wurden diese zur Verdeutlichung der zeitlichen Entwicklung in Abb. 4.4 aufgenommen. Bornhöveder See und Schmalensee zeigten demzufolge eine Abnahme der Chlorophyllkonzentration parallel zur P_λ-Chl.a-Regressionsgeraden.

Die P_λ-Chl.a-Regression liefert einen im Vergleich zum P_i-P_λ-Modell geringfügig niedrigeren Korrelationskoeffizienten, so daß innerhalb des 95%-Konfidenzintervalls jedem P_λ Chloro-

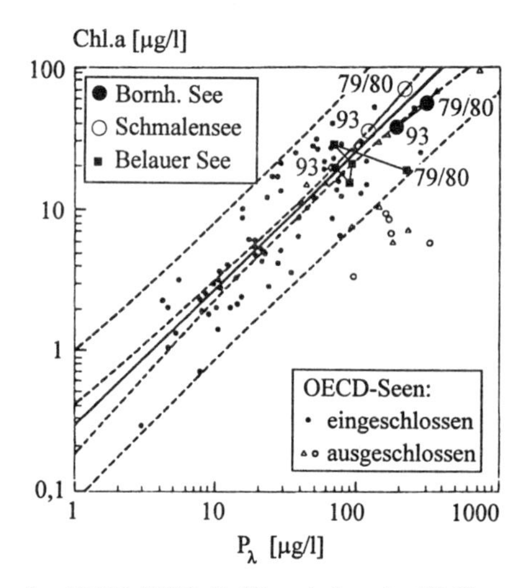

Abb. 4.4 Regression der OECD (1982, S. 55) zwischen der TP-Konzentration im See (P_λ) und der Chlorophyllkonzentration (Chl.a).

[5] Angesichts der geringen Abweichung zwischen dem Jahresmittel der TP-Konzentration an der Wasseroberfläche und dem Mittelwert P_λ für den ganzen Wasserkörper (s. Fußnote 3) wurde in Abb. 4.4 P_λ für 1979/80 mit dem zeitgewichteten Jahresmittel der TP-Konzentration an der Wasseroberfläche (vgl. 3.4.1.1, LANDESAMT 1982) gleichgesetzt.

phyllkonzentrationen im Bereich einer Größenordnung zugeordnet werden können. Diese Unsicherheit ist auch den zuvor von SAKAMOTO (1966), DILLON & RIGLER (1974) und BACHMANN & JONES (1974) entwickelten Regressionen dieses Typs eigen. Hierin drückt sich aus, daß Chl.a nicht ausschließlich von P_λ bestimmt wird. BEHRENDT & BÖHME (1994) diskutieren mögliche Ursachen für phosphorreiche, aber chlorophyllarme Seen: Limitierung durch andere Nährstoffe als Phosphor (Stickstoff, Mikronährelemente), hohe Grazingraten durch Zooplankter und Hemmstoffe, welche die Phytoplanktonproduktion mindern. Selbstverständlich spielen auch unterschiedlich hohe Anteile der phytoplanktonverfügbaren P-Fraktionen am Gesamtphosphor (PETERS 1979, S. 971 und 978) und Unterschiede der TP:Chl.a-Relation in verschiedenen Algenarten eine Rolle. Auch ist bekannt, daß bei einer Betrachtung in Abhängigkeit des Trophiegrads für oligotrophe Seen höhere Korrelationskoeffizienten erzielt werden als für eutrophe Seen (SEIP 1994).

Gelegentlich wird Kritik an der Anwendung der aus einer Gruppe von Seen gewonnen statischen Regressionsmodelle zur zeitlichen Prognose in einzelnen Seen geäußert (LIJKLEMA 1991), obwohl die OECD (1982, S. 35) selbst einschränkend darauf hinweist. Tatsächlich ergab eine Analyse der zeitlichen Entwicklung von P_λ und Chl.a in einzelnen Seen sehr unterschiedliche Regressionen (SMITH & SHAPIRO 1981, SAS et al. 1989). Die Arbeiten von KLEIN (1989) und WHITE (1989) zeigen jedoch den praktischen Nutzen der OECD-Regression, wenn eine verzögerte Reaktion des Systems auf Änderung der TP-Konzentration berücksichtigt wird. Auch eine drastische Reduzierung der TP-Einträge und -Konzentrationen, wie sie durch den Bau von Phosphoreliminationsanlagen an den Zuflüssen Berliner Seen erreicht werden konnten, hatte zur Folge, daß die Konzentration an Chlorophyll-a zunächst auf hohem Niveau verblieb. Erst bei einem weiterem Rückgang von P_λ blieben zunächst die Sommermaxima von Chlorophyll-a aus, bis anschließend auch das Jahresmittel bei Veränderung der Artenzusammensetzung sprunghaft abnahm (KLEIN 1989, CHORUS 1995). Dieser Zeitverzug zwischen Belastungsreduktion und der Reaktion von Chl.a und hat mehrere Ursachen: Verdünnungseffekte, Phosphorfreisetzung aus Sedimenten und die Elastizität des Systems i.e.S. (KLEIN 1989). Aus der Elastizität des Ökosystems läßt sich ableiten, daß erst bei Unterschreitung eines P_λ-Schwellenwertes eine Abnahme des Trophiegrades resultiert (KLEIN 1989, WHITE 1989, IMBODEN 1992). Es darf deshalb nicht grundsätzlich erwartet werden, daß sich einzelne Seen bei Abnahme von P_λ - wie zufälligerweise der Bornhöveder See und Schmalensee - parallel zur P_λ-Chl.a Regressionsgeraden verändern, sondern daß die Trajektorien zunächst parallel zur P_λ-Achse bis zu einem P_λ-Schwellenwert verlaufen. Erst eine weitere Reduktion von P_λ führt zu einer Abnahme von Chl.a, wobei die Trajektorien in den von WHITE (1989) untersuchten Fallstudien entlang der Grenze des oberen Konfidenzintervalls verlaufen. Erst anschließend erfolgt eine sprunghafte Abnahme von Chl.a parallel zur Chl.a-Achse bis zurück auf die Regressionsgerade. Der Schwellenwert darf folglich im Schnittpunkt von Chl.a-Wert vor Beginn der P-Reduktion und der Linie des oberen Konfidenzintervalls vermutet werden. Akzeptiert man diese Schwellenwerthypothese, so ist das OECD-Modell für Prognosezwecke brauchbar, und es müßte im Bornhöveder See und Schmalensee eine TP-Konzentration von $P_\lambda \leq 45$ µg/l und im Belauer See von $P_\lambda \leq 25$ µg/l erreicht werden, bevor Chl.a eine Reaktion zeigt. CHORUS (1995) nennt für Berliner Seen einen Bereich zwischen 30-60 µg/l und sieht in den Entwicklungen im Bodensee (keine klare Reaktion der Algenbiomasse nach Rückgang von P_λ von 130 auf 50 µg/l, GÜDE et al. 1993) und im Lago Maggiore (deutlicher Rückgang von Chlorophyll-a erst nach Rückgang von P_λ

Tab. 4-3
Reduktion der externen Phosphorbelastung zur Erreichung eines niedrigeren Trophiegrades.

	Bornhöveder See	Schmalensee	Belauer See
Ist-Wert 1993[a]:			
P_λ^{pre} [µg/l]	204	126	89
P_i^{pre} [µg/l]	99	84	79
Schwellenwert:			
P_λ^{post} [µg/l]	45	45	25
Variante A:			
P_i^{post} [µg/l]	12	20	14
Reduktion [%]	88	76	82
Variante B:			
P_i^{post} [µg/l]	75	75	42
Reduktion [%]	24	11	47

[a] P_λ^{pre} aus Tab. 4-1 und P_i^{pre} aus den Wasser- und Phosphorbilanzen berechnet (Anhang A). Angaben zum Schwellenwert und den Varianten im Text.

auf 15 µg/l, CALDERONI et al. 1993) ebenfalls eine Bestätigung der Schwellenwerthypothese.

Legt man als P_λ-Schwellenwerte in den Bornhöveder Seen 45 µg/l bzw. 25 µg/l (s.o.) als zu erzielende Konzentrationen in den Seen (P_λ^{post}) zugrunde, um mit hoher Wahrscheinlichkeit eine verringerte Phytoplanktonproduktion zu erreichen, so führt eine Anwendung der vorgestellten Regressionen zu folgendem Ergebnis (Tab. 4-3):

Aus Gleichung (8) kann abgeleitet werden, daß die P_λ-Schwellenwerte (P_λ^{post}) erreicht werden würden, wenn die Konzentrationen der externen Belastungen (P_i^{post}) auf 12-20 µg/l zurückgingen. Diese Werte sind deutlich niedriger als die P_λ-Schwellenwerte ($P_\lambda > P_i$), was bedeutet, daß auch nach einer Reduktion der externen Einträge erhebliche Phosphormengen aus internen Nährstoffquellen zur TP-Konzentration in den Seen beitragen. Das Sediment befindet sich folglich nicht in einem Steady State und es könnte deshalb behauptet werden, daß sich das gesamte System nicht in einem Steady State befindet und das Modell nicht angewendet werden darf. SAS et al. (1989, S. 96) widersprechen dieser Auffassung, indem sie ein "quasi steady state", welches ein Gleichgewicht zwischen Gesamtbelastung (externer und interner) und der Konzentration im See darstellt, als hinreichend für die Modellanwendung ansehen. Akzeptiert man diese Bedingung, dann bedeutet die Modellprognose für die Bornhöveder Seen, daß auch langfristig mit erheblichen internen Nährstoffquellen zu rechnen ist (Variante A in Tab. 4-3).

Folgt man der Auffassung, das System befindet sich nicht im Steady State, ist die Modellanwendung unzulässig. Die Modellprognose beschreibt bestenfalls einen Zustand, der durch verringerte externe Einträge und noch vergleichsweise hohe interne Belastungen gekennzeichnet ist. Alternativ soll deshalb davon ausgegangen werden, daß letztere bei Erreichen eines neuen Steady State zurückgehen und P_λ einen Wert $<P_i$ annehmen würde, wie es für mesotrophe und schwach eutrophe Seen ohne erhebliche interne Nährstoffquellen typisch ist. Sofern sich also ein P_λ:P_i-Verhältnis von ≈0,6 einstellen würde (Mittelwert der OECD-Seen mit TP-Konzentrationen von 20-50 µg/l), würden die P_λ-Schwellenwerte bereits bei einem P_i von 42-75 µg/l erreicht werden (Variante B in Tab. 4-3).

Die beiden gewählten Varianten unterscheiden sich also wesentlich hinsichtlich der Einschätzung der zukünftigen Phosphorfreisetzungen aus den Sedimenten. Variante A beinhaltet langfristige Freisetzungen aus den Sedimenten, Variante B geht davon aus, daß sich langfristig eine durchschnittliche P-Retention einstellen wird. In Variante A muß folglich im Vergleich zu B die Reduktion der externen Belastung entsprechend drastischer ausfallen, um die abgeleiteten Schwellenwerte der TP-Konzentration zu erreichen.

4.3 Modellierung der Auswirkung einer Reduktion der externen Belastung auf die P-Konzentrationen in den Bornhöveder Seen

Mit den in 4.2 dargelegten Grundlagen können verschiedene Szenarien der Reduktion der Phosphorbelastung im Bereich der Bornhöveder Seen berechnet werden. Die Nährstoffquellenanalyse (3.2) hat einen Schwerpunkt der externen Phosphoreinträge im Einzugsgebiet des Bornhöveder Sees ergeben. Im folgenden soll der Frage nachgegangen werden, wie sich eine Reduktion dieser Einträge auf die TP-Konzentrationen in den drei Seen auswirken würde. Einen Ansatz hierzu liefert das bereits für den Bereich der Bornhöveder Seen entwickelte P_i-P_λ-Modell (Abb. 4.3),

$$P_\lambda^{Be} = b*(P_i^{Be})^a \tag{10}$$

wonach die TP-Konzentration (z.B. des Belauer Sees: P_λ^{Be}) eine Funktion der Konzentration der externen Einträge des Belauer Sees (P_i^{Be}) ist. Die Gleichungen für den Schmalensee und Bornhöveder See werden analog formuliert (mit P_λ^{Sch}, P_i^{Sch}, P_λ^{Bo} und P_i^{Bo}). Da sich ein Teil der externen Belastung des Belauer Sees und Schmalensees aus dem Zufluß des jeweils vorgeschalteten Sees ergibt, besteht eine Beziehung zwischen der Belastung dieser Seen zu P_λ des vorgeschalteten Sees. Die Belastung des Belauer Sees (P_i^{Be}) kann deshalb folgendermaßen formuliert werden:

$$P_i^{Be} = \frac{E^{Be}}{Q^{Be}} = \frac{E^{F7}+E^{Rest}}{Q^{Be}} = \frac{Q^{F7}P_\lambda^{Sch}\beta^{Sch}+E^{Rest}}{Q^{Be}} \tag{11}$$

Q^{Be} (Jahreswasserzufluß oder -abfluß des Belauer Sees) und E^{Be} (Jahressumme der externen Einträge in den Belauer See) definieren P_i^{Be} (vgl. Fußnote 3). Die gesamten externen Einträge des Belauer Sees (E^{Be}) sind die Summe aus der TP-Jahresfracht des Zuflusses (E^{F7}) und den verbleibenden direkten Nährstoffquellen (E^{Rest}). Die Fracht E^{F7} ergibt sich aus dem Produkt von Konzentration und Abfluß, wobei die geringe zeitliche Dynamik der Abflußverhältnisse eine Verwendung der jeweiligen Jahresmittel erlaubt. Die gesuchte Konzentration ist eine Funktion der Konzentration im Schmalensee (P_λ^{Sch}). Mit dem Faktor β wird berücksichtigt, daß am Abfluß eines Sees im Jahresmittel niedrigere Konzentrationen als im See auftreten können. Dieses ist insbesondere bei geschichteten Seen mit TP-Anreicherungen im Hypolimnion zu beobachten (vgl. die Definition von β als Stratifikationsfaktor bei SAS et al. 1989, S. 34f.), aber auch, wie im Fall des Schmalensees, wenn der Abfluß durch ausgedehnte Litoralbestände erfolgt (Sedimentation). Aus den Phosphorbilanzen der Jahre 1992 und 1993 berechnet sich, daß β^{Sch}=0,77 und β^{Bo}=0,74 ist. Auch die anderen Konstanten (E^{Rest}, Q^{Be}, Q^{F7}) werden den Wasser- und Phosphorbilanzen 1992 und 1993 entnommen. Nach Einsetzen von P_i^{Be} aus Gleichung (11) in (10) erhält man unter Berücksichtigung der Konstanten die gesuchte Abhängigkeit der TP-Konzentration im Belauer See von der TP-Konzentration im Schmalensee:

$$P_\lambda^{Be} = 3{,}954\ (0{,}66\ P_\lambda^{Sch} + 14{,}0)^{0{,}699} \qquad (12)$$

Analog läßt sich die Abhängigkeit der TP-Konzentration im Schmalensee von der des Bornhöveder Sees formulieren:

$$P_\lambda^{Sch} = 3{,}555\ (0{,}40\ P_\lambda^{Bo} + 18{,}7)^{0{,}786} \qquad (13)$$

Für den Bornhöveder See werden die Konstanten wie folgt gewählt:

$$P_\lambda^{Bo} = 12{,}988\ (P_i^{Bo})^{0{,}551} \qquad (14)$$

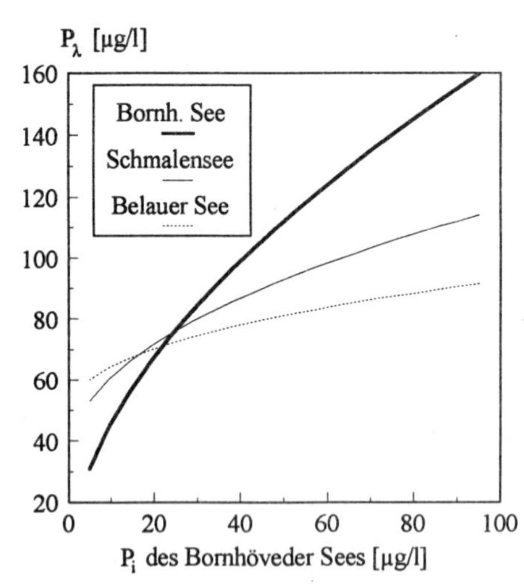

Abb. 4.5 Auswirkung einer Reduktion der externen TP-Einträge am Bornhöveder See auf die TP-Konzentration in den nachgeschalteten Seen.

Die Verkettung dieser drei vorstehenden Gleichungen liefert ein Modell, mit dem die Auswirkungen einer Reduktion der externen Einträge des Bornhöveder Sees auf die TP-Konzentration in den drei Seen prognostiziert werden können. Selbstverständlich sind auch hier die bereits erwähnten Einschränkungen der Variante A bezüglich der P_λ:P_i-Verhältnisse (4.2) zu beachten. Das Modell reproduziert die zweijährigen Mittelwerte des Untersuchungszeitraums (1992 und 1993) mit einem Fehler von ± 7%, während einzelne Jahresmittelwerte ± 30% Abweichung zeigen können. Prognostizierte Werte sollten folglich als langjährige Mittelwerte verstanden werden. In Abb. 4.5 sind die Abnahmen der TP-Konzentration in den Seen (P_λ) dargestellt, die aus einer Reduktion der externen Einträge (P_i) in den Bornhöveder See resultieren würden. Es zeigt sich, daß beispielsweise eine Halbierung der externen Phosphorbelastung am Bornhöveder See von gegenwärtig 666 kg/a (Mittelwert von 1992 und 1993, entspricht einem P_i von 95 µg/l), die TP-Konzentration im Bornhöveder See auf 109 µg/l (68% des gegenwärtigen langjährigen Mittels) senken würde. Im Schmalensee würden 92 µg/l (80%) und im Belauer See 80 µg/l (88%) erreicht. Auch kann die Bedeutung einzelner Nährstoffquellen für die nachgeschalteten Seen abgeleitet werden. Beispielsweise beträgt nach den Ergebnissen der Nährstoffquellenanalyse der Anteil der Kläranlage Bornhöved an der externen Belastung des Bornhöveder Sees ca. 13% (1993, vgl. 3.2.3.1, 3.3.3 und Tab. XIV im Anhang A). Ohne die Kläranlage (P_i entspräche also 83 µg/l) würde die Konzentration im Bornhöveder See lediglich auf 92%, im Schmalensee auf 96% und im Belauer See auf 98% des gegenwärtigen Niveaus sinken. Weiterhin ist zu beobachten, daß bei $P_i < 25$ µg/l die konstant gehaltenen Direkteinträge E^{Rest} (die nicht aus dem vorgeschalteten See kommen) im Schmalensee und Belauer See dazu führen, daß die TP-Konzentration in den Seen in Fließrichtung der Alten Schwentine zunehmen würde (Umkehrung des gegenwärtigen Konzentrationsgradienten).

4.4 Entlastungspotentiale im Bereich der Bornhöveder Seen

4.4.1 Natürliche Grundbelastung

Die vorstehenden Ergebnisse (4.2) zeigen, daß in allen drei Seen erst bei vergleichsweise drastischer Reduktion auch Veränderungen der Konzentration von Chlorophyll-a - und mithin des Trophiegrads - zu erwarten sind. Darüberhinaus ist mit dem vorgestellten Modellansatz (4.3) die Möglichkeit gegeben, Auswirkungen einer Belastungsreduktion in den nachgeschalteten Seen zu prognostizieren. Welche Möglichkeiten der Reduzierung der externen Einträge im Bereich der Bornhöveder Seen bestehen, soll im folgenden erörtert werden.

Das maximale Entlastungspotential soll als Differenz der gegenwärtigen Belastung zur natürlichen **Grundbelastung** definiert werden. Ein einfaches Verfahren zur Abschätzung der Grundbelastung wurde von VIGHI & CHIAUDANI (1985) vorgeschlagen. Ihrer Methode liegt erstens der Zusammenhang zwischen Phosphorkonzentration und elektrischer Leitfähigkeit in gering belasteten Seen und zweitens die Annahme zugrunde, daß bei zunehmender Eutrophierung zwar die Phosphorkonzentration ansteigt, die Leitfähigkeit aber ungefähr auf gleichem Niveau verbleibt. Statistisch fanden sie einen engen Zusammenhang zwischen der TP-Konzentration (P_λ in µg/l) und einem Quotienten aus elektrischer Leitfähigkeit (LF in µS/cm) und mittlerer Tiefe ($\bar{z}$ in m), welcher als morphoedaphischer Index (MEI=LF/ $\bar{z}$) bezeichnet wird (VIGHI & CHIAUDANI 1985, S. 989):

$$\log (P_\lambda) = 0{,}87 + 0{,}29 \log (MEI) \qquad (15)$$

Nach diesem Ansatz würde sich bei einer natürlichen Grundbelastung eine TP-Konzentration in den Bornhöveder Seen (P_λ) von 22-28 µg/l einstellen (Tab. 4-4). Aus Gleichung (8) ergibt sich, daß diese Konzentrationen bei externen Belastungen (P_i) von 6-11 µg/l erreicht würden (Variante A). Die notwendige Reduktion zur Erreichung dieser TP-Konzentration in den Seen betrüge 86-94% gegenüber den Werten von 1993. Das maximale Entlastungspotential beträgt folglich ebenfalls 86-94% oder anders ausgedrückt: Die Grundbelastung der Seen macht 6-14% der externen Phosphorbelastung von 1993 aus (P_i^{pre} = 100%, Tab. 4-3).

Tab. 4-4 Berechnung einer TP-Konzentration P_λ bei natürlicher Grundbelastung nach VIGHI & CHIAUDANI (1985).

	LF [µS/cm]	MEI [µS/cm²]	P_λ [µg/l]
Bornh. See	397	0,86	27
Schmalensee	381	0,94	28
Belauer See	370	0,41	22

Eine weitere Möglichkeit der Abschätzung der Grundbelastung besteht in der Verwendung eines Exportkoeffizienten für bewaldete Einzugsgebiete, der mit etwa 0,1 kg TP/ha*a anzunehmen ist (DILLON & KIRCHNER 1975, FRINK 1991). Der Bornhöveder See würde folglich ca. 110 kg/a aus seinem Einzugsgebiet erhalten, was einer Konzentration der externen Belastung (P_i) von 16 µg/l entspricht. Die Grundbelastung beträgt demnach 16% der externen Phosphorbelastung von 1993. Die Grundbelastungen des Schmalensees und Belauer Sees betragen dann 162 kg/a und 127 kg (16% und 12% der externen Phosphorbelastung von 1993)[6].

Aus beiden Abschätzungen kann die Schlußfolgerung festgehalten werden, daß die Grundbelastung mit Phosphor, definiert als Eintrag aus einer bewaldeten Naturlandschaft, etwa 6-16% der gegenwärtigen externen Belastung der Bornhöveder Seen ausmacht und 84-94% als anthropogen verursacht angesehen werden müssen. Im folgenden Abschnitt soll deshalb der Frage nachgegangen werden, durch welche Maßnahmen diese Belastung reduziert werden kann.

4.4.2 Maßnahmen zur Reduktion des Nährstoffeintrags

Die Nährstoffquellenanalyse (3.2) hat einen vergleichsweise hohen Anteil der diffusen Nährstoffquellen an der externen Belastung der Seen ergeben. Die vorwiegend landwirtschaftliche Nutzung in den Einzugsgebieten ist deshalb von primärem Interesse bei der Entwicklung von Maßnahmen zur Verringerung von Nährstoffeinträgen in die Gewässer (4.4.2.1). An zweiter Stelle wird auf die aus dem Siedlungsbereich stammenden Einträge eingegangen (4.4.2.2), deren vorwiegend punktförmige Nährstoffquellen - mit Ausnahme der Fischzucht - während der letzten Jahre bereits deutlich an Bedeutung verloren haben. An dritter Stelle soll dem Themenbereich der Verbesserung der Wasser- und Stoffrückhaltefähigkeit in den Einzugsgebieten nachgegangen werden (4.4.2.3).

---

[6] Berechnung auf folgender Grundlage: 1. in den Seen finden keine Freisetzungen aus tiefen Sedimenten statt. 2. Das P_λ:P_i-Verhältnis sei 0,6. 3. Die Grundbelastung entspricht der Summe aus der Fracht des vorgeschalteten Sees und einem Term E^{Rest} (analog zu Gleichung (11)), der in diesem Fall mit dem Produkt aus dem Exportkoeffizienten (0,1 kg TP/ha*a) und der Fläche des direkten Einzugsgebiets (für den Schmalensee Summe der Teileinzugsgebiete 2a, 2b, 2c und 2d, für den Belauer See Einzugsgebiet 3) gleichgesetzt wird.

4.4.2.1 Bereich Landwirtschaft

Die Reduzierung der Gewässerbelastung aus der Landwirtschaft ist seit Jahren ein zentrales agrar- und umweltpolitisches Thema, dessen Dringlichkeit erst kürzlich in einem Positionspapier führender Verbände der Land- und Wasserwirtschaft erneut dargelegt wurde[7]. Darin wurde als übergeordnetes Ziel eine nachhaltig umweltverträgliche Landwirtschaft und die Zielkonformität von Agrar- und Umweltpolitik gefordert. Einen wichtigen Bereich nehmen - neben den Themen Tierproduktion und Pestizidemissionen - die Nährstoffausträge aus landwirtschaftlichen Flächen in Gewässer und Möglichkeiten ihrer Verringerung ein, die bereits zuvor mehrfach ausführlich dargestellt worden sind (LAWA-ARBEITSKREIS 1982, SRU 1985, FREDE & BACH 1993, KRAYL 1993, UBA 1994, FELDWISCH & FREDE 1995). Die darin vorgeschlagenen Maßnahmen unterscheiden sich deutlich hinsichtlich ihrer zeitlichen Betrachtungsebene (kurzfristig / langfristig), der räumlichen Dimension, des gewählten Instrumentariums (rechtliche / ökonomische Maßnahmen) und auch ihrer Wirksamkeit im Verhältnis zum Aufwand (Effizienz).

Als vordringliche Aufgabe ist die flächendeckende Reduzierung der Bewirtschaftungsintensität anzusehen. Problemlösungen in diesem Bereich mit dem Ziel der Extensivierung der Erzeugung, wie die Förderung der ökologischen Bewirtschaftungsweise oder die Mineraldüngerbesteuerung, sollten jedoch auf EG-Ebene angestrebt werden, um Wettbewerbsnachteile für den einzelnen Betrieb zu vermeiden (FELDWISCH & FREDE 1995). Mit den gegenwärtig bestehenden Extensivierungs- und Flächenstillegungsprogrammen des Bundes und der Länder kann eine flächendeckende Reduzierung der Bewirtschaftungsintensität allerdings nicht erreicht werden (vgl. die Kritik bei PFADENHAUER 1988, DIERSSEN 1989, GRIESE 1990, ANONYM 1991, BRAHMS & PUMMERER 1991, MEISSNER et al. 1993, REIMERS 1993), weil

- nur für einen geringen Prozentsatz der landwirtschaftlichen Nutzfläche entsprechende Verträge abgeschlossen wurden,
- Grenzertragsstandorte sehr viel häufiger extensiviert/stillgelegt werden als intensiv genutzte Flächen,
- die abrupte Flächenstillegung einer intensiv bewirtschafteten Fläche den Austrag mit dem Sickerwasser im Folgejahr extrem ansteigen läßt,
- die Programme nicht dauerhaft angelegt sind,
- Zielen der Marktentlastung und des Artenschutzes höhere Priorität eingeräumt wurde als einem Resourcen- oder Ökosystemschutz und
- die Extensivierung/Stillegung von Teilflächen eines Betriebs die Intensivierung der verbleibenden Flächen ermöglicht.

Angesichts der Unzulänglichkeit der auf EG-, Bundes- oder Landesebene entwickelten Extensivierungs- und Flächenstillegungsprogramme in ökologischer Hinsicht und der Tatsache, daß die heutige Situation der Landwirtschaft mit ihren hohen Flächennutzungsinten-

[7] Position zur notwendigen politischen Initiative "Landwirtschaft und Gewässerschutz" des DAF (Dachverband Wissenschaftlicher Gesellschaften der Agrar-, Forst-, Ernährungs-, Veterinär- und Umweltforschung e.V.), DVWK (Deutscher Verband für Wasserwirtschaft und Kulturbau e.V.), DGL (Deutsche Gesellschaft für Limnologie e.V.) und der Fachgruppe Wasserchemie der Gesellschaft Deutscher Chemiker (FW), vgl. FELDWISCH & FREDE (1995).

sitäten in erheblichem Umfang durch die EG-Agrarpolitk bestimmt wird, erscheint der kommunale Handlungsspielraum stark eingeschränkt. Dennoch sollten lokale Initiativen nicht ausbleiben, sondern im Gegenteil - auch im Einzugsgebiet der Bornhöveder Seenkette - alle Möglichkeiten genutzt werden, um eine Reduzierung der Nährstoffausträge einzuleiten, die einer flächendeckenden Entlastung entgegenkommen.

Vorrangig sollte deshalb auf lokaler Ebene, z.B. im Rahmen der Landschaftsplanung, die Ausweisung besonders sensibler Gebiete verfolgt werden, auf denen die Nutzungsintensität stark herabgesetzt werden muß. Ansätze hierzu bietet das Konzept der Ausgleichsflächen von RINGLER (1978) oder die Ermittlung des ökologisch begründeten Flächenstillegungs- und Extensivierungsbedarfs auf kommunaler Planungsebene bei BRAHMS & PUMMERER (1991). Den Gemeinden der Bornhöveder Seenkette wird empfohlen, die Aufnahme in die landesweiten Angebotsflächen für Grünlandextensivierungsverträge durchzusetzen. Ackerextensivierungen und Flächenstillegungen sind landesweit möglich. Modellrechnungen in kleineren Einzugsgebieten zeigen jedoch, das ein aus betriebswirtschaftlicher Sichtweise unrealistisch hoher Anteil der landwirtschaftlichen Nutzfläche in Extensivierungsmaßnahmen einbezogen werden muß, um eine Minderung der Stickstoffausträge zu erreichen. Das Fallbeispiel der Schmalenseefelder Au von REICHE (1991, S. 117ff.) zeigt, daß sich bei Extensivierungsmaßnahmen auf 16,5% der Fläche des Einzugsgebiets die mittlere Konzentration von NO_3^--N um 2,3 mg/l reduziert. Zur Reduktion des Phosphoraustrags sollten durch kommunale und private Initiative im Bereich der Bornhöveder Seenkette außerdem folgende Maßnahmen im landwirtschaftlichen Bereich umgesetzt werden:
- Schließung der Viehtränken an Gewässern,
- Verhinderung des Direkteintrags von Dünger in Gewässer durch Einhaltung eines ausreichenden Abstandes oder Verwendung pneumatischer Düngerstreuer.

Weitere Maßnahmen, die primär landschaftsökologisch ausgerichtet sind, eignen sich ebenfalls, die diffusen Nährstoffeinträge des landwirtschaftlichen Sektors zu reduzieren. Sie werden im Abschnitt 4.4.2.3 behandelt.

4.4.2.2 Bereich Siedlungen und Fischzucht

Sowohl die **Fischzucht** am Bornhöveder See (3.2.2.4) als auch intensiv betriebene Fischteiche am oberen Mühlenteich in Bornhöved (NOWOK 1994) tragen erheblich zur Nährstoffbelastung der Bornhöveder Seen bei. Der Grund hierfür ist nicht nur in der intensiven Wirtschaftsweise zu sehen, sondern auch in der Tatsache, daß die Abläufe der Anlagen direkt in Gewässer eingeleitet werden. Zu fordern ist deshalb, insbesondere für die Teiche entlang des Bornhöveder Sees, daß das aus den Teichen ablaufende Wasser gesammelt und in einem nachgeschalteten Klärteich gereinigt wird. Aufgrund des hohen Anteils an absetzbaren Stoffen sollte eine Verminderung des Phosphoreintrags von mindestens 20% erreicht werden können. BOHL (1985, S. 308) berichtet von einer Reduktion der Phosphorfrachten aus finnischen Forellenteichabläufen um 50% bei einer hundertprozentigen Entfernung der absetzbaren Stoffe. In Dänemark wurde eine Verordnung für Fischzuchtanlagen erlassen, die u.a. die Ablaufkonzentration der Anlagen und ihre Überwachung, mechanische Abwasserbehandlungsanlagen, den einzuhaltenden Jahresfutterquotienten (vgl. 3.2.2.4) und den Nährstoffgehalt des Futters vorschreibt. Mit diesen Regelungen wird eine landesweite Reduzierung der Umweltbelastungen dieses Sektors von 30-40% erwartet (HILGE 1991). Eine weitere Reduzierung ließe sich durch geeignete Rezirkulationssysteme erreichen, die speziell für Fischzuchtanlagen entwickelt wurden (KNÖSCHE 1971, SCHERB & BRAUN 1971, BERNHARDT et al. 1981, KEPENYES 1984). Diese Maßnahmen greifen jedoch nicht für die aus der Netzgehegehaltung stammenden Nährstoffeinträge. Da in diesem Bereich - mit Ausnahme der Wahl und Dosierung der Futtermittel - keine Reduktionsmöglichkeiten bestehen, sollte man sich auch für die Bornhöveder Seen der Forderung nach einem Verbot der Netzgehegehaltung anschließen (SENOCAK 1991). Im Einzugsgebiet von Trinkwassertalsperren konnte eine zufriedenstellende Reduktion der Nährstoffeinträge aus Fischzuchtbetrieben schließlich nur durch Aufkauf und Stillegung der Anlagen erreicht werden (ALBERSMEYER 1972). Mit einem Anteil der Fischzuchtanlagen von 19% an der externen Phosphorbelastung des Bornhöveder Sees kann folglich von einem Entlastungspotential von 4% (Minimum: Klärteich) bis 14% (Maximum: Stillegung[8]) ausgegangen werden.

Die Bornhöveder **Kläranlage** wurde in jüngster Zeit überholt und mit moderner Steuerungstechnik ausgerüstet, wodurch auch die Betriebssicherheit erhöht werden konnte. Eine chemische Phosphatfällung sorgt dafür, daß der Überwachungswert für Phosphor (TP) von 1 mg/l weitgehend eingehalten werden kann. Dieser Wert ist jedoch aus ökologischer Sicht für einen Schutz der Seen vor Eutrophierung deutlich zu hoch, zumal, wenn wie im Falle Bornhöveds, die Einleitungsstelle nur wenige hundert Meter flußaufwärts eines Sees gelegen ist. Im Rahmen des Dringlichkeitsprogramms der Landesregierung Schleswig-Holsteins zur verbesserten Entlastung von Nord- und Ostsee wurde für die 38 größten Kläranlagen des Landes ein TP-Überwachungswert von 0,5 mg/l festgelegt (MNUL 1993). Dieser Wert sollte auch von Kläranlagen, die direkt oder indirekt in Seen einleiten, unterschritten werden. Könnte am Ablauf der Bornhöveder Kläranlage eine TP-Konzentration von 0,15 mg/l erreicht werden (32% des Jahresmittels von 1993), wie z.B. in List/Sylt (LANDESAMT 1994, S. 32), so ergäbe sich für den Bornhöveder See ein Entlastungspotential von 8% der gegenwärtigen externen Phosphorbelastung. Zu prüfen wäre auch, ob eine deutlich niedrigere Ablaufkonzentration in Bornhöved nicht auch mit dem Verfahren der vermehrt biologischen Phosphorelimination (BIO-P) erreichbar ist. Wirtschaftlichkeitsberechnungen an Kläranlagen in Schleswig-Holstein zeigen, daß dieses Verfahren - trotz zunächst höherer Investitionen - kostengünstiger ausfallen kann als die chemische Phosphatfällung (LANDESAMT 1994). Sollte sich das vergleichsweise neue Verfahren der vermehrt biologischen Phosphorelimination auch für die Kläranlage Bornhöved eignen, könnte eine Entlastung der Bornhöveder Seen mit - wenn auch nicht sinkenden, so doch vielleicht - weniger drastisch steigenden Abwassergebühren erreicht werden.

Weiterhin sollte die Anzahl der **Hauskläranlagen** mit einer deutlich geringeren Reinigungsleistung verringert werden. Wo ein Anschluß an die zentrale Abwasserbehandlung aus Gründen der Siedlungsstruktur nicht erreicht werden kann, sollten die bestehenden Hauskläranlagen in jedem Fall den Vorschriften nach DIN 4261 entsprechen (1993 noch 92% der 96 Hauskläranlagen in Bornhöved nicht nach DIN 4261) und die Überläufe nicht direkt in Gewässer eingeleitet werden. Dringend zu empfehlen ist eine Nachrüstung der Anlagen mit Filtergräben oder -schächten, deren durchschnittliche Reinigungsleistung von EBERS &

[8] Der gesamte Anteil von 19% kann nicht reduziert werden, da er einen Grundwasseranteil als Vorbelastung enthält (vgl. 3.2.2.4).

BISCHOFSBERGER (1992, S. 220) mit 27-53% angegeben wird. Das Entlastungspotential wird, unter der Annahme, daß der Anteil der Hauskläranlagen an der TP-Jahresfracht der Alten Schwentine - durch Anschluß an die zentrale Kläranlage und verbesserte Wirkungsgrade der verbleibenden Hauskläranlagen - von gegenwärtig 15% (3.2.3.2) auf 5% gesenkt werden kann, auf 7% der gegenwärtigen externen Phosphorbelastung des Bornhöveder Sees geschätzt.

Zur Reduktion der partikulären Stofffrachten an den Einleitungsstellen der **Regenwasserkanalisation** werden häufig Absetzbecken gebaut (z.B. Bornhöved). Die Wirkung dieser Maßnahme darf jedoch nicht überschätzt werden, da die Konzentration löslicher Nährstoffe in Absetzbecken nur unwesentlich reduziert wird. Die anfallende Regenwassermenge könnte - einschließlich der löslichen Fraktion - durch Entsiegelungsmaßnahmen, Dachbegrünung und Versickerung auf den Grundstücken deutlich reduziert werden. Diese Maßnahmen sind hinsichtlich ihrer ökologischen (Erhöhung der Grundwasserneubildung und Verdunstung) und ästhetischen Wirkungen (Dorfbild) sehr empfehlenswert, insgesamt haben sie jedoch schon aufgrund des äußerst geringen Anteils der Regenwassereinleitungen an der Gesamtbelastung der Seen (in Einzugsgebiet 1a nur 1,5%, 3.2.3.2) praktisch keinen eutrophierungsmindernden Effekt.

4.4.2.3 Stärkung der Selbstreinigungskraft und Rückhaltefähigkeit der Einzugsgebiete

Neben den bisher genannten Maßnahmen, die möglichst verursacherbezogen orientiert sind, darf nicht übersehen werden, daß die Nährstoffeinträge in die Seen auch eine Folge der gegenwärtigen landschaftökologischen Situation in den Einzugsgebieten sind. In der Vergangenheit haben Eingriffe in die landschaftökologischen Strukturen wie Gewässerbegradigungen, Uferbefestigungen, Entwässerungsmaßnahmen oder die Beseitigung von Kleingewässern zu einem Verlust der Rückhaltefähigkeit von Wasser und Nährstoffen in der Landschaft geführt und damit die Transportfunktion der Fließgewässer gegenüber ihrer Retentions- und Transformationsfunktion gestärkt. Aus diesem Grund muß in Zukunft einer Förderung der Wasser- und Nährstoffrückhaltefähigkeit in den Einzugsgebieten ebenfalls eine hohe Priorität eingeräumt werden. Die im folgenden aufgeführten Beispiele erheben nicht den Anspruch auf Vollständigkeit. Vielmehr kann das Ziel nur durch die Bündelung zahlreicher, sich ergänzender Maßnahmen in den Bereichen Landwirtschaft, Flächennutzung und Wasserwirtschaft erreicht werden (HACH & HÖLTL 1989).

Die heutige Situation und mögliche Maßnahmen lassen sich am Fallbeispiel des Einzugsgebiets der Alten Schwentine vor ihrer Mündung in den Bornhöveder See (1a) demonstrieren. Die Auswertung topographischer Karten von NOWOK (1994) belegt die erheblichen Maßnahmen des Gewässerausbaus in diesem Einzugsgebiet: Beseitigung der Bachmäander durch Begradigung, weitgehende Verrohrung eines der drei Teilarme der Alten Schwentine (Große Au) und Anlage von Entwässerungsgräben. Folgende Maßnahmen werden vorgeschlagen, den damit verbundenen Verlust an Wasser- und Nährstoffrückhaltefähigkeit des Einzugsgebiets zumindest teilweise rückgängig zu machen:

- Aufhebung aller Verrohrungen, z.B. im Oberlauf der Großen Au,
- Schließung möglichst vieler Entwässerungsgräben zur Schaffung von Feuchtgrünland und Feuchtgebieten,

Tab. 4-5 Entlastungspotentiale der externen TP-Belastung des Bornhöveder Sees.

	Maß-nahme	Externe TP-Belastung		maximale Re-duktion		Entlastungspo-tential
		[kg/a]	[%]	[%]	[kg/a]	[%]
Indirekte Quellen:						
Kläranlage	A	91	12,8	66	60	8,4
Regenwasser	B	7	1,0	50	4	0,5
Direktdüngung	C	24	3,4	100	24	3,4[a]
Runoff	C	39	5,5	80	31	4,4[a]
Hauskläranlagen	D	70	9,8	66	46	6,5
Mühlenteich	E	98	13,8	50	49	6,9
Grundwasser	F	108	15,2	50	54	7,6[a]
Rest	-	24	3,4	0	0	0,0
(Zwischensumme)		(461)	(64,8)	(58)	(268)	(37,7)
Direkte Quellen:						
Zufluß	G	461	64,8	76	348[b]	48,9[a, c]
Grundwasser	F	46	6,5	50	23	3,2[a]
Direktdüngung	C	2	0,2	100	2	0,2[a]
Fischzucht	H	132	18,6	75	99	13,9
Rest	-	70	9,9	0	0	0,0
Summe		711	100,0	66	472	66

Maßnahmen: A: vermehrt biologische Phosphatfällung (BIO-P). B: Entsiegelung, Dachbegrünung, Versickerung. C: Gewässerrandstreifen. D: Filtergräben u. -schächte, Anschluß an zentrale Kläranlage. E: Entschlammung. F: Extensivierung, Flächenstillegung, ökologische Landwirtschaft, Aufforstung, Schließung der Entwässerungsgräben. G: Summe der Maßnahmen im Einzugsgebiet (angegeben in der Zwischensumme) und zusätzl. Anlage eines 2 ha großen Retentionsteiches. H: Aufgabe der intensiven Fischzucht am Bornhöveder See.

[a] Diese den landwirtschaftlichen Bereich betreffenden Maßnahmen ergeben zusammen ein Entlastungspotential von 19%. [b]Die Anlage eines Retentionsteiches reduziert die TP-Fracht um weitere 80 kg TP/a auf 348 kg/a. [c] Auf den Retentionsteich entfällt folglich ein Entlastungspotential von 11,2%.

- Wiederherstellung einer naturnahen Bachaue mit einer verlängerten, kurvenreichen Fließstrecke, abwechslungsreichen Querschnittsgestaltung und Stillwasserbereichen (Fließgewässerrenaturierung),
- Anlage breiter, ungenutzter Gewässerrandstreifen,
- Erhöhung des Waldanteils an der Flächennutzung auf das landesweit angestrebte Ziel von mindestens 12% (MELF 1981, S. 1).

Diese Maßnahmen werden einerseits zu einer Abnahme des Anteils des Gerinneabflusses am Gesamtabfluß des Einzugsgebiets zugunsten von Evapotranspiration und Grundwasserneubildung führen. Andererseits werden durch sie Nährstoffeinträge in Gewässer reduziert (niedrige bis fehlende Düngung bei Feuchtgrünland, Feuchtgebieten und Wäldern, Unterbindung der Direktdüngung in die Gewässer (3.2.2.6 und 3.2.3.2) durch die Pufferwirkung der Gewässerrandstreifen) und höhere Transformationen und Festlegungen von Nährstoffen erreicht (Denitrifikation und Sedimentation in Feuchtgebieten, Festlegung von Nährstoffen in biomassereichen Beständen). Aussagen zu den zu erwartenden Entlastungspotentialen müssen als äußerst unsicher gelten, da die genannten Maßnahmen sowohl die Abflußverhältnisse als auch die Nährstoffausträge und -umsetzungsraten verändern. Aufgrund von Berechnungen mit Exportkoeffizienten würde ein Waldanteil von 12% im Einzugsgebiet 1a die gegenwärtige TP-Fracht der Alten Schwentine um 6% verringern[9], was einem Entlastungspotential von 4% der gegenwärtigen externen Phosphorbelastung des Bornhöveder Sees entspräche.

Gewässerrandstreifen würden aufgrund ihrer Distanzfunktion mindestens den Direkteintrag von Düngemitteln in die Gewässer verhindern (Anteil von 5,2% der TP-Fracht der Alten Schwentine, vgl. 3.2.3.2, entsprechend einem Entlastungspotential von 3,4%). In der Literatur werden die Wirkungen von Gewässerrandstreifen allerdings kontrovers diskutiert (GRAMATTE & PETER 1988, PAEGELOW 1988, KNAUER & MANDER 1989, MANDER 1989, ANSELM 1990, KRAMBECK 1990, CASTELLE et al. 1994, WINKELHAUSEN 1994). Da im Bereich der Bornhöveder Seenkette die Phosphoreinträge auf dem Erosionspfad nur eine untergeordnete Rolle spielen, können mit der Anlage von Gewässerrandstreifen vergleichsweise hohe Entlastungspotentiale, wie sie für ein estnisches Einzugsgebiet prognostiziert wurden (25% Reduktion der Fließgewässerfracht, KRYSANOVA et al. 1989), nicht erreicht werden. Die im östlichen Hügelland Schleswig-Holsteins verbreiteten Knicks (bewachsene Wallhecken) wirken auch im Einzugsgebiet der Bornhöveder Seenkette einem erosiven Transport von Bodenmaterial in Gewässer weitgehend entgegen (SCHERNEWSKI et al. 1996, SCHERNEWSKI & WETZEL 1996).

Zusätzlich besteht die Möglichkeit der Nutzung ökotechnischer Maßnahmen. Beispielsweise könnte durch die Schaffung zwischengeschalteter, naturnah gestalteter Retentionsteiche vor der Mündung in die Seen eine erhebliche Reduktion der Fließgewässerfrachten erreicht werden. FLEISCHER et al. (1994) schätzen aufgrund der Stickstoffretention in kleinen, künstlich angelegten Gewässern, daß die Stickstofffracht in die Küstengewässer Schwedens durch diese Maßnahme halbiert werden könnte. Nährstoffbilanzen für künstlich angelegte Teiche, die landwirtschaftliche Einzugsgebiete entwässern, ergaben Retentionskapazitäten für Stickstoff von 730-6900 kg N/ha*a (FLEISCHER et al. 1994) und 10-40 kg P/ha*a (MITSCH et al. 1995). Zwar können in kürzeren Zeiträumen auch Nährstofffreisetzungen sowohl von Stickstoff als auch von Phosphor auftreten, doch überwiegt im Jahresmittel deutlich die Retention (STACHOWICZ et al. 1994). So würde ein Teich vor der Mündung der Alten Schwentine in den Bornhöveder See mit einer Wasserfläche von 2 ha die gegenwärtige (1993) Stickstofffracht der Alten Schwentine am Standort F1 um etwa 17% und die Phosphorfracht um 4-17% reduzieren[10]. Daraus errechnet sich - bezogen auf die externe

---

[9] Bezogen auf die landwirtschaftliche Nutzfläche (LN) errechnet sich aus den diffusen Nährstoffquellen ein Exportkoeffizient im Einzugsgebiet 1a von 0,4 kg TP/ha*a (NOWOK et al. 1996). Legt man in Waldgebieten 0,1 kg TP/ha*a zugrunde (vgl. 4.4.1), verringert sich bei einem Waldanteil von 12% die TP-Fracht der Alten Schwentine (1993) um 6%.

[10] Schätzung der N-Retention mit dem Belastungsmodell von FLEISCHER et al. (1994, S. 356): Bei einer Belastung des Teiches von ca. 28 t N/a bzw. 3,84 g N/m^2*d bei 2 ha Teichfläche beträgt die N-Retention 0,65 g N/m^2*a (17%). P-Retention nach einer Literaturauswertung von MITSCH et al. (1995, S. 843): 10-40 kg P/ha*a.

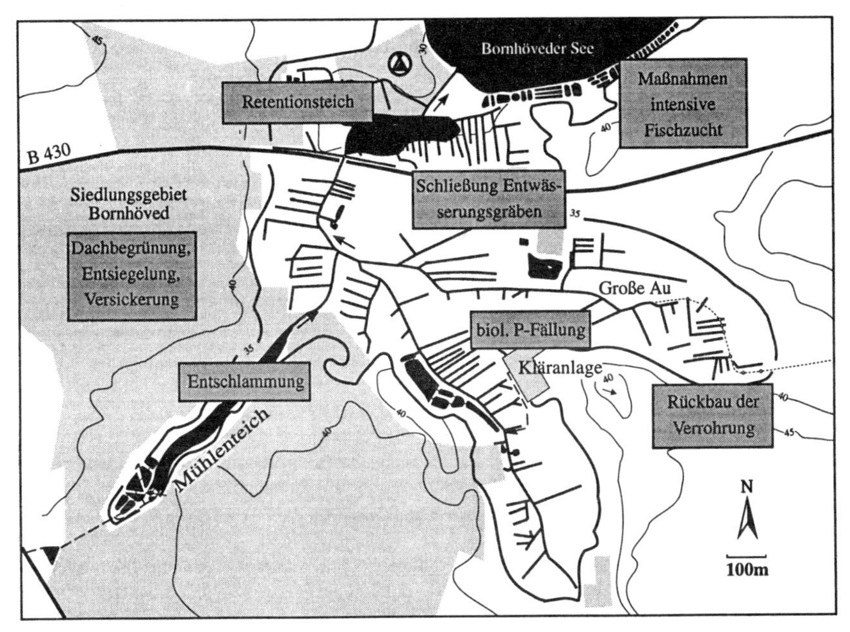

Abb. 4.6 Maßnahmen zur Reduktion der externen Phosphorbelastung im Einzugsgebiet des Bornhöveder Sees (Kartengrundlage aus NOWOK 1994).

Phosphorbelastung des Bornhöveder Sees - ein Entlastungspotential von 3-11%.

Mit einer weiteren Maßnahme kann möglicherweise ebenfalls ein hohes Entlastungspotential erreicht werden, da der Abfluß des Mühlenteichs in Bornhöved 21% der Phosphorfracht der Alten Schwentine ausmacht (3.2.3.2). Eine Verringerung der Phosphorfracht am Abfluß des Mühlenteichs könnte möglicherweise durch eine Entschlammung erreicht werden, weil die damit verbundene Vertiefung und die Entfernung von belastetem Sediment eine Abschwächung der windinduzierten Resuspensionen und Rücklösung von Phosphor aus den Sedimenten bewirkt.

4.5 Zusammenfassung

Eine Trophieklassifikation mit zwei Verfahren der OECD (1982) hat anhand der Indikatoren TP-Konzentration, Chlorophyll-a-Konzentration und Sichttiefe ergeben, daß sich der Belauer See in einem eutrophen, der Schmalensee und Bornhöveder See in einem hypertrophen Zustand befinden. Im Vollenweider-Diagramm (Abb. 4.1) nehmen die Bornhöveder Seen aufgrund ihrer externen Phosphorbelastung einen Platz im eutrophen Bereich ein.

Die Beziehungen zwischen externer Belastung, der sich einstellenden Konzentration im See und der daraus resultierenden Konzentration von Chlorophyll-a als Indikator der Algenbiomasse (OECD 1982, SAS et al. 1989) wurden auf ihre Anwendbarkeit im Bereich der Bornhöveder Seen überprüft. Unter zusätzlicher Verwendung des bereits in 3.4.1 vorgestellten historischen Datenmaterials konnte das von der OECD (1982) und SAS et al. (1989) entwikkelte Prognosemodell mit einer für den Bereich der Bornhöveder Seenkette durchgeführten Regressionsanalyse (P_i-P_λ-Regression zur Beschreibung des Zusammenhangs Phosphorbelastung-Phosphorkonzentration, Abb. 4.3) für eine regionale Anwendung angepaßt werden ($r=0{,}91$). Der Regressionskoeffizient nimmt eine Mittelstellung unter den Koeffizienten anderer Seen ein, die mit dem gleichen Verfahren gewonnen wurden.

Das zweite Modell (P_λ-Chl.a-Regression des Zusammenhangs Phosphorkonzentration-Chlorophyllkonzentration, Abb. 4.4) bedarf keiner Anpassung, da die Bornhöveder Seen innerhalb des Konfidenzintervalls der von der OECD (1982) aufgestellten Regression zu liegen kommen. Zur Tauglichkeit dieser Regression für Prognosezwecke wird in der Literatur eine Schwellenwerthypothese aufgestellt. Die Arbeiten von CHORUS (1995), WHITE (1989) und KLEIN (1989) belegen, daß sich niedrigere Trophiegrade sehr wahrscheinlich erst nach Unterschreitung eines Schwellenwerts der Phosphorkonzentration im See einstellen. Zwar zeigten die Bornhöveder Seen, daß eine Abnahme der TP-Konzentration zwischen 1979/80 und 1992/93 im Schmalensee und Bornhöveder See eine Abnahme der Konzentration von Chlorophyll-a zur Folge hatte. Der Belauer See reagierte jedoch - in Übereinstimmung mit anderen Literaturstudien - nicht auf die TP-Abnahme. Folgt man den Erfahrungen an anderen Seen (WHITE 1989), so müßten TP-Konzentrationen von 25 µg/l im Belauer See und 45 µg/l im Schmalensee und Bornhöveder See unterschritten werden, bevor eine Abnahme der Konzentration von Chlorophyll-a - und damit auch der Sichttiefe und des Trophiegrads insgesamt - erfolgen.

Anhand des ersten Modells läßt sich nunmehr die Frage beantworten, wie weit die externe Phosphorbelastung (P_i) gesenkt werden muß, um die angenommenen Schwellenwerte der Phosphorkonzentration in den Seen (P_λ) zu erreichen. Das Ergebnis ist in starkem Maße abhängig von den zu setzenden Randbedingungen bezüglich der Entwicklung der internen Phosphorbelastung. Unter Berücksichtigung eines andauernden Einflusses interner Nährstoffquellen müßte die externe Belastung um 76-88% (Tab. 4-3) gesenkt werden, um mit hoher Wahrscheinlichkeit den Trophiegrad zu senken. Reduktionen, die weniger deutlich ausfallen, laufen Gefahr, nur auf die TP-Konzentration im See, nicht aber auf den Trophiegrad zu wirken. Dieses Ergebnis deckt sich mit den Schlußfolgerungen von MARSDEN (1989, S. 152), daß generell die externe Phosphorbelastung eutropher Seen um ca. 80% gesenkt werden müßte, um den Trophiegrad zu senken. Da die Bornhöveder Seen einen wesentlichen Teil ihrer externen Nährstoffzufuhr aus dem Einzugsgebiet des Bornhöveder Sees erhalten, wurde aufgezeigt, wie sich dortige Reduktionen in den nachgeschalteten Seen auswirken würden. Der vorgestellte Ansatz wurde aus einer Verkettung des ersten Modells gewonnen.

Abschließend werden zwei Wege zur Ermittlung von Entlastungspotentialen der Phosphorbelastung vorgestellt. Die natürliche Grundbelastung (Abschätzung nach VIGHI & CHIAUDANI 1985 und mittels Exportkoeffizienten) beträgt in den drei Seen ca. 6-16%, so daß ein maximales Entlastungspotential von 84-94% gegeben ist. Als zweite Möglichkeit, Entlastungspotentiale zu ermitteln, wird der Ansatz verfolgt, die Beiträge zur Entlastung für einzelne Managementmaßnahmen abzuschätzen und zu summieren. Im exemplarisch untersuchten Teileinzugsgebiet 1a (Bornhöveder See) ergibt sich ein Entlastungspotential von 66% (Tab. 4-5). Die höchsten Entlastungspotentiale werden im Bereich der intensiven Fischzucht angenommen (bei Stillegung maximal 14% der gesamten gegenwärtigen externen TP-Belastung des Bornhöveder Sees). Das Entlastungspotential des Zuflusses der Alten Schwentine wird bei Kombination der Maßnahmen im landwirtschaftlichen und wasserwirtschaftlichen Bereich auf 38% geschätzt und kann durch Anlage eines Retentionsteichs auf maximal 50% gesteigert werden. Die wirksamsten Maßnahmen im Einzugsgebiet (Entlastungspotential 19%) zielen auf eine Reduktion der aus der landwirtschaftlichen Nutzung stammenden diffusen Einträge (Extensivierung, Aufforstung, Schließung von Entwässerungsgräben, Unterbindung des Direkteintrags von Dünger in Gewässer). Der Umstellung der Kläranlage Bornhöved auf vermehrt biologische Phosphatfällung wird ein Entlastungspotential von 8% zugeschrieben.

Die vorgeschlagenen Maßnahmen beinhalten z.T. erhebliche Nutzungsänderungen im Einzugsgebiet. Das erreichbare Entlastungspotential von 66% liegt trotzdem unterhalb der prognostizierten, notwendigerweise zu erreichenden Reduktion der externen Phosphorbelastung von 88% für den Bornhöveder See (Tab. 4-3). Dieses bedeutet, daß der angenommene Schwellenwert zur Erreichung eines niedrigeren Trophiegrades im Bornhöveder See allein durch eine Reduktion der externen Belastung nicht erreicht werden kann. Aus zweierlei Gründen ist es dennoch sinnvoll, die externe Belastung drastisch zu verringern:

Erstens könnte auf diese Weise den intensiven sommerlichen Chlorophyllmaxima - und damit vermutlich auch den Minima der Sichttiefe - entgegengewirkt werden. Die gegenwärtige Situation mit sommerlichen Sichttiefen <1 m stellte eine Unterschreitung des Werts der EG-Badewasserrichtlinie dar. CHORUS (1995, S. 26) berichtet, daß ein Rückgang der Sommermaxima der Algenbiomasse und gelegentlich eine Veränderung der Artenzusammensetzung des Phytoplanktons bereits bei Schwellenwerten erreicht wurden, die deutlich über den hier gewählten Schwellenwerten liegen, die eine Senkung des Jahresmittels von Chlorophyll-a zum Ziel haben.

Zweitens bleibt festzuhalten, daß die Option besteht, die hier vorgeschlagenen Maßnahmen der externen Belastungsreduktion (Sanierungsmaßnahmen) mit internen Maßnahmen (Restaurierungsmaßnahmen) zu kombinieren. Dieses läßt einen deutlicheren Rückgang der Eutrophierungserscheinungen innerhalb einer kürzeren Reaktionszeit erwarten (vgl. KOSCHEL 1995 und die in 1.1.4 genannte Literatur). Welche konkreten Restaurierungsmaßnahmen im Bereich der Bornhöveder Seen geeignet sind, wurde im Rahmen der vorliegenden Arbeit nicht behandelt, da in jedem Fall den Sanierungsmaßnahmen Vorrang einzuräumen ist. Sofern aber eine drastische Reduktion der externen Belastung realisiert werden soll, empfiehlt es sich, die Möglichkeiten von Restaurierungsmaßnahmen im Bornhöveder Seengebiet rechtzeitig in die Planungen einzubeziehen.

5. Möglichkeiten und Grenzen des Seenmanagements

Im vorangegangenen Kapitel wird eine Diskrepanz zwischen dem implizit vorgegebenen Ziel der Senkung des Trophiegrades und der zu realisierenden Managementmaßnahmen deutlich, denn auch bei vollständiger Umsetzung der Maßnahmen wird das Ziel möglicherweise nicht erreicht. Es läßt sich unschwer erkennen, daß die Planung und Umsetzung von Managementmaßnahmen eine Zusammenarbeit von Wissenschaft, Politik und Gesellschaft verlangt, die in der Realität ein hohes Maß an Koordination verlangt. Schließlich offenbaren sich am Beispiel der Bornhöveder Seen in exemplarischer Weise nicht nur die Möglichkeiten des Managements von stehenden Gewässern, sondern auch dessen Probleme, Restriktionen und Einschränkungen. Abschließend soll deshalb drei Themenbereichen nachgegeangen werden, die mit den drei folgenden Fragen umschrieben werden:

Welche Ziele werden mit Seenmanagement angestrebt ?
Wie kann Seenmanagement effizient organisiert werden ?
Was kann Seenmanagement leisten ?

5.1 Was soll mit Seenmanagement erreicht werden ? - Problematik einer Leitbildfindung

Ohne ein Ideal- oder Leitbild bleiben die Anforderungen, denen Seenmanagement genügen soll, diffus und undeutlich. Häufig wird ein angestrebter Zustand (auch von Seen) mit Begriffen wie "naturnah" oder "natürlich" beschrieben. Es muß jedoch betont werden, daß hiermit keine Handlungsanleitung geliefert werden kann, da diese Begriffe nicht eindeutig definiert und die Wertmaßstäbe des Betrachters in starkem Maße darin enthalten sind (KOHMANN et al. 1993). Darüberhinaus erschwert eine Inflation der Begriffe die in natur- und umweltschutzrelevanten Publikationen geführte Diskussion: Leitbild, Leitlinie, Sollzustand, Planungsziel, Naturzustand, potentiell natürlicher Zustand, Umweltqualitätsziel u.a.m.

FÜRST et al. (1989) haben eine hierarchische Struktur der Zielvorstellungen vorgeschlagen, über die inzwischen weitgehende Übereinstimmung herrscht (SCHOLLES 1990, MARZELLI 1994). Danach bildet das Leitbild die allgemeine Grundlage für die Ableitung von Leitlinien, Umweltqualitätszielen und Umweltqualitätsstandards (Abb. 5.1). **Leitbilder** sollten eine übergreifende Zielvorstellung beinhalten, die allgemein verständlich formuliert und möglichst mit einer bildlichen Vorstellung in Verbindung gebracht werden kann. Sie stellen das maximal erreichbare Ziel dar und können, da sie ohne Berücksichtigung bestehender Nutzungsansprüche formuliert werden, durchaus utopischen Charakter haben (KOHMANN et al. 1993). **Leitlinien** dienen der weiteren Konkretisierung des Leitbildes, sind jedoch nicht sonderlich trennscharf von Leitbildern abzugrenzen (MARZELLI 1994). **Umweltqualitätsziele** können als "sachlich, räumlich und ggf. zeitlich definierte Qualitäten von Resourcen, Potentialen oder Funktionen, die in konkreten Situationen erhalten oder entwickelt werden sollen" bezeichnet werden (FÜRST et al. 1989, zitiert nach SCHOLLES 1990, S.35). Sie beziehen sich immer auf Ausschnitte der Umwelt, sind an Rezeptoren - nicht an Verursachern orientiert - und beziehen sich auf die im konkreten Fall vorhandenen Potentiale (SRU 1987). Sie können dennoch in der Regel nicht unmittelbar umgesetzt werden, sondern bedürfen der Operationalisierung durch **Umweltqualitätsstandards**. Diese legen für einen bestimmten Parameter oder Indikator Ausprägung, Meßverfahren und Rahmenbedingungen fest. Standards kann man nur ableiten, wenn die Parameter oder Indikatoren standardisierbar sind. Im Idealfall sind sie

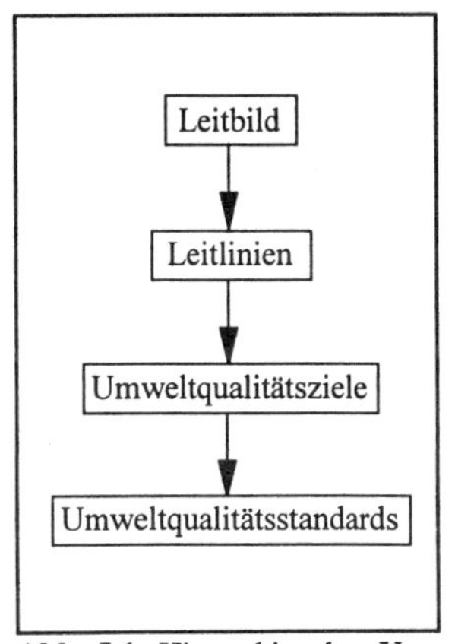

Abb. 5.1 Hierarchie der Umweltqualitätsziele (nach FÜRST et al. 1989).

sogar quantifizierbar, was zu einer verbreiteten Anwendung von Umweltqualitätsstandards im abiotischen Ressourcenschutz geführt hat (Diskussionswert, Orientierungswert, Richtwert, Grenzwert, vgl. SCHOLLES 1990, S. 36). Standards können deshalb höchstens Teilbereiche eines Systems abbilden, "weil sie auf erklärender Reduktion basieren und ein System höherer Komplexitätsebene neue Eigenschaften hat, die nicht aus den Eigenschaften seiner Teile hergeleitet werden können" SCHOLLES (1990, S. 35). "Wenn Umweltqualität ausschließlich über Umweltstandards definiert wird, so ist das gleichbedeutend mit einer Eliminierung nicht quantifizierbarer Inhalte aus dem Konzept der Umweltqualität" (SUMMERER 1988, zitiert nach SCHOLLES 1990, S. 35). Nicht zuletzt deshalb wird man in der ökologischen Planung mit Umweltqualitätsstandards nicht allein auskommen und sich auf Umweltqualitätsziele und Leitbilder stützen, so daß die Ebenen der Zielhierarchie in Abb. 5.1 beidseitig verknüpft sind und nicht nur von der höheren zur tieferen Ebene, wie bei FÜRST et al. (1989) und SCHOLLES (1990).

Mindestens sechs Leitbilder lassen sich trotz zahlreicher Überschneidungen mehr oder weniger deutlich formulieren. Die folgenden Kurzbeschreibungen entstanden in Anlehnung an die Ausführungen von ROWECK (1995). Die Kunstwerke der Landschaftmalerei des ausgehenden 18. Jahrhunderts werden häufig mit einem **historischen Leitbild** in Verbindung gebracht. Doch auch wenn zur Zeit der dort dargestellten Kulturlandschaften von einem Maximum der holozänen Artendichte ausgegangen werden kann, bleibt eine gewisse Beliebigkeit in der Wahl dieses zeitlichen Bezugspunkts bestehen. Angesichts der wechselnden trophischen Zustände in Seen, die bereits für sehr viel länger zurückliegende Zeiträume nachweisbar sind (vgl. Kap. 3.4), dürfte die Auswahl eines Bezugpunkts für stehende Gewässer noch willkürlicher ausfallen. **Ästhetische Leitbilder** unterliegen zwangsläufig dem Zeitgeschmack und beurteilen Landschaften nur nach dem sinnlich Wahrnehmbaren. Ressourcenbelastungen werden folglich nicht oder erst zu spät wahrgenommen, wofür die schleichende, allmählich zunehmende Nährstoffbelastung von Seen, dessen negative Auswirkungen auf die Umweltqualität erst nach der Änderung des äußeren Erscheinungsbilds des Gewässers wahrgenommen wurde, ein gutes Beispiel abgibt. Dennoch sind ästhetische Leitbilder in Management- und Schutzkonzepten angesichts der touristischen Bedeutung, die den "sauberen Seen" dort zugesprochen wird, latent vorhanden. Das **biotische Leitbild** orientiert sich an einer maximalen Artenvielfalt, was zu zahlreichen Artenschutzprogrammen markanter Einzelarten geführt hat. Ohne die Notwendigkeit solcher Projekte in Abrede stellen zu wollen, tauchen bei einem ausschließlich biotisch favorisierten Leitbild zahlreiche Probleme auf. Nicht nur die "Unrealisierbarkeit von vielen tausend Einzelmaßnahmen des Artenschutzes" (ROWECK 1995, S. 28) führte zu einer Beschränkung auf wenige markante Sippen, sondern auch die angestrebte Vollständigkeit der Zielarten kann eine artenreiche Landschaft - oder ein artenreiches Gewässer - nicht garantieren. In gewisser Hinsicht konträr zum biotischen Leitbild verhält sich ein auf maximale Stabilität der Ökosysteme einer Naturlandschaft zustrebendes **Naturleitbild**. Heftige Diskussionen zwischen Vertretern beider Leitbilder entzünden sich daran, daß eine freie Sukzession häufig zur Ausbreitung ubiquitärer Arten führt und dieses nicht in jedem Fall zum "Schutz und der Pflege der wildlebenden Tier- und Pflanzenarten in ihrer natürlichen und historisch gewachsenen Vielfalt" (§ 20, BNatSchG) beiträgt. Das Naturleitbild plädiert für mehr Selbstordung und Optimierung von Stoff- und Energieflüssen in Ökosystemen, was aus der sektoralen Sicht des Gewässerschutzes durch den damit verbundenen minimalen Stoffaustrag grundsätzlich positiv zu bewerten ist. Desgleichen zielt ein **abiotisches Leitbild** direkt auf einen umfassenden Ressourcenschutz (Boden, Wasser, Luft), über dessen Notwendigkeit Konsens besteht und von dem auch eine langfristige Verbesserung der Lebensbedingungen freilebender Tier- und Pflanzenarten zu erwarten sind. Schließlich seien noch die diversen **nutzungsorientierten Leitbilder** erwähnt, von denen das Konzept der nachhaltigen Entwicklung (sustainable development) spätestens seit der UN-Konferenz für Umwelt und Entwicklung 1992 in Rio de Janeiro den höchsten Bekanntheitsgrad erlangt hat[1]. Während über die Notwendigkeit einer nachhaltigen Entwicklung auf internationaler Ebene Konsens bekundet wurde, werden dessen Inhalte völlig unterschiedlich interpretiert (WEILAND 1995, S. 41). Wesentliche Inhalte des Konzepts spiegelt die folgende Definition wider: "Eine nachhaltige, auf Dauer angelegte Entwicklung muß den Kapitalstock an natürlichen Ressourcen sowie den Erhalt der Aufnahmekapazität der Biosphäre für anthropogen ausgelöste oder beeinträchtigte Stoffströme in einem Maße gewährleisten, daß auch zukünftige Generationen die Möglichkeit haben, ein ähnliches Wohlfahrtsniveau zu erzielen wie die heutige Generation" (KASTENHOLZ 1995, S. 37). In der Praxis, z.B. in Gewässerbewirtschaftungsplänen, werden demgegenüber nutzungsorientierte Leitbilder mit dem Schwerpunkt der gegenwärtigen Nutzung formuliert: "Das Leitbild der Planungen ist die möglichst weitgehende Erfüllung der gegenwärtigen Nutzungsansprüche unter Berücksichtigung ökologischer Aspekte" (RATZBOR & SCHOLLES 1990, S. 67).

Angesichts der Bedeutung, die Leitbildern auch im limnischen Bereich zuzumessen ist, mag es verwunderlich erscheinen, daß die Leitbilddiskussion nach wie vor fast ausschließlich im Bereich des terrestrischen Naturschutzes geführt wird. Es ist unschwer zu erkennen, daß sich dort die Umsetzung mehrerer Leitbilder nicht ausschließen muß und es bereitet offensichtlich keine unüberwindbaren Hürden, unterschiedliche Leitbilder in der Fläche nebeneinander unterzubringen. Doch für einen einzelnen See ist das Nebeneinander mehrerer Leitbilder nicht möglich. Vielmehr ist der ökologische Zustand der Seen, bedingt durch ihre Funktion als Endglied im Stoffstrom einer Landschaft, entscheidend von den im terrestrischen Bereich realisierten Leitbildern abhängig. Dominieren hier klassische arten- und biotopschutzorientierte Leitbilder, mit denen laut WULF (1995) oft eine Entkopplung und Öffnung von abiotischen Kreisläufen und Stoffverlusten verbunden ist, lassen sich diffuse Nährstoffeinträge möglicherweise nicht in dem erforderlichen Umfang reduzieren. Das würde bedeuten, daß minimale Nährstoffeinträge in einen See vermutlich nur durch Favorisierung des Natur- oder abiotischen Leitbildes im Einzugsgebiet erreicht werden können, die eine Maximierung von Sukzessionsflächen und die beabsichtigte Entstehung von biomassereichen, stabilen Ökosystemen mit geringen Stoffverlusten zum Ziel haben. Zumindest können Leitbilder für Seen nicht gänzlich unabhängig von den Leitbildern im Einzugsgebiet erstellt werden. Bislang wurde diesem Zusammenhang bei der Formulierung von Leitbildern auf lokaler oder regionaler Ebene (FINCK et al. 1993, SCHEMEL 1994) keine Beachtung geschenkt.

---

[1] Thesen und weiterführende Literatur zum Thema nachhaltige Entwicklung in GFÖ-ARBEITSKREIS (1995).

Die dem Seenmanagement zugrundeliegenden Leitbilder sind in der Literatur häufig nur zwischen den Zeilen zu finden, wobei oftmals ein historisches Leitbild - welches durch den Begriff der Re-Oligotrophierung symbolisiert ist - vorhanden zu sein scheint. Das Problem der Willkürlichkeit eines zeitlichen Bezugspunkts wurde bereits erwähnt. Andererseits dominieren angesichts der Schwierigkeiten, die ästhetische oder biotische Leitbilder bereiten, mehr oder weniger deutlich ausgesprochene nutzungsorientierte Leitbilder, in denen der anzustrebende Trophiegrad durch die beabsichtigte Nutzung diktiert wird. Wenn also nutzungsorientierte Leitbilder als pragmatische Lösung der Leitbildfrage für Seen gewählt werden, sollten sie jedoch nicht nach dem oben erwähnten Motto der "weitgehenden Erfüllung der gegenwärtigen Nutzungsansprüche", sondern im Sinne einer "nachhaltigen Entwicklung" formuliert werden.

Abschließend sei erwähnt, daß ökologische Leitbilder politisch und gesellschaftlich formuliert werden müssen. Auch SCHEMEL (1994, S. 40) betont: "Der Experte aus einer der Umweltfachdisziplinen kann keine Umweltqualitätsziele setzen, sondern nur übernehmen und sich darauf beziehen, indem er ihre Konsequenzen aufzeigt." Die Aufgabe des Wissenschaftlers besteht darin, mit einer bestimmten Wahrscheinlichkeit und im Rahmen des wissenschaftlichen Kenntnisstandes anzugeben, welche Schritte zur Erreichung eines gegebenen Ziels notwendig sind. "Ein Umweltexperte, der sich dazu äußert, welches Umweltziel(niveau) anzustreben sei, wechselt seine Rolle. Er ... beteiligt sich als Bürger unter Bürgern gleichberechtigt am Diskurs über das, was an Umweltqualität gewollt wird" (SCHEMEL 1994, S. 41).

5.2 Wie kann Seenmanagement effizient organisiert werden ? - Ein Organisationsschema

RYDING & RAST (1989) haben ein Organisationsschema in sieben Planungsschritten präsentiert, welches mit umfangreichen Zusatzinformationen zu den einzelnen zu treffenden Entscheidungen in der Form eines Handbuchs herausgegeben wurde. Dieses wurde zuvor von RAST & HOLLAND (1988) in leicht abweichender Reihenfolge zusammenfassend publiziert. Abb. 5.2 gibt das Organisationsschema in einem dem Text beider Veröffentlichungen entsprechenden Form wieder. Den sieben Planungsschritten ist jeweils eine Liste abzuhandelnder Fragenkomplexe beigegeben:

1. An erster Stelle steht der Entwurf von Leitbildern und Zielvorstellungen. Wer soll oder muß am Planungsprozeß beteiligt werden ? Welche Rolle spielen beteiligte oder zu beteiligende Behörden, Institutionen, Landwirte, Wissenschaftler, Eigentümer, Gewässernutzer und die Öffentlichkeit ?
2. Zweitens werden Daten zur Bewertung der Situation benötigt, die entweder aus der Auswertung bereits vorhandener Informationen zusammengestellt oder durch eigene Meßprogramme gewonnen werden.
3. Daran anschließend können alternative Managementstrategien entworfen werden.
4. Aufstellung einer Kosten-Nutzen-Analyse aller alternativen Managementstrategien einschließlich einer "Null-Lösung".
5. Reicht der gegenwärtige planerisch-rechtliche Rahmen aus, um die Managementstrategien zu realisieren ?
6. Auswahl und Umsetzung einer Managementstrategie. Welche Rolle spielen Öffentlich-

keits- und Lobbyarbeit ?

7. Veröffentlichung periodischer Entwicklungsberichte. Die Ergebnisse eines nachfolgenden Monitoringprogramms werden zur Optimierung der Managementstrategie genutzt. Wie kann die Öffentlichkeit besser integriert werden und welche Rolle spielt die öffentliche Meinung ?

Ein zweites Organisationsschema wurde von LUNDQVIST (1982) vorgeschlagen. Der Autor betont die Notwendigkeit, integrative Planungsmodelle für Seenmanagement zu entwickeln, um die bereits in der 70er Jahren in Schweden erarbeiteten sektoral geprägten Gewässerschutzrichtlinien zu ersetzen. Sein Ansatz ist deshalb eine Integration von Flächennutzungsplanung und Gewässerschutzplanung[2], so daß für Seen innerhalb bestimmter Flächennutzungstypen spezifische Wasserqualitäts- und -quantitätsanforderungen gestellt werden. Formal unterscheidet sich das vorgeschlagene Organisationsschema dennoch nur wenig von dem von RAST & HOLLAND (1988).

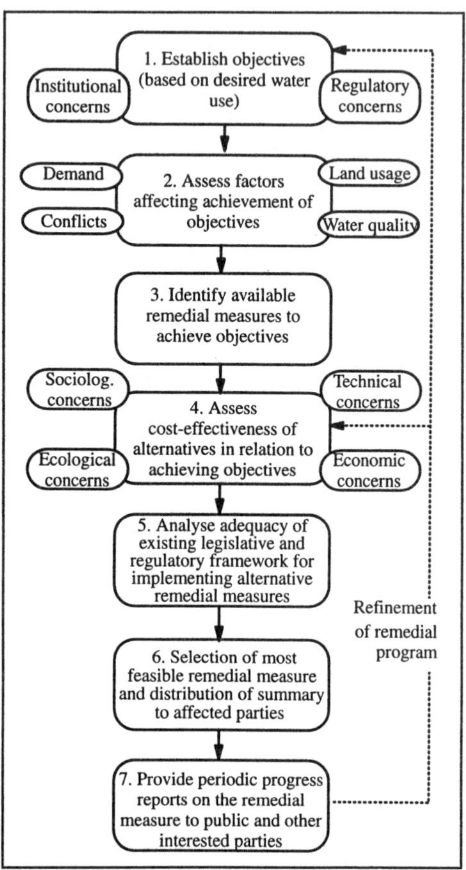

Abb. 5.2 Organisationsstruktur für Seenmanagement nach RAST & HOLLAND (1988) und RYDING & RAST (1989).

Im Rahmen der OECD-Eutrophierungsstudie "Eutrophication of waters" wurde ebenfalls ein Organisationsschema vorgestellt, welches in sechs Schritten den Ablauf eines auf die Reduktion von Phosphor zugeschnittenen Planungsprozesses darstellt (OECD, 1982, S. 98f.):

1. Schaffung einer institutionellen und administrativen Körperschaft für die Managementbelange auf Einzugsgebietsbasis. Diese erstellt die Managementziele, entwickelt alternative Managementstrategien, überprüft den finanziellen und rechtlichen Rahmen und übernimmt zu einem späteren Zeitpunkt auch die die Realisierung der ausgewählten Maßnahmen.

[2] Dieser Ansatz wird von LUNDQVIST et al. (1985) weltweit für Flußeinzugsgebiete anhand zahlreicher Fallbeispiele angewendet.

2. Ermittlung des gegenwärtigen Trophiegrads und der P-Belastung. Festsetzung der Managementziele unter Berücksichtigung der Nutzungsansprüche und der natürlichen Bedingungen.
3. Abschätzung des Umfangs der Phosphorreduktion, die notwendig ist, um das Managementziel zu erreichen. Die Güte der Schätzung hängt ab von der Wahl der Beziehung zwischen Belastung und Trophiegrad.
4. Ist die Reduktion der Punktquellen ausreichend, um die notwendige P-Reduktion zu erreichen oder inwieweit müssen diffuse Quellen reduziert werden ?
5. Realistische Schätzung der erreichbaren P-Reduzierung aller Quellen.
6. Schätzung der Zeitspanne von der Realisierung der Maßnahmen bis zum Eintreten der Trophiesenkung.

Insgesamt bieten die genannten Organisationsschemata geeignete Rahmen für grundlegende Managemententscheidungen innerhalb des Planungsprozesses. Auffälligerweise ist allen ihr nachsorgender Charakter gemeinsam. Ein Defizit besteht hinsichtlich der rechtzeitigen Erkennung von Eutrophierungserscheinungen. Die Eutrophierung eines Sees muß erst größere Ausmaße erreicht bzw. Nutzungseinschränkungen zur Folge haben, bevor erste Überlegungen in Richtung eines Seenmanagement angestellt werden. Dieses muß im Sinne des Vorsorgeprinzips oder einer dauerhaft-umweltgerechten Entwicklung als unzureichend angesehen werden.

Deshalb wurde der Versuch unternommen, unter Beibehaltung der wesentlichen Elemente der bereits genannten Organisationsstrukturen ein Schema zu entwickeln, welches den vielfältigen Aufgaben und Entscheidungsprozessen im Rahmen eines Seenmanagements gerecht wird (Abb. 5.3). Das empfohlene Organisationsschema beruht auf einer Integration von Managementmaßnahmen mit regionalen, flächendeckenden Langzeitmonitoringprogrammen, wie sie in der Verantwortung von Bundesländern oder Landkreisen bereits durchgeführt werden. Beispielhaft seien die entsprechenden Programme des Landes Schleswig-Holstein und des Landkreises Plön kurz vorgestellt:

Exkurs 1: Seen-Monitoring des Landes Schleswig-Holstein

In Schleswig-Holstein werden vom Landesamt für Wasserhaushalt und Küsten (Kiel) drei aufeinander aufbauende Monitoringprogramme an Seen durchgeführt. Aus morphometrischen und topographischen Informationen, die jedoch nicht für alle Seen Schleswig-Holsteins vorliegen, werden mehrere Seen selektiert, die dann im **Seenkurzprogramm** (seit 1991 an 16 Seen, zwei Probenahmen pro Jahr) untersucht werden[3]. Aufgrund der Ergebnisse können gezielt einzelne Seen für das **Seenprogramm** ausgewählt werden, welches mit dem Ziel der Dokumentation des ökologischen Zustandes, der Erfassung der Belastungssituation und der Erarbeitung von Schutzmaßnahmen seit 1973 durchgeführt wird (Erfassung eines Jahresgangs mit monatlicher Probenahme an den Zuflüssen, am Abfluß und mit Tiefenprofilen auf dem See). Eine Wiederholung nach mehreren Jahren, wie sie erstmals am Dobersdorfer See durchgeführt wurde (LANDESAMT 1995), erlaubt dann eine umfassendere Beurteilung der langfristigen trophischen Entwicklung. Mindestens die im Seenprogramm untersuchten Seen werden nach Abschluß der ganzjährigen Hauptuntersuchung in das als Langzeitmonitoringprogramm konzipierte **Seenkontrollmeßprogramm** aufgenommen (seit

[3] Hydrologisch (wichtigste Zuflüsse, Seewasserstände), hydrochemisch und -physikalisch (u.a. Tiefenprofil der Temperatur und des Sauerstoffgehalts, Nährstoffe, Trübung, pH-Wert, elektr. Leitfähigkeit, Sichttiefe) und biologisch (Chlorophyll-a, Phyto- und Zooplankton, Ufer- und Unterwasservegetation).

1983 an etwa 60 Seen, meist am Seeabfluß, einmal jährlich zur Zeit der Frühjahrsvollzirkulation, vgl. z.B. LANDESAMT 1992). Auch wenn die Anzahl der untersuchten Seen im Sinne eines flächendeckenden Monitorings noch deutlich erhöht werden müßte und die Interpretation der vorliegenden Daten durch die möglicherweise geringe zeitliche Repräsentativität einer einzelnen Probenahme pro Jahr eingeschränkt wird, liefert das Seenkontrollmeßprogramm unverzichtbare Basisinformationen zur Situation der schleswig-holsteinischen Seen.

Exkurs 2: Seenbeobachtungsprogramm des Kreises Plön

In Zusammenarbeit des Max-Planck-Instituts für Limnologie in Plön und der Kreisverwaltung Plön werden seit 1991 an 59 Seen des Landkreises wöchentlich Messungen der Sichttiefe von freiwilligen Helfern (Gewässerwarte, Mitglieder von Angelvereinen, See-Eigentümer) durchgeführt. Bei definierten Änderungen der Sichttiefe wird zusätzlich eine Wasserprobe für Planktonuntersuchungen entnommen und einmal jährlich eine Nährstoffanalyse durchgeführt. Im Sommer werden Tiefenprofile der Sauerstoff- und Temperaturverteilung gemessen. Das Seenbeobachtungsprogramm wurde in Anlehnung an Konzepte aus den USA entwickelt (HANEY 1994), die Datenerhebungen für Monitoring an Seen mit Aspekten der umweltorientierten Öffentlichkeitsarbeit verbinden. Es ist deshalb auf einfach zu erhebende Parameter beschränkt und kann die amtlichen Monitoringprogramme sinnvoll ergänzen, nicht aber ersetzen. Dem Programm ist insofern eine große Bedeutung zuzumessen, da hier beispielhaft eine Zusammenarbeit wissenschaftlicher Institutionen, der Verwaltung und der Öffentlichkeit praktiziert wird.

Die Datenerhebung der regionalen Monitoringprogramme, seien sie vorwiegend amtlich oder ehrenamtlich organisiert, können für einen umfassenden Ansatz des Seenmanagements jedoch nur dann in vollem Umfang genutzt werden, wenn sie als Grundlage für den Aufbau eines Seenkatasters konzipiert werden, in dem neben den eutrophierungsrelevanten Monitoringdaten strukturelle und historische Daten zu möglichst allen Seen der Region gespeichert werden.

Exkurs 3: Seenkataster des Landes Brandenburg

In Brandenburg werden mehr als 3000 stehende Gewässer mit einer Fläche >1 ha gezählt. Untersuchungen in Teilgebieten des Landes oder an Einzelgewässern belegen einen dringenden Handlungsbedarf für eutrophierungsmindernde Maßnahmen an den vorwiegend eutrophen und hypertrophen Seen (MIETZ 1992, MIETZ et al. 1993). Um diese als vordringlich eingestufte Aufgabe angehen zu können, wurde mit dem Aufbau eines landesweiten Seenkatasters begonnen. Für jeden See werden 62 strukturelle Parameter zur Topographie, Morphometrie, Hydrologie und Einzugsgebietscharakteristik und 17 hydrochemisch-physikalische Parameter erhoben[4]. Seit 1992 konnten bereits mehr als 1300 Seen erfaßt werden. Über die Beschreibung einzelner Seen und der Auswahl erfolgversprechender Sanierungsverfahren hinaus lassen sich bereits Erkenntnisse der räumlichen Verteilung, Differenzierung und Typisierung der Gewässer gewinnen (VIETINGHOFF & SCHARF 1995).

Vorrangiges Ziel, welches mit einem "Instrument Seenkataster" verfolgt wird, ist es, unter Anwendung geeigneter Kriterien die am stärksten belasteten Seen auszuwählen, den Umfang an Handlungsbedarf aufzuzeigen und die erfolgversprechensten Sanierungsvorhaben zu benennen. Für diese aus dem Seenkataster gefilterten "Problemfälle" werden unter den

---

[4] einschl. berechneter Größen wie Uferentwicklung, Prozentanteile von Flächennutzungen im Einzugsgebiet etc.

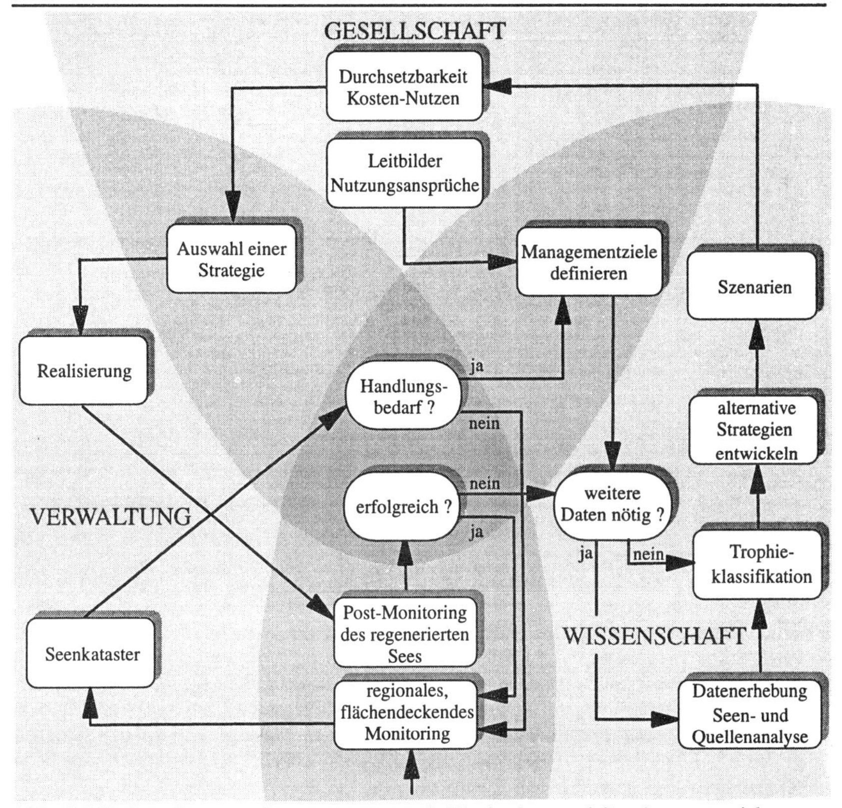

Abb. 5.3 Verknüpfung von Seenmangement mit Monitoring- und Seenkatasterprojekten.

Vorgaben der gesellschaftlich fomulierten Leitbilder Managementziele entwickelt[5]. In den meisten Fällen wird sich eine detailliertere Datenerhebung anschließen müssen, um die Nährstoffquellen aufzuspüren und die Abweichung des gegenwärtigen Zustands des Sees vom Sollzustand (Managementziel) definieren zu können. Es folgen die Entwicklung alternativer Managementmaßnahmen, der Entwurf von Szenarien zu jeder Alternative, eine Abschätzung der Durchführbarkeit der Maßnahmen und schließlich die Entscheidung für eine bestimmte Alternative und ihre Realisierung. In Abb. 5.3 wird angedeutet, daß Organisation und Entscheidungskompetenzen dieser jeweiligen Stadien des Managementprozesses im Über-

[5] Daß die Formulierung der Managementziele in Abb. 5.3 im Überschneidungsbereich von Gesellschaft und Wissenschaft gesehen wird, stellt keinen Widerspruch zu der zuvor von SCHEMEL (1994) übernommenen Ansicht zur Rolle der Fachwissenschaftler bei der Leitbildfindung dar. Die Managementziele sind möglichst konkret auf dem Niveau von Umweltqualitätsstandards abzufassen, d.h. unter Angabe der Ausprägungen geeigneter Indikatoren des Trophiegrads. Auch hierbei übernimmt der Wissenschaftler die Funktion eines Beraters.

schneidungsbereich von Wissenschaft, Gesellschaft und Verwaltung angesiedelt sind.

Werden das regionale Langfristmonitoringprogramm, das Seenkataster und die Auswahlkriterien in geeigneter Weise im Hinblick auf Eutrophierungsminderung aufeinander abgestimmt, bilden sie ein geeignetes Instrument zur rechtzeitigen Erkennung räumlich und zeitlich auftretender Belastungssituationen. Dadurch ist die Möglichkeit gegeben, die im Bereich Gewässerschutz vorhandenen (finanziellen) Ressourcen auf die erfolgversprechendsten Seenmanagementprojekte zu konzentrieren.

5.3 Was kann Seenmanagement leisten ? - Grenzen des Managements von Seen

Die Bornhöveder Seen liefern zum einen ein vorzügliches Beispiel für die mit Abstand häufigsten Probleme, die einer erfolgreichen Eutrophierungsminderung entgegenstehen: Die zurückliegenden Nährstoffeinträge in der Vergangenheit haben zu einer Erhöhung des Phosphorpools in den Sedimenten geführt und wirken durch interne Rücklösungen bis in die Gegenwart nach. Die Konsequenzen:

- Die notwendige Erfassung des Ausmaßes der internen Belastung ist methodisch sehr viel aufwendiger als die Erfassung der externen Belastung, da sie nur sedimentologisch (ZEILER 1996) oder mittels Stoffbilanzen (SCHERNEWSKI 1995 und Kap. 3.3 dieser Arbeit) möglich ist.
- Eine Reduktion der externen Belastung reicht oftmals nicht aus, um die Gesamtbelastung in ausreichendem Umfang zu verringern (MARSDEN 1989, Kap. 4.4 dieser Arbeit), zumindest werden die Effekte einer externen Belastungsreduzierung erheblich verzögert (SALONEN et al. 1993, PHILLIPS et al. 1994).
- Maßnahmen zur Reduktion der internen Belastung (Restaurierungsmaßnahmen) sind im Vergleich zu Maßnahmen zur Reduktion der externen Belastung (Sanierungsmaßnahmen) häufig technisch und finanziell sehr viel aufwendiger und deshalb, wie die Beispiele von HAMM & KUCKLENTZ (1988) oder JAEGER & KOSCHEL (1995) zeigen, meist nur an kleineren Seen praktikabel.

Zum anderen belegen die Bornhöveder Seen, daß ein erheblicher Anteil der externen Belastung diffusen Nährstoffquellen entstammt. Dieses hat für Maßnahmen des Seenmanagements Konsequenzen: Auch hier ist es - diesmal im Vergleich zu punktuellen Quellen gesehen - aufwendiger, das Ausmaß der einzelnen diffusen Nährstoffquellen zu erfassen und eine Reduktion zu erreichen. Damit wird es um so schwieriger, die aufgrund des Einflusses der internen Nährstoffquellen notwendigerweise umfangreiche Belastungsreduktion der externen Quellen zu erreichen.

Abschließend sei jedoch betont, daß diese sicherlich als Schwierigkeiten anzusehenden Tatsachen nicht grundsätzlich einem effektiven Seenmanagement entgegenstehen und deshalb auch nicht als Grenzen der Möglichkeiten von Managementmaßnahmen anzusehen sind. Vielmehr werden durch die gesellschaftlichen Rahmenbedingungen Grenzen gesetzt. Rechtsnormen, der finanzielle Rahmen und die politische Durchsetzbarkeit bestimmen zu einem wesentlichen Teil den Erfolg von Managementmaßnahmen.

Dieses kann am Beispiel der Berliner Seen demonstriert werden. Beeinflußt durch das Ziel einer möglichst unabhängigen Wasserversorgung im geteilten Berlin vor 1990 wurde dem umweltpolitischen Ziel der Eutrophierungsminderung an Seen eine hohe Priorität eingeräumt. Man entschied sich für den Bau von Phosphoreliminationsanlagen am Hauptzufluß, womit innerhalb weniger Jahre mesotrophe Verhältnisse erreicht werden konnten (CHORUS 1995). Auch wenn die in diesem Fall großtechnisch und nicht verursacherbezogen realisierte Lösung - die wohl nur aus der isolierten Lage West-Berlins vor 1990 heraus nachvollziehbar ist - für die weitaus meisten Seen absurd erscheint, zeigt sich hierin doch ein beeindruckender Erfolg, der nur durch einen entschiedenen politischen Willen und dessen Ausstattung mit den notwendigen Mitteln erreicht werden konnte. Es bleibt zu hoffen, daß in Zukunft die Notwendigkeit einer konsequenten Eutrophierungsminderung an Seen verstärkte Berücksichtigung in der umweltpolitischen Diskussion findet und dieses zur Realisierung und zum Erfolg zahlreicher Seenmanagementmaßnahmen führt.

5.4 Zusammenfassung

Ohne ein Ideal- oder Leitbild bleiben die Anforderungen, denen Seenmanagement genügen soll, diffus und undeutlich. Mindestens sechs Leitbilder lassen sich trotz zahlreicher Überschneidungen mehr oder weniger deutlich formulieren: historisches, ästhetisches, biotisches, abiotisches, nutzungsorientiertes Leitbild und ein Naturleitbild (ROWECK 1995). Angesichts der Bedeutung, die Leitbildern auch im limnischen Bereich zuzumessen ist, mag es verwunderlich erscheinen, daß die Leitbilddiskussion nach wie vor fast ausschließlich im Bereich des terrestrischen Naturschutzes geführt wird. Der ökologische Zustand der Seen ist, bedingt durch ihre Funktion im Stoffstrom einer Landschaft, entscheidend von den im terrestrischen Bereich realisierten Leitbildern abhängig. Die dem Seenmanagement zugrundeliegenden Leitbilder sind in der Literatur häufig nur zwischen den Zeilen zu finden, wobei oftmals ein historisches oder nutzungsorientiertes Leitbild vorhanden zu sein scheint. Ökologische Leitbilder sind auch für Seen wesentlich durch die politischen und gesellschaftlichen Gruppen zu formulieren, wobei den ökologischen Fachdisziplinen und Umweltexperten eine Beratungsfunktion zukommt.

Seenmanagement ist im Überschneidungsbereich von Wissenschaft, Gesellschaft und Verwaltung angesiedelt. Es wird der Versuch unternommen, eine Organisationsstruktur zu entwerfen, die einen effizienten Ablauf der im Rahmen eines Seenmanagements notwendigen Entscheidungen aufzeigt. Es wird vorgeschlagen, eine Einbindung von Seemanagementmaßnahmen in regionale, flächendeckende Langzeitmonitoringprogramme vorzunehmen, wie sie bereits zum Teil in der Verantwortung von Bundesländern oder Landkreisen durchgeführt werden. Die Datenerhebung des regionalen Monitoringprogramms bildet die Grundlage für den Aufbau eines regionalen Seenkatasters, in dem neben den eutrophierungsrelevanten Monitoringdaten strukturelle und historische Daten zu möglichst allen Seen der Region gespeichert werden. Unter Anwendung geeigneter Kriterien lassen sich dann aus dem Seenkataster die am stärksten belasteten Seen filtern und eine Entscheidung darüber treffen, ob für eutrophierungsmindernde Maßnahmen Handlungsbedarf besteht.

Abschließend werden Restriktionen diskutiert, die einem effektiven Seenmanagement entgegenstehen und die Erreichung der Managementziele verzögern oder verhindern können. Es besteht die Möglichkeit, daß das "System See" nicht in dem erwarteten Umfang reagiert. Ein hoher 'internal load' aus P-reichen Sedimenten kann den Erfolg von Managementmaßnahmen um mehrere Jahre verzögern. Andererseits ist in erheblichem Umfang mit gesellschaftlich bedingten Restriktionen zu rechnen: rechtlicher Rahmen, finanzielle Möglichkeiten und politische Durchsetzbarkeit.

6. Zusammenfassung

In der vorliegenden Arbeit wird die Eutrophierungsproblematik von vier Seen der Bornhöveder Seenkette (Schleswig-Holstein) bearbeitet. Im Mittelpunkt der Untersuchungen steht der Belauer See und die beiden ihm hydrologisch vorgeschalteten Seen, der Schmalensee und der Bornhöveder See.

Über einen Zeitraum von zwei Jahren (1992 und 1993) wurden die jahrszeitliche Dynamik hydrochemischer und -physikalischer Parameter in den Seen sowie an deren Zu- und Abflüssen erfaßt. Der jeweils seetypische Wechsel von Stratifikations- und Zirkulationsphasen hat einen entscheidenden Einfluß auf das raumzeitliche Verteilungsmuster der untersuchten Parameter. Während der Stratifikationsphase im Sommer engt sich der ausreichend mit Sauerstoff versorgte Bereich in den beiden als monomiktisch zu bezeichnenden Seen (Bornhöveder und Belauer See) auf wenige Meter unterhalb der Wasseroberfläche ein, und beide Seen bilden ein anaerobes Hypolimnion aus. Schmalensee und Schierensee sind als ausgesprochene Flachseen durch einen andauernden Wechsel von Stratifikations- und Zirkulationsphasen gekennzeichnet (Polymixis).

Es wurden vergleichsweise hohe Konzentrationen der phytoplanktonverfügbaren Phosphor- und Stickstofffraktionen gemessen. Während der winterlichen Vollzirkulation erreichen die Konzentrationen von TDP (total dissolved phosphorus) bis zu 0,2 mg/l und die Konzentrationen von DIN (dissolved inorganic nitrogen) bis zu 2 mg/l. Während im Jahresmittel die N/P-Verhältnisse über dem REDFIELD-Verhältnis von 7:1 (molar) liegen, wurde dieses Verhältnis im Sommerhalbjahr in allen Seen deutlich unterschritten. Zudem wurden im Sommer extrem niedrige epilimnische Konzentrationen sowohl von DIN als auch von TDP festgestellt, so daß in den Seen sehr wahrscheinlich wechselnde Limitierungssituationen von Phosphor und Stickstoff auftreten.

Bei zahlreichen Parametern zeigt sich ein Gradient entlang der Fließrichtung der Alten Schwentine vom Bornhöveder See über den Schmalensee zum Belauer See. Die Jahresmittel der Nährstoff- und Chlorophyll-a-Konzentrationen der Seen nehmen in Fließrichtung der Alten Schwentine von See zu See ab, während die Sichttiefen zunehmen. Aufgrund der Eigendynamik jedes Sees treten jedoch von diesem Gradienten der Jahresmittel kurzzeitig erhebliche Abweichungen auf.

Ausgehend von einer möglichst vollständigen Liste aller potentiellen Nährstoffquellen wurden die Phosphor- und Stickstoffeinträge in die Seen für die Jahre 1992 und 1993 ermittelt. Alle drei Seen erhalten den größten Teil ihrer externen Nährstoffzufuhr über ihren Hauptzufluß, die Alte Schwentine. Lediglich am Bornhöveder See existiert mit einer intensiv betriebenen Fischzuchtanlage eine zweite bedeutsame Nährstoffquelle. Deutlich geringere Jahresfrachten wurden durch die Nebenzuflüsse und von weiteren zehn Nährstoffquellen eingetragen: Deposition, Grundwasserinfiltration, Run-off, Laubstreu, Wasservögel, Insekten, Fischbesatzmaßnahmen, Direktdüngung, Viehtränken und Badestellen.

Die Bedeutung einzelner Nährstoffquellen für die Eutrophierung der Seen ist neben ihrer Jahresfracht auch von der räumlich und zeitlichen Variabilität der Frachtraten, dem Ort des Nährstoffeintritts in den See und vom Anteil der phytoplanktonverfügbaren Nährstofffraktionen abhängig. An einem Beispiel konnte gezeigt werden, daß die ökologische Bedeutung kleinerer Nährstoffquellen auch im Zusammenhang mit der Limitierungssituation im See und den Eigenschaften anderer Nährstoffquellen gesehen werden muß.

Im Einzugsgebiet der Alten Schwentine vor dem Bornhöveder See ergab eine Differenzierung der Jahrsfracht des Fließgewässers nach Nährstoffquellen im Einzugsgebiet, daß 80 % der Phosphorfracht und 95 % der Stickstofffracht diffusen Quellen entstammt.

Aufgrund der Nährstoffquellenanalyse wurde eine Phosphorbelastung aus externen Nährstoffquellen von 9,5-11,6 kg/ha*a ermittelt, was ca. dem 5-6fachen Wert der tolerierbaren Belastung nach VOLLENWEIDER (1976) entspricht. Eine anschließende Phosphorbilanzierung hat ergeben, daß in allen Seen neben der Belastung durch externe Nährstoffquellen eine Freisetzung von Phosphor aus den Sedimenten (internal load) auftritt. Diese interne Belastung erreicht im Bornhöveder See 8 kg/ha*a, im Schmalensee 4 kg/ha*a und im Belauer See 2 kg/ha*a. Die interne Belastung ist folglich die Ursache für die in gleicher Weise abnehmende Gesamtbelastung mit Phosphor von See zu See in Fließrichtung der Alten Schwentine und resultiert in dem beschriebenen Gradienten der Phosphorkonzentration.

Die externe Stickstoffbelastung nimmt vom Bornhöveder See (670 kg/ha*a) über den Schmalensee (380 kg/ha*a) zum Belauer See (240 kg/ha*a) hin deutlich ab. Die Stickstoffbilanzen zeigen erhebliche Denitrifikationsverluste in allen Seen auf.

Aufgrund der hohen internen Belastung aus den Sedimenten wird auf die Eutrophierungsgeschichte der Bornhöveder Seen ausführlich eingegangen. Es werden drei Beispiele aus der jüngeren Vergangenheit beschrieben, die vermuten lassen, daß die Eutrophierung der Bornhöveder Seenkette hauptsächlich während der letzten einhundert Jahre in erheblichem Maße zugenommen haben muß.

Anhand von Literaturdaten konnten Trends der Eutrophierung und der hydrochemischen Entwicklung im Bereich der Bornhöveder Seen seit 1974 aufgezeigt werden. Seitdem haben die Konzentrationen Gesamtphosphor (TP) an drei Seezuflüssen ersichtlich abgenommen, was wesentlich auf verringerte Phosphorexporte aus dem häuslich-kommunalen Bereich zurückgeführt wird. Diese Verringerung der Phosphorbelastung in den Zuflüssen hatte eine Konzentrationsabnahme von TP im Oberflächenwasser des Bornhöveder Sees, Schmalensees und Schierensees zur Folge. Lediglich für den Belauer See, der häusliche Abwässer nur über zwei vorgeschaltete Seen erhält, läßt sich keine deutliche Abnahme in der TP-Konzentration seit 1974/75 belegen. Weiterhin läßt sich an Seezuflüssen, die zuvor keinen vorgeschalteten See passiert haben, in drei von vier Fällen ein deutlicher Anstieg der NO_3^--N-Konzentration beobachten. Diese Zunahme der Stickstoffbelastung der Seezuflüsse hatte eine deutliche Zunahme der NO_3^--N-Konzentration zwischen 1974/75 und 1979/80 im Oberflächenwasser des Pelagials des Bornhöveder Sees und des Schmalensees zur Folge. Wiederum im Belauer See sind keine Veränderungen festzustellen. Der Zusammenhang zwischen Nährstoffkonzentration in den Zuflüssen und im Wasserkörper der Seen läßt sich - vermutlich durch den Einfluß der Denitrifikation - für die Stickstoffkomponenten weniger deutlich erkennen als bei Phosphor. Die Konzentration von Chlorophyll-a hat sich im Schmalensee und Bornhöveder See, nicht jedoch im Belauer See, zwischen 1979/80 und 1993 deutlich verringert. Entsprechende Veränderungen der Sichttiefe sind nicht festzustellen.

Gegenwärtig (1992/93) befindet sich der Belauer See in einem eutrophen, der Schmalensee und Bornhöveder See in einem hypertrophen Zustand. Um die Möglichkeiten und Auswirkungen einer Belastungsreduktion zu prüfen, wurden die Beziehungen zwischen externer Belastung, der sich einstellenden Konzentration im See und der daraus resultierenden Konzentration von Chlorophyll-a auf ihre Anwendbarkeit im Bereich der Bornhöveder Seen überprüft.

Das von der OECD (1982) und SAS et al. (1989) entwickelte Prognosemodell des Zusammenhangs zwischen externer Belastung und der Konzentration im See konnte mit einer für den Bereich der Bornhöveder Seenkette durchgeführten Regressionsanalyse für eine regionale Anwendung angepaßt werden (r=0,91). Das zweite Modell (Beziehung der Konzentration im See zur Konzentration von Chlorophyll-a) bedarf keiner Anpassung, da die Bornhöveder Seen innnerhalb des Konfidenzintervalls der von der OECD (1982) aufgestellten Regression zu liegen kommen. Zur Tauglichkeit dieser Regression für Prognosezwecke wird in der Literatur eine Schwellenwerthypothese aufgestellt, nach der TP-Konzentrationen von 25 µg/l im Belauer See und 45 µg/l im Schmalensee und Bornhöveder See unterschritten werden müßten, bevor eine Abnahme der Konzentration von Chlorophyll-a - und damit auch der Sichttiefe und des Trophiegrads insgesamt - erfolgen.

Anhand des ersten Modells läßt sich die Frage beantworten, wie weit die externe Phosphorbelastung reduziert werden muß, um die angenommenen Schwellenwerte der Phosphorkonzentration in den Seen zu erreichen. Unter Berücksichtigung eines andauernden Einflusses interner Nährstoffquellen müßte die externe Belastung um 76-88% gesenkt werden, um mit hoher Wahrscheinlichkeit den Trophiegrad zu senken. Reduktionen, die weniger deutlich ausfallen, laufen Gefahr, nur auf die TP-Konzentration im See, nicht aber auf den Trophiegrad zu wirken.

Es werden zwei Wege zur Ermittlung von Entlastungspotentialen der externen Phosphorbelastung vorgestellt. Die natürliche Grundbelastung beträgt in den drei Seen ca. 6-16% der gegenwärtigen Belastung, so daß ein maximales Entlastungspotential von 84-94% gegeben ist. Als zweite Möglichkeit, Entlastungspotentiale zu bestimmen, wird der Ansatz verfolgt, die Beiträge zur Entlastung für einzelne Managementmaßnahmen abzuschätzen und zu summieren. Auf diese Weise ergibt sich in einem exemplarisch untersuchten Teileinzugsgebiet am Bornhöveder See ein Entlastungspotential von 66% der gegenwärtigen Belastung des Bornhöveder Sees. Die höchsten Entlastungspotentiale bestehen im Bereich der intensiven Fischzucht. Das Entlastungspotential des Hauptzuflusses wird bei Kombination zahlreicher Einzelmaßnahmen auf 38% geschätzt und kann durch Anlage eines Retentionsteichs auf maximal 50% gesteigert werden. Die wirksamsten Maßnahmen im Einzugsgebiet zielen auf eine Reduktion der aus der landwirtschaftlichen Nutzung stammenden diffusen Einträge (Extensivierung, Aufforstung, Schließung von Entwässerungsgräben, Unterbindung des Direkteintrags von Dünger in Gewässer). Der Umstellung der Kläranlage Bornhöved auf vermehrt biologische Phosphatfällung wird ein Entlastungspotential von 8% zugeschrieben.

Das erreichbare Entlastungspotential von 66% am Bornhöveder See liegt also unterhalb der prognostizierten, notwendigerweise zu erreichenden Reduktion der externen Phosphorbelastung von 88%. Dieses bedeutet, daß der angenommene Schwellenwert zur Erreichung eines niedrigeren Trophiegrades im Bornhöveder See allein durch eine Reduktion der externen

Belastung nicht erreicht werden kann. Aus zweierlei Gründen ist es dennoch sinnvoll, die externe Belastung drastisch zu verringern: Erstens könnte auf diese Weise den intensiven sommerlichen Chlorophyllmaxima - und damit vermutlich auch den Minima der Sichttiefe - entgegengetreten werden. Die gegenwärtige Situation mit sommerlichen Sichttiefen <1 m stellt eine Unterschreitung des Werts der EG-Badewasserrichtlinie dar. Zweitens bilden Maßnahmen der externen Belastungsreduktion die Grundlage für Restaurierungsmaßnahmen.

Angesichts der Diskrepanz, die sich aus dem implizit vorgegebenen Ziel der Senkung des Trophiegrades und den Möglichkeiten des Seenmanagements ergibt, wird auf die vorwiegend im terrestrischen Bereich geführte Leitbilddiskussion eingegangen. Die dem Seenmanagement zugrundeliegenden Leitbilder sind in der Literatur häufig nur zwischen den Zeilen zu finden, wobei oftmals ein historisches oder nutzungsorientiertes Leitbild vorhanden zu sein scheint. Leitbilder sind auch für Seen wesentlich durch die politischen und gesellschaftlichen Gruppen zu formulieren, wobei den ökologischen Fachdisziplinen und Umweltexperten eine Beratungsfunktion zukommt.

Seenmanagement ist im Überschneidungsbereich von Wissenschaft, Gesellschaft und Verwaltung angesiedelt. Es wird der Versuch unternommen, eine Organisationsstruktur zu entwerfen, die einen effizienten Ablauf der im Rahmen eines Seenmanagements notwendigen Entscheidungen aufzeigt. Es wird vorgeschlagen, eine Einbindung von Seemanagementmaßnahmen in regionale, flächendeckende Langzeitmonitoringprogramme vorzunehmen und ein Seenkataster aufzubauen.

Abschließend werden Restriktionen diskutiert, die einem effektiven Seenmanagement entgegenstehen und die Erreichung der Managementziele verzögern oder verhindern können. Es besteht die Möglichkeit, daß das "System See" nicht in dem erwarteten Umfang reagiert. Ein hoher 'internal load' aus P-reichen Sedimenten kann den Erfolg von Managementmaßnahmen um mehrere Jahre verzögern. Andererseits ist in erheblichem Umfang mit gesellschaftlich bedingten Restriktionen zu rechnen: rechtlicher Rahmen, finanzielle Möglichkeiten und politische Durchsetzbarkeit.

7. Abstract

This study examines the eutrophication of four lakes in Schleswig-Holstein (North Germany). It focuses on Lake Belau and two upstream lakes, Lake Schmalensee and Lake Bornhöved.

Dynamics of hydrochemical and hydrophysical parameters of these lakes as well as their inlets and outlets were studied over a period of two years (1992-1993). The annual variability of the parameters is strongly influenced by a characteristic change between stratification and circulation. During summer stratification, the well-oxiginated upper strata in Lake Belau and Lake Bornhöved (which were both monomictic) will be reduced to only a few meters, while in the lower parts of both waterbodies an anoxic hypolimnion emerges. Lake Schmalensee and Lake Schierensee are shallow lakes with frequent changes between circulation and unstable stratification periods.

There is a decrease in annual averages of nutrient and chlorophyll concentrations and an increase of Secchi depths in the direction of flow of water from Lake Bornhöved to Lake Schmalensee and finally Lake Belau. High concentrations of biologically available phosphorus and nitrogen compounds were measured. During winter circulation TDP (total dissolved phosphorus) concentrations reached 0,2 mg/l and DIN (dissolved inorganic nitrogen) 2 mg/l. Annual averages of N:P ratios are above the REDFIELD ratio of 7:1 (molar), whereas in summer N:P ratios fall well below this value. In addition extremely low epilimnetic concentrations of TDP and DIN were detected in summer. Thus, shifting limitation of nitrogen and phosphorus is most likely.

Phosphorus and nitrogen loads to the lakes have been determined. Their major inlet, the river Alte Schwentine, is responsible for the largest amount of nutrient inputs. Other nutrient sources of minor importance are: atmospheric deposition, groundwater infiltration, run-off from land surfaces, litterfall, fish stocking, as well as contributions from bathers, waterfowl, insects, watering-places for cattle and direct input of fertilizers to watercourses.

The importance of a nutrient source for the eutrophication of lakes does not only depend on its annual nutrient load, but also on the variability of this load, the locality where nutrients enter the waterbody and on the amount of biologically available nutrient fractions. Also the situation of nutrient limitation in the lake and the conditions of other nutrient sources have to be taken into account.

Within the drainage basin of the main inlet of Lake Bornhöved, 80% of the phosphorus load and 95% of the nitrogen load originates from diffuse sources. The external phosphorus load of the lakes amounts to 9,5-11,6 kg/ha*a, which is 5-6 times higher than the acceptable load according to VOLLENWEIDER (1976). An additional internal load of 8 kg/ha*a in Lake Bornhöved, 4 kg/ha*a in Lake Schmalensee and 2 kg/ha*a in Lake Belau was determined by means of phosphorus balances. Apparently, the internal load is decreasing along the chain of lakes, resulting in a decreasing total load and explaining the above-mentioned gradient of decreasing phosphorus concentrations from lake to lake. The external nitrogen load amounts to 670 kg/ha*a in Lake Bornhöved, 380 kg/ha*a in Lake Schmalensee and 240 kg/ha*a in Lake Belau. Significant amounts of nitrogen are lost by denitrification.

The history of eutrophication of the Bornhöved lakes is discussed in detail. Three examples are given to underline that the eutrophication of the lakes has considerably increased within the past hundred years. Trends in hydrochemical development have been detected by comparison of data collected since 1975. Since then the concentration of total phosphorus (TP) has decreased in three lake inlets due to reduced phosphorus export of municipal wastewater. This reduction of TP load resulted in a decreasing concentration of TP in Lake Bornhöved, Lake Schmalensee and Lake Schierensee. No reduction of TP load and TP concentration was noticed in Lake Belau, where wastewater has already passed through two lakes upstream.

Furthermore, there is a significant increase in concentration of nitrate in three of four lake inlets which do not pass through another lake upstream. This increase in nitrogen load resulted in an increase of nitrogen concentration of Lakes Bornhöved's and Schmalensee's pelagial water between 1974/75 and 1979/80, but no change occured in Lake Belau. However, because of denitrification in lakes the relation between nitrogen concentration in lakewater and nitrogen concentration in lake inlets is less strong than the corresponding relation for phosphorus. Consequently, between 1979/80 and 1993 the concentration of chlorophyll-a decreased in Lakes Bonhöved and Schmalensee, but not in Lake Belau. Changes in Secchi depths did not appear in any lake.

At present (1992/93) Lake Belau can be classified eutrophic and Lakes Bornhöved and Schmalensee hypertrophic. The application of two-step load-response relationships was used as a basis to discuss possibilities and effects of reduction of external phosphorus load. The first step of load-response relationship (regression of load vs. concentration of TP, OECD 1982, SAS et al. 1989) was re-calculated with regional data (r=0,91). The second step (concentration of TP vs. concentration of chlorophyll-a) is an application of the original form of the OECD-relationship. Threshold values of inlake TP concentrations of 25 mg/l in Lake Belau and 45 mg/l in Lakes Bornhöved and Schmalensee - which must be reached in order to achieve a reduction of annual averages of chlorophyll-a - are chosen to use this regression for lake management purposes.

The first relationship enables to calculate the extent of reduction of external load that is necessary to reach the assumed threshold values. Accordingly, the external load needs to be reduced by 76-88%. Lower reductions only reduce inlake concentrations of TP, but will not improve trophic status of the lakes.

Two methods to assess the potential of load reduction are presented. Firstly, the estimated natural background ranges from 6-16% of the present load, which gives a maximum potential of 84-94%. Secondly, the expected effects of several management measures are presented. With this method a potential of 66% is assumed for the catchment of Lake Bornhöved. Highest reductions will be achieved, if inputs from intensive aquaculture of rainbow trout at Lake Bornhöved are diminished. The reduction potential of the main inflow of Lake Bornhöved is estimated 38% of the present external load of the lake when several proposed measures within the catchment will be realized. A reduction of 50% of the present load could be achieved, if a retention pond was constructed at the lake's inlet.

This study illustrates that the overall reduction potential of 66% in the case of Lake Bornhöved does not meet the requirement to reduce 88% of the external load. Consequently, the assumed threshold value necessary to improve trophic status of the lake can not be reached simply by reduction of external load. Nevertheless there are good reasons for reducing the external load: Intensive algal blooms and low summer values of Secchi depth would probably disappear. In the present situation the quality requirements of >1 m Secchi depth for bathwater (EC guideline) are not met. Furthermore, external load reduction is the basis for restauration methods.

The discrepancy between the goal of lowering trophic status and options of lake management is discussed. In general goals of lake management are not particulary mentioned in literature or they are based on historical approaches or demands of water usage. Definition of goals of environmental quality is a political and social process in which experts of environmental sciences act as consultants. A framework for making lake management decisions is developed which combines lake management with regional monitoring and a lake database.

Finally restrictions in lake management are discussed. On the one hand the lake ecosystem might not respond in the predicted way due to influences of internal load from the sediments. On the other hand there are socio-economical restrictions: legislation, financial support and political aspects.

8. Literatur

ALBERSMEYER, W. (1972): Belastung von Trinkwassertalsperren durch Abläufe aus Fischzuchtanstalten.- Gewässerschutz, Wasser, Abwasser 8: 247-274.

AMBÜHL, H. (1982): Eutrophierungskontrollmaßnahmen an Schweizer Mittellandseen.- Zeitschrift für Wasser- und Abwasserforschung 15: 113-120.

ANONYM (1991): Extensivierungsförderung - Bilanz und Folgerungen.- Natur und Landschaft 66: 91-92.

ANSELM, R. (1990): Wirkung und Gestaltung von Uferstreifen - eine systematische Zusammenstellung.- Zeitschrift für Kulturtechnik und Landentwicklung 31: 230-236.

ARBEITSGEMEINSCHAFT FÜR HEIMATKUNDE IM KREIS PLÖN (1984): Jahresbericht der Arbeitsgemeinschaft für Heimatkunde im Kreis Plön / Zur Geschichte des Gutes Perdoel.- Jahrbuch der Heimatkunde im Kreis Plön 14: 164-168.

ARBEITSGRUPPE BAGGERSEEN DER DEUTSCHEN GESELLSCHAFT FÜR LIMNOLOGIE (Hrsg.) (1991): Die fischereiliche Nutzung von Baggerseen.- Mitteilungen der Deutschen Limnologischen Gesellschaft, H. 2/91.

ARPE, T. (1995): Quantifizierung von partikulären Spurenelementflüssen im Belauer See unter besonderer Berücksichtigung der Transportmechanismen ausgewählter Metalle.- Diplomarbeit am Institut für Physikalische Chemie, Christian-Albrechts-Universität Kiel.

BACHMANN, R.W. & J.R. JONES (1974): Phosphorus inputs and algal blooms in lakes.- Iowa State Journal of Research 49: 155-161.

BAINES, S.B. & M.L. PACE (1994): Relationship between suspended particulate matter and sinking flux along a trophic gradient and implications for the fate of planktonic primary production.- Canadian Journal of Fisheries and Aquatic Sciences 51: 25-36.

BARBIERI, A. & R. MOSELLO (1992): Chemistry and trophic evolution of Lake Lugano in relation to nutrient budget.- Aquatic Sciences 54 (3/4): 219-237.

BARKMANN, S. & W. FLECKNER, H. ZIMMERMANN, H. KAUSCH (1994): Nahrungsbeziehungen im Pelagial des Belauer Sees.- Interne Mitteilungen, Ökosystemforschung im Bereich der Bornhöveder Seenkette, Heft 1/1994: 225-238.

BARTHELMES, D. (1981): Hydrobiologische Grundlagen der Binnenfischerei.- Gustav Fischer Verlag, Jena.

BEHRENDT, H. (1994): Immissionsanalyse und Vergleich zwischen der Ergebnissen von Emissions- und Immissionsbetrachtung.- In: WERNER, W. & H.P. WODSAK (Hrsg.) (1994): Stickstoff- und Phosphateintrag in die Fließgewässer Deutschlands unter besonderer Berücksichtigung des Eintragsgeschehens im Lockergesteinsbereich der ehemaligen DDR.- Agrarspectrum, Bd. 22, S. 171-206.

BEHRENDT, H. & M. BÖHME (1994): Phosphorreiche aber klare Seen - Ausnahmen von der Regel ?.- Erweiterte Zusammenfassung der Jahrestagung der Deutschen Gesellschaft für Limnologie in Hamburg, Bd. 1: 1-4.

BERGHEIM, A. & A.R. SELMER-OLSEN (1978): River pollution from a large trout farm in Norway.- Aquaculture 14: 267-270.

BERNHARDT, H. & S.H. EBERLE, D. DONNERT, H. STRÜWE, A. WILHELMS (1981): Anwendung der Aktivtonerdefiltration zur Eliminierung von Phosphaten aus kleinen Talsperrenzuläufen.- Zeitschrift für Wasser- und Abwasserforschung 14: 180-187.

BERTSCH (1994): Wasserverwendung in Molkereien.- Deutsche Milchwirtschaft 45 (11): 509-511.

BICHOF, W. (1989): Abwassertechnik.- 9. Aufl., Verlag B.G. Teubner, Stuttgart.

BOHL, M. (1985): Fischereiproduktion und Vorfluterbelastung.- Münchener Beiträge zur Abwasser-, Fischerei- und Flußbiologie 39: 297-323.

BOHL, M. (1992): The influence of feeds on trout pond effluents.- In: MOAV, B. & V. HILGE, H. ROSENTHAL (eds.): Progress in Aquaculture Research. Proceedings of the 4th German--Israeli Status Seminar, EAS Special Publications 17: 109-118.

BOSTRÖM, B. & J.M. ANDERSEN, S. FLEISCHER, M. JANSSON (1988): Exchange of phosphorus across the sediment-water interface.- Hydrobiologia 170: 229-244.

BOSTRÖM, B. & C. FORSBERG, M. JANSSON (1982): Phosphorus release from lake sediments.- Ergebnisse der Limnologie, Beiheft des Archivs für Hydrobiologie 18: 5-59.

BRAHMS, E. & S. PUMMERER (1991): Stillegung/Extensivierung landwirtschaftlicher Nutzung aus landschaftsökologischer Sicht.- Natur und Landschaft 66: 573-578.

BRANDING, A. (1996): Die Bedeutung der atmosphärischen Deposition für die Forst- und Agrarökosysteme der Bornhöveder Seenkette.- EcoSys (im Druck).

BRUHM, I. (1990): Untersuchungen zur Qualität schleswig-holsteinischer Fließgewässer - Auswertung und Verknüpfung der Ergebnisse verschiedener Beurteilungsverfahren zur Bewertung der Gewässergüte.- Dissertation, Mathematisch-Naturwissenschaftliche Fakultät der Christian-Albrechts-Universität zu Kiel

CALDERONI, A. & R. DE BERNARDI, D. RUGGIU (1993): The changing trophic state of Lago Maggiore.- In: GIUSSANI, G. & C. CALLIERI (eds.): Proceedings of the 5th International Conference on the Conservation and Management of Lakes, 17-21 May, 1993, Stresa, Italy. C.N.R. Istituto Italiano Idrobiologia, p. 58-62.

CARLSON, R.E. (1977): A trophic state index for lakes.- Limnology and Oceanography 22: 361-369.

CASPER, P. (1987): Bedeutung von terrestrischem Pflanzenmaterial für den Stoffhaushalt eines oligotrophen Gewässers (Stechlinsee).- Limnologica 18: 423-430.

CÄSPERLEIN, A. (1967): Auswertung von Abflußmessungen auf digitalen Rechenanlagen.- Besondere Mitteilungen DGJ 29, München.

CASTELLE, A.J. & A.W. JOHNSON, C. CONOLLY (1994): Wetland and stream buffer size requirements - A review.- Journal of Environmental Quality 23: 878-882.

CHORUS, I. (1995): Müssen in der Seesanierung Gesamtphosphat-Schwellenwerte unterschritten werden, bevor das Phytoplankton eine Reaktion zeigt ?.- In: JAEGER, D. & R. KOSCHEL (Hrsg.): Verfahren zur Sanierung und Restaurierung stehender Gewässer. Limnologie aktuell Bd. 8, Gustav Fischer Verlag, Stuttgart, S. 21-28

CONLEY, D.J. & C.L. SCHELSKE, E.F. STOERMER (1993): Modification of the biogeochemical cycle of silica with eutrophication.- Marine Ecology Progress Series 101: 179-192.

CULLEN, P. (1983): Sources of nutrients to aquatic ecosystems.- Australien Water Resources Council, Conference Series 7: 44-57.

DAUB, J. & T. STRIEBEL, A. ROBIEN, R. HERRMANN (1993): Erfassung und chemische Analyse von Abflußwasser städtischer Straßen.- Vom Wasser 80: 155-164.

DELUMYEA, R. & R.L. PETEL (1979): Deposition velocity of phosphorus-containing particles over southern Lake Huron.- Atmospheric Enviroment 13: 287-294.

DEUFEL, J. & R. LÖRZ, G. ROSEBUSCH (1987): Entwicklung eines Forellenfertigfutters unter Berücksichtigung der Wasserbelastung.- Der Fischwirt - Zeitschrift für die Binnenfischerei 37: 77-80.

DIERSSEN, K. (1989): Extensivierung und Flächenstillegung - Naturschutzkonzepte in der Agrarlandschaft im Widerstreit zwischen Pflegenutzung und spontaner Entwicklung.- Grüne Mappe 1989, S. 18-24.

DILLON, P.J. & W.B. KIRCHNER (1975): The effects of geology and land use on the export of phosphorus from watersheds.- Water Research 9: 135-148.

DILLON, P.J. & F.H. RIGLER (1974): The phosphorus-chlorophyll relationship in lakes.- Limnology and Oceanography 19: 767-773.

DIN (Deutsches Institut für Normung e.V.) (1991): Kleinkläranlagen, DIN 4261 Teil 1-4.- DIN-Taschenbuch 138, Abwassertechnik 3, Beuth Verlag. Berlin, Köln.

DOBROWOLSKI, K.A. & R. HALBA, J. NOWICKI (1976): The role of birds in eutrophication by import and export of trophic substances of various waters.- Limnologica 10: 543-549.

DUDEL, G. & J.G. KOHL (1991): Contribution of dinitrogen fixation and denitrification to the N-budget of a shallow lake.- Verhandlungen der Internationalen Vereinigung für theoretische und angewandte Limnologie 24: 884-888.

DUDEL, G. & J.G. KOHL (1992): The nitrogen budget of a shallow lake (Großer Müggelsee, Berlin).- Internationale Revue der gesamten Hydrobiologie 77: 43-72.

EBERS, T. & W. BISCHOFSBERGER (1992): Leistungssteigerung von Kleinkläranlagen.- Berichte aus Wassergüte- und Abfallwirtschaft Nr. 98, Technische Universität München.

EIGNER, J. (1988): NSG "Fuhlensee und Umgebung" - ein verlandeter See in der Bornhöveder Seenkette.- In: MEIER, O.G. (Hrsg.): Die Naturschutzgebiete im Kreis Plön und in der Stadt Kiel.- Westholsteinische Verlagsanstalt Boyens & Co., Heide, S. 58-68.

ELLENBERG, H. (1989): Eutrophierung - das gravierendste Problem im Naturschutz ?.- Norddeutsche Naturschutzakademie, NNA-Berichte 2: 4-7

ELSER, J.J. & M.M. ELSER, N.A. MACKAY, S.R. CARPENTER (1988): Zooplankton-mediated transitions between N- and P-limited algal growth.- Limnology and Oceanography 33: 1-14.

ELSER, J.J. & C.R. GOLDMAN, E.R. MARZOLF (1990): Phosphorus and nitrogen limitation of phytoplankton growth in the freshwaters of North America: A review and critique of experimental enrichments.- Canadian Journal of Fisheries and Aquatic Sciences 47: 1468-1477.

ENELL, M. & S. LÖFGREN (1988): Phosphorus in interstitial water: methods and dynamics.- Hydrobiologia 170: 103-132.

ERICH, E. (1965): Historische Stätten im Kirchspiel Bornhöved bis zur Einweihung der Kirche durch Vicelin 1149.- Heimatkundliches Jahrbuch für den Kreis Segeberg 11: 28-42.

ERLENKEUSER, H. (1993): Isotopenanalyse an Sinkfallenmaterial des Jahres 1993 sowie Datierung und Isotopenanalyse der Sedimente der Kernfolge Q300.- In: ERLENKEUSER, H. & H. HÅKANSSON, W. HOFMANN, J. MERKT, H. MÜLLER, C. PLATE, H. USINGER, J. WIETHOLD: Erweiterter Arbeitsbereich Paläökologie - Zwischenbericht 1993, S. 1-5

ERLENKEUSER, H. & H. HÅKANSSON, W. HOFMANN, J. MERKT, H. MÜLLER, C. PLATE, H. USINGER, J. WIETHOLD (1993): Erweiterter Arbeitsbereich Paläökologie - Zwischenbericht 1993.

FAAFENG, B.A. & Å. BRABRAND (1990): Biomanipulation of a small, urban lake - removal of fish exclude bluegreen blooms.- Verhandlungen der Internationalen Vereinigung für theoretische und angewandte Limnologie 24: 597-602.

FALKOWSKA, L. & K. KORZENIEWSKI (1988): Deposition of airborne nitrogen and phosphorus on the coastal zone and coastal lakes of southern Baltic.- Polskie Archiwum Hydrobiologii 35: 141-154.

FELDWISCH, N. & H.G. FREDE (Bearb.) (1995): Maßnahmen zum verstärkten Gewässerschutz im Verursacherbereich Landwirtschaft.- DVWK-Materialien 2/1995

FINCK, P. & U. HAUKE, E. SCHRÖDER (1993): Zur Problematik der Formulierung regionaler Landschafts-Leitbilder aus naturschutzfachlicher Sicht.- Natur und Landschaft 68: 603-607.

FLEISCHER, S. & A. GUSTAFSON, A. JOELSSON, J. PANSAR, L. STIBE (1994): Nitrogen removal in created ponds.- Ambio 23: 349-357.

FOGG, G.E. & A.E. WALSBY (1971): Buoyancy regulation and the growth of planktonic blue-green algae. Mitteilungen der Internationalen Vereinigung für theoretische und angewandte Limnologie 19: 182-188.

FORSBERG, C. (1979): Responses to advanced wastewater treatment and sewage diversion. Ergebnisse der Limnologie, Beiheft des Archivs für Hydrobiologie 13: 278-292.

FORSBERG, C. (1989): Importance of sediments in understanding nutrient cyclings in lakes.- Hydrobiologia 176/177: 263-277.

FOY, R.H. & R. ROSELL (1991a): Fractionation of phosphorus and nitrogen loadings from a Northern Ireland fish farm.- Aquaculture 96: 31-42.

FOY, R.H. & R. ROSELL (1991b): Loadings of nitrogen and phosphorus from a Northern Ireland fish farm.- Aquaculture 96: 17-30.

FRÄNZLE, O. (1978): Die Struktur und Belastbarkeit von Ökosystemen.- In: WIRTH, E. & G. HEINRITZ (Hrsg.): 41. Deutscher Geographentag Mainz, 31. Mai bis 2. Juni 1977. Tagungsbericht und wissenschaftliche Abhandlungen.- Franz Steiner Verlag, Wiesbaden, S. 469-485.

FRÄNZLE, O. (1990): Ökosystemforschung im Bereich der Bornhöveder Seenkette.- In: SEMMEL, A. (Hrsg.): 47. Deutscher Geographentag Saarbrücken, 2. bis 7.10.1989. Tagungsbericht und wissenschaftliche Abhandlungen.- Franz Steiner Verlag, Stuttgart, S. 222-224.

FRÄNZLE, O. & D. KUHNT, G. KUHNT, R. ZÖLITZ (1986): Auswahl der Hauptforschungsräume für das Ökosystemforschungsprogramm der Bundesrepublik Deutschland.- Forschungsbericht 101 04 043/02 im Umweltforschungsplan des Bundesministers des Inneren / Umweltbundesamtes. Universität Kiel.

FREDE, H.G. & M. BACH (1993): Stoffbelastungen aus der Landwirtschaft.- In: Dachverband Wissenschaftlicher Gesellschaften der Agrar-, Forst-, Ernährungs-, Veterinär-, und Umweltforschung e.V. (Hrsg.): Belastungen der Oberflächengewässer aus der Landwirtschaft.- Agrarspectrum 21: 35-44.

FRINK, C.R. (1991): Estimating nutrient exports to estuaries.- Journal of Environmental Quality 20: 717-724.

FÜRST, D. & H. KIEMSTEDT, E. GUSTEDT, G. RATZBOR, F. SCHOLLES (1989): Umweltqualitätsziele für die ökologische Planung.- Umweltbundesamt-Forschungsbericht 109 01 008, UBA-Texte 34/92.

GASITH, A. & A.D. HASLER (1976): Airborne litterfall as a source of organic matter in lakes.- Limnology and Oceanography 21: 253-258.

GERE, G. & S. ANDRIKOVICS (1994): Feeding of ducks and their effects on water quality.- Hydrobiologia 279/280: 157-161.

GFÖ-ARBEITSKREIS THEORIE IN DER ÖKOLOGIE (1995): Nachhaltige Entwicklung - Aufgabenfelder für die ökologische Forschung.- EcoSys Bd. 3, Kiel.

GIBSON, C.E. & Y. WU, D. PINKERTON (1995): Substance budgets of an upland catchment: the significance of atmospheric phosphorus inputs.- Freshwater Biology 33: 385-392.

GOLTERMAN, H.L. & N.T. DE OUDE (1991): Eutrophication of lakes, rivers and coastal seas.- In: HUTZINGER, O. (ed.): The handbook of environmental chemistry.- Volume 5, Part A, p. 79-124.

GRAMATTE, A. (1988): Über den Einfluß des Zustandes der Fließgewässer und ihres Uferbereiches auf die Wasserqualität von Trinkwassertalsperren - Untersuchungen, Geländeaufnahmen, Sanierungskonzepte.- Dissertation, Justus-Liebig-Universität Gießen.

GRAMATTE, A. & M. PETER (1988): Bedeutung und Wirkung von Gewässerschtzstreifen.- VDLUFA-Schriftenreihe 28, Kongressband, Teil II: 1161-1170.

GRIES, T. & H. GÜDE (1995): P-Haushalt der oberen 20 m des Bodensees unter besonderer Berücksichtigung der Sedimentation.- Erweiterte Zusammenfassungen der Jahrestagung der Deutschen Gesellschaft für Limnologie in Berlin (im Druck).

GRIESE, B. (1990): Ökologische und raumplanerische Anforderungen an die Stillegungskonzepte landwirtschaftlicher Nutzflächen.- Landschaftsentwicklung und Umweltforschung, Nr. 74, Berlin.

GRUMBINE, R.E. (1994): What is ecosystem management ?.- Conserv. Biology 8: 27-38.

GRUNWALDT, H.S. (1995): Binnenfischereierhebung 1994.- Statistische Monatshefte Schleswig-Holstein 47: 81-91.

GÜDE, H. & U. EINSLE, J. HARTMANN, R. KÜMMERLIN, H. MÜLLER, H.B. STICH, G. WAGNER (1993): Response of aquatic communities to decreased P-loading: a long-term case study from Lake Constance.- In: GIUSSANI, G. & C. CALLIERI (eds.): Proceedings of the 5th International Conference on the Conservation and Management of Lakes, 17-21 May, 1993, Stresa, Italy. C.N.R. Istituto Italiano Idrobiologia, p. 108-109.

GUTSCHE, E. (1976): Die Dorfchronik von Bornhöved.- Evert-druck, Neumünster

GUYONNET, D.A. (1991): Numerical modeling of effects of small-scale sedimentary variations of groundwater discharge into lakes.- Limnology and Oceanography 36: 787-796.

HACH, G. & W. HÖLTL (1989): Maßnahmen zu Erhaltung und Verbesserung der Wasserrückhalte-, Wasserreinhalte- und Speicherfähigkeit in der Landschaft.- Zeitschrift für Kulturtechnik und Landentwicklung 30: 8-21.

HAHN, H.H. & C. XANTOPOULOS (1989): Phosphor aus der Niederschalgswasserableitung.- In: HAMM, A. (Hrsg.): Kompendium Auswirkungen der Phosphathöchstmengenverordnung für Waschmittel auf Kläranlagen und in Gewässern.- Academia Verlag Richarz, Sankt Augustin, S. 201-215.

HÅKANSSON, H. (1993): Diatomeenanalyse am Sedimentprofil Q300, Belauer See.- In: ERLENKEUSER, H. & H. HÅKANSSON, W. HOFMANN, J. MERKT, H. MÜLLER, C. PLATE, H. USINGER, J. WIETHOLD: Erweiterter Arbeitsbereich Paläökologie - Zwischenbericht 1993, S. 6-10

HAMM, A. (1976a): Zur Nährstoffbelastung von Gewässern aus diffusen Quellen: Flächenbezogene P-Angaben - eine Ergebnis- und Literaturzusammenstellung.- Zeitschrift für Wasser- und Abwasserforschung 9: 4-10.

HAMM, A. (1976b): Nutrient load and balance of some subalpine lakes after sewage diversion.- Verhandlungen der Internationalen Vereinigung für theoretische und angewandte Limnologie 20: 975-981.

HAMM, A. (1979): Phosphorbelastungsmodelle von Seen in Beziehung zur Nährstoffbelastung aus diffusen Quellen.- Münchener Beiträge zur Abwasser-, Fischerei- und Flußbiologie 31: 315-333.

HAMM, A. (1991): Eutrophierung und Eutrophierungsverminderung an bayerischen Seen - ein Vergleich von 1967 bis heute.- In: BAYERISCHE AKADEMIE DER WISSENSCHAFTEN (Hrsg.): Ökologie der oberbayerischen Seen - Zustand und Entwicklung.- Rundgespräche der Kommission für Ökologie, Bd.2, Verlag F. Pfeil, München, S. 49-61.

HAMM, A. & V. KUCKLENTZ (1988): Möglichkeiten und Erfolgsaussichten der Seenrestaurierung.- Bayerisches Staatsministerium für Landesentwicklung und Umweltfragen.

HANEY, J.F. (1994): Vortrag am 16.3.1994 in Plön.

HANLON, R.D.G. (1981): Allochthonous plant litter as a source of organic material in an oligotrophic lake (Llyn Frogoch).- Hydrobiologia 80: 257-261.

HASLER, A.D. (1947): Eutrophication of lakes by domestic drainage.- Ecology 28: 383-395.

HECKY, R.E. & P. KILHAM (1988): Nutrient limitation of phytoplankton in freshwater and marine environments: A review of recent evidence on the effects of enrichment.- Limnology and Oceanography 33: 796-822.

HENDERSON-SELLERS, B. & MARKLAND, H.R. (1987): Decaying lakes: Origins and control of eutrophication.- John Wiley and Sons, New York.

HENNING (1986): Bewertung des Zustandes von Seen: Eine Literaturstudie.- Landesamt für Wasserhaushalt und Küsten Schleswig-Holstein, Kiel.

HILGE, V. (1991): Fischzucht und -haltung. Verringerung der Abwasserfrachten aus Fischzuchtanlagen in Dänemark.- Informationen für die Fischwirtschaft 38: 103-105.

HOFMANN, W. (1981): Limnologische Untersuchungen an Seen des Kreises Plön.- Jahrbuch für Heimatkunde im Kreis Plön 11: 159-176

HORST, B. (1989): Gewässerschutzaspekte bei Fischteichanlagen.- Bayerisches Landesamt für Wasserwirtschaft (Hrsg.): Chemisch-biologische Untersuchungen verschiedener Fischteichanlagen in Bayern - Kurzfassung des Endberichts.

IMBODEN, D.M. (1992): Possibilities and limitations of lake restoration: Conclusions for Lake Lugano.- Aquatic Sciences 54: 381-390.

JAEGER, D. (1995): Restaurierung des Krupunder Sees durch Kombination von hypolimnischer Belüftung und technischer Eisenphosphatfällung.- In: JAEGER, D. & R. KOSCHEL (Hrsg.): Verfahren zur Sanierung und Restaurierung stehender Gewässer. Limnologie aktuell, Bd. 8. Gustav Fischer, Stuttgart, S. 255-272

JAEGER, D. & R. KOSCHEL (Hrsg.) (1995): Verfahren zur Sanierung und Restaurierung stehender Gewässer.- Limnologie aktuell, Bd. 8, Gustav Fischer, Stuttgart

JAMES, W.F. & J.W. BARKO (1991): Littoral-pelagic phosphorus dynamics during nighttime convective circulation.- Limnology and Oceanography 36: 949-960.

JASSBY, A. & J.E. REUTER, R.P. AXLER, C.R. GOLDMAN, S.H. HACKLEY (1994): Atmospheric deposition of nitrogen and phosphorus in the annual nutrient load of Lake Tahoe (California-Nevada).- Water Resources Research 30: 2207-2216.

JELINEK, S. (1995): Einsatz hydrologischer Modelle zur Bewertung des Einflusses von Seeuferzonen auf diffuse Stoffeinträge.- Diplomarbeit am Geographischen Institut der Universität Kiel.

JENSEN, H.S. & F.Ø. ANDERSEN (1992): Importance of temperature, nitrate, and pH for phosphate release from aerobic sediments of four shallow, eutrophic lakes.- Limnology and Oceanography 37: 577-589.

JENSEN, J.P. & E. JEPPESEN, P. KRISTENSEN (1990): Relationship between nitrogen loading and in-lake nitrogen concentrations in shallow Danish lakes.- Verhandlungen der Internationalen Vereinigung für theoretische und angewandte Limnologie 24: 201-204.

JØRGENSEN, S.E. & R.A. VOLLENWEIDER (1988): Guidelines of lake management.- Vol. 1: Principles of lake management.- International Lake Environment Comitee (ILEC) and United Nations Environment Programme (UNEP).

KARSTENS, U. (1990): Wind, Korn und Wasser. Von Müllern und Mühlenbauern im Kreis Plön.- Edition Barkau, Großbarkau.

KASTENHOLZ, H.G. (1995): Nachhaltige Entwicklung zwischen Anspruch und Wirklichkeit: Zur Theorie und Praxis eines umstrittenen Leitbildes.- In: GFÖ-ARBEITSKREIS THEORIE IN DER ÖKOLOGIE (1995): Nachhaltige Entwicklung - Aufgabenfelder für die ökologische Forschung.- EcoSys 3: 37-38.

KEPENYES, J. (1984): Recirculating systems and re-use of water in aquaculture.- In: FAO (ed.): Inland aquaculture engineering - Lectures presented at the ADCP Inter-regional Training Course in Inland Aquaculture Enginieering, Budapest, 6.6.-3.9.1983, p. 374-398.

KETOLA, H.G. & B.F. HARLAND (1993): Influence of phosphorus in rainbow trout diets on phosphorus discharges in effluent water.- Transactions of the American Fisheries Society 122: 1120-1126.

KETOLA, H.G. & M.E. RICHMOND (1994): Requirement of rainbow trout for dietary phophorus and its relationship to the amount discharged in hatchery effluents.- Transactions of the American Fisheries Society 123: 587-594.

KIEFMANN, H.-M. (1975): Historisch-geographische Untersuchungen zur älteren Kulturlandschaftsentwicklung in der Siedlungskammer Bosau, Ostholstein unter besonderer Berücksichtigung der Phosphatmethode.- Dissertation, Christian-Albrechts-Universität Kiel.

KIELWEIN, G. (1985): Leitfaden der Milchkunde und Milchhygiene.- 2. Auflage, Berlin, Hamburg.

KILHAM, P. & R.E. HECKY (1988): Comparitive ecology of marine and freshwater phytoplankton.- Limnology and Oceanography 33: 776-795.

KLAPPER, H. (1992): Eutrophierung und Gewässerschutz.- Gustav Fischer Verlag, Jena, Stuttgart.

KLEIN, G. (1989): Anwendbarkeit des OECD-Vollenweider-Modells auf den Oligotrophierungsprozeß an eutrophierten Gewässern.- Vom Wasser 73: 365-373.

KLUGE, W. & O. FRÄNZLE (1992): Prozesse und Modelle zum unterirdischen Wasser- und Stoffaustausch zwischen Umland und See.- Erweiterte Zusammenfassungen der Jahrestagung der Deutschen Gesellschaft für Limnologie in Konstanz, Bd. 1: 53-57.

KLUGE, W. & S. JELINEK, E.W. REICHE, T. SCHEYTT (1994): Diffuse Stoffeinträge in Seen: Bilanzmethode zur Schätzung des Eintrages über das Grundwasser.- Erweiterte Zusammenfassungen der Jahrestagung der Deutschen Gesellschaft für Limnologie in Hamburg, Bd. 1: 59-63.

KNAUER, N. & Ü. MANDER (1989): Untersuchungen über die Filterwirkung verschiedener Saumbiotope an Gewässern in Schleswig-Holstein. 1. Mitteilung: Filterung von Stickstoff und Phosphor.- Zeitschrift für Kulturtechnik und Landentwicklung 30: 365-376.

KNÖSCHE, R. (1971): Der Einfluß intensiver Fischproduktion auf das Wasser und Möglichkeiten zur Wasserreinigung.- Zeitschrift für die Binnenfischerei der DDR 18: 372-379.

KOHMANN, F. & W. BINDER, P. BRAUN (1993): Leitbilder für die Erstellung ökologisch begründeter Sanierungskonzepte kleiner Fließgewässer.- Vortrag am 30.4.1993 auf der Tagung "Wasser Berlin", unveröffentlichtes Vortragsmanuskript.

KÖNIG, D. (1963): Die Gewässer Schleswig-Holsteins (qualitativ) und ihre Abwässerzuflüsse.- Deutsche Gewässerkundliche Mitteilungen (Sonderheft): 28-35

KORTMANN, R.W. (1980): Benthic and atmospheric contributions to the nutrient budgets of a soft-water lake.- Limnology and Oceanography 25: 229-239.

KORZENIEWSKI, K. & W. SAŁATA (1982): Effect of intensive trout culture on chemistry of Lake Łętowo waters.- Polskie Archiwum Hydrobiologii 29: 633-657.

KOSCHEL, R.H. (1995): Zur Trophieentwicklung ausgewählter Seen in Brandenburg und Mecklenburg-Vorpommern.- Erweiterte Zusammenfassungen der Jahrestagung der Deutschen Gesellschft für Limnologie in Berlin (im Druck).

KOSCHEL, R. (1995): Möglichkeiten und Grenzen von ökotechnologischen Verfahren zur Restaurierung von Standgewässern.- In: JAEGER, D. & R. KOSCHEL (Hrsg.): Verfahren zur Sanierung und Restaurierung stehender Gewässer. Limnologie aktuell, Bd. 8. Gustav Fischer, Stuttgart, S. 11-19

KOWALCZEWSKI, A. & J.I. RYBAK (1981): Atmospheric fallout as a source of phosphorus for Lake Warniak.- Ekologia Polska 29: 63-71.

KOZERSKI, H.P. (1994): Entwicklung brauchbarer Methoden zur Messung der Sedimentation in Gewässern.- Erweiterte Zusammenfassungen der Jahrestagung der Deutsche Gesellschaft für Limnologie in Hamburg, Bd. 1: 734-738.

KRAUTH, K. (1979): Beschaffenheit von Straßenoberflächenwasser.- Forschungs- und Entwicklungsinstitut für Industrie- und Siedlungswasserwirtschaft sowie Abfallwirtschaft e.V., Stuttgarter Berichte zur Siedlungswasserwirtschaft, Bd. 64, S. 1-25.

KRAYL, E. (1993): Strategien zur Verminderung der Stickstoffverluste aus der Landwirtschaft.- Landwirtschaft und Umwelt, Schriften zur Umweltökonomik, Bd. 8.

KRAMBECK, C. (1990): Randstreifen und Gewässerschutz. Wirkung und Nutzung von Pufferzonen gegen Stoffeinträge aus landwirtschaftlichen Flächen im Uferbereich von Flachlandgewässern humider Zonen.- Entwurf, Landesamt für Wasserhaushalt und Küsten, Kiel.

KRONVANG, B. (1992): The export of particulate matter, particulate phosphorus and dissolved phosphorus from two agricultural river basins: Implications on estimating the non-point phosphorus load.- Water Research 26: 1347-1358.

KRYSANOVA, V. & A. MEINER, J. ROOSAARE, A. VASILYEV (1989): Simulation modelling of coastal waters pollution from agricultural watershed.- Ecological Modelling 49: 7-29.

LAMMEN, C. (1989): Untersuchungen zum Crustaceen-Plankton des Belauer Sees (Bornhöveder Seenkette).- Diplomarbeit am Institut für Hydrobiologie und Fischereiwissenschaft, Universität Hamburg

LAMPERT, W. (1983): Biomanipulation - eine neue Chance zur Seesanierung.- Biologie in unserer Zeit 13: 79-86.

LÄNDERARBEITSGEMEINSCHAFT WASSER & BUNDESMINISTER FÜR VERKEHR (Hrsg.) (1991): Richtlinie für das Ermitteln von Abflüssen und Durchflüssen.- (Anlage D) In: LÄNDERARBEITSGEMEINSCHAFT WASSER & BUNDESMINISTER FÜR VERKEHR (Hrsg.) (1978): Pegelvorschrift.- 3. Auflage, Hamburg.

LANDESAMT FÜR WASSERHAUSHALT UND KÜSTEN SCHLESWIG-HOLSTEIN (1977): Funktionskontrolle der Kläranlage Bornhöved am 14./15.12.1976 und am 23./24.03.1977.- Band E 2, Kiel.

LANDESAMT FÜR WASSERHAUSHALT UND KÜSTEN SCHLESWIG-HOLSTEIN (1982): Bericht über die Untersuchung des Zustandes und die Benutzung des Bornhöveder Sees, Schmalensees, Belauer Sees, Stolper Sees und Schierensees von Mai 1979 bis Juni 1980.- Band B 16, Kiel.

LANDESAMT FÜR WASSERHAUSHALT UND KÜSTEN SCHLESWIG-HOLSTEIN (1985): Seenkontrollmeßprogramm 1983 und 1984.- Band M 1, Kiel.

LANDESAMT FÜR WASSERHAUSHALT UND KÜSTEN SCHLESWIG-HOLSTEIN (1992): Seenkontrollmeßprogramm 1991.- Band M 7, Kiel.

LANDESAMT FÜR WASSERHAUSHALT UND KÜSTEN SCHLESWIG-HOLSTEIN (Hrsg.) (1994): Vergleichende Untersuchungen zur biologischen und chemischen Phosphorelimination auf Käranlagen in Schleswig-Holstein.- Band E 7, Kiel.

LANDESAMT FÜR WASSERHAUSHALT UND KÜSTEN SCHLESWIG-HOLSTEIN (Hrsg.) (1995): Der Dobersdorfer See. Bericht über die Untersuchung des Zustandes des Dobersdorfer Sees von Januar bis Dezember 1991.- Band B 34, Kiel.

LANDMESSER, B. (1993): Untersuchungen zur Struktur und zur Primärproduktion des Phytoplanktons im Belauer See.- Dissertation, Universität Hamburg.

LANGE, J. & S. GAMMETER, V. KREJCI, W. SCHILLING (1991): Gewässerschutz bei Regenwetter - Fallstudie Fehraltorf: Auswirkungen von stoßartigen Abwassereinleitungen ("Mischwasserentlastungen") auf kleine Fließgewässer am Beispiel Luppmen, Fehraltorf / ZH.- EAWAG-Mitteilungen (Eidgenössische Anstalt für Wasserversorgung, Abwasserreinigung und Gewässerschutz), Dez. 1991: 18-23.

LAWA-ARBEITSKREIS "EINFLÜSSE VON DÜNGE- UND PFLANZENSCHUTZMITTELN AUF DIE GEWÄSSERGÜTE" (1982): Einflüsse von Düngern auf die Gewässergüte.-

LAWA-ARBEITSKREIS "GEWÄSSERBEWERTUNG - STEHENDE GEWÄSSER" (1992): Klassifizierung und Bewertung von Standgewässern als Grundlage zur Umsetzung von Gewässerschutzmaßnahmen.- Erweiterte Zusammenfassungen der Jahrestagung der Deutschen Gesellschaft für Limnologie in Konstanz, Bd. 2: 523-527.

LEITUNGSGREMIUM DES FE-VORHABENS (1992): Ökosystemforschung im Bereich der Bornhöveder Seenkette. Arbeitsbericht 1988 - 1991.- EcoSys, Bd. 1.

LEITUNGSGREMIUM DES FE-VORHABENS (1993): Arbeitsbericht 1988 - 1991. Anhang I: Untersuchungsmethoden.- Interne Mitteilungen aus dem Forschungsvorhaben, Projektzentrum Ökosystemforschung, Kiel

LENFERS, U.A. (1994): Stoffeintrag durch Streufall in verschiedenen Waldökosystemen im Bereich der Bornhöveder Seenkette.- Diplomarbeit am Geographischen Institut der Universität Kiel.

LENZ, U. (1992): Die Auswirkungen der Frühjahrsalgenblüte auf den Chemismus des Belauer Sees unter besonderer Berücksichtigung der Calcitfällung und ihrer Modellierung.- Diplomarbeit am Geographischen Institut der Univ. Kiel.

LIJKLEMA, L. (1991): Response of lakes to the reduction of phosphorus load.- Hydrobiological Bulletin - Journal of the Netherlands Hydrobiological Society 24: 165-170.

LIKENS, G.E. & F.H. BORMANN (1979): The role of watershed and airshed in lake metabolism.- Ergebnisse der Limnologie, Beiheft des Archivs für Hydrobiologie 13: 195-211.

LIKENS, G.E. & O.L. LOUCKS (1978): Analysis of five North American lake ecosystems. III. Sources, loading and fate of nitrogen and phosphorus.- Verhandlungen der Internationalen Vereinigung für theoretische und angewandte Limnologie 20: 568-573.

LUKOWICZ, M. VON (1980): Umwelt- und Lebensansprüche der Fische.- In: DANGSCHAT, H. & M. VON LUKOWICZ, C. PROSKE (1980): Intensive Fischhaltung - Möglichkeiten und Probleme der modernen Aquakultur. KTBL-Arbeitspapier 65: 7-14.

LUNDQVIST, INGVAR (1982): The limnological basis for planning water quality management.- Hydrobiologia 86: 147-151

LUNDQVIST, I. & U. LOHM, M. FALKENMARK (Eds.) (1985): Strategies for river basin management.- The GeoJournal Library, Vol.6, Dordrecht, Boston, Lancaster.

MANDER, Ü. (1989): Kompensationsstreifen entlang der Ufer und Gewässerschutz.- Landesamt für Wasserhaushalt und Küsten Schleswig-Holstein, Kiel.

MANNY, B.A. & W.C. JOHNSON, R.G. WETZEL (1994): Nutrient additions by waterfowl to lakes and reservoirs: predicting their effects on productivity and water quality.- Hydrobiologia 279/280: 121-132.

MARSDEN, M.D. (1989): Lake restoration by reducing external phosphorus loading: The influence of sediment phosphorus release.- Freshwater Biology 21: 139-162.

MARZELLI, S. (1994): Zur Relevanz von Leitbildern und Standards für die ökologische Planung.- In: BAYRISCHE AKADEMIE FÜR NATURSCHUTZ UND LANDSCHAFTSPFLEGE (ANL) (Hrsg.): Leitbilder - Umweltqualitätsziele - Umweltstandards.- Laufener Seminarbeiträge 4/94, S. 11-23.

MCBRIDE, M.S. & H.O. PFANNKUCH (1975): The distribution of seepage within lakebeds.- Journal of Research of the U.S. Geological Survey 3: 505-512.

MEFFERT, M.-E. & WULFF, W.-R. (1987): Morphometrie und Chlorophyllproduktion von osthosteinischen Seen.- Zeitschrift für Wasser- und Abwasser-Forschung 20: 13-15

MEISSNER, P. & W. OSTENDORP (1988): Ein Strömungsmodell der temperaturinduzierten Dichteströmung in geschlossenen Uferröhrichten des Bodensee-Untersees.- Archiv für Hydrobiologie 112: 433-448.

MEISSNER, R. & J. SEEGER, H. RUPP, P. SCHONERT (1993): Der Einfluß von Flächenstillegung und Extensivierung auf den Stickstoffaustrag mit dem Sickerwasser.- Vom Wasser 81: 197-215.

MELF (Minister für Ernährung, Landwirtschaft und Forsten des Landes Schleswig-Holstein, Hrsg.) (1981): Bäume und Sträucher in Wald, Flur und Garten.- Informationsstelle der Landesregierung Schleswig-Holstein, Heft 15.

MIETZ, O. (1992): Die Erstellung eines Seenkatasters für das Land Brandenburg als eine ökologische Planungsgrundlage für den Naturschutz und die Wasserwirtschaft.- (Hrsg.): Erweiterte Zusammenfassungen der Jahrestagung der Deutschen Gesellschaft für Limnologie in Konstanz, Bd. 1: 265-269.

MIETZ, O. & R. SCHARF, H. VIETINGHOFF (1993): Seenkatasterprojekte am Beispiel des Landes Brandenburg.- Jahrbuch für Naturschutz und Landschaftspflege 48: 98-103.

MITSCH, W.J. & J.K. CRONK, X. WU, R.W. NAIRN, D.L. HEY (1995): Phosphorus retention in constructed freshwater riparian marshes.- Ecolological Applications 5: 830-845.

MNUL (Minister für Natur, Umwelt und Landesentwicklung des Landes Schleswig-Holstein, Hrsg.) (1991): Grundsätze zum Schutz und zur Regeneration von Gewässern.- Kiel.

MNUL (Minister für Natur, Umwelt und Landesentwicklung des Landes Schleswig-Holstein, Hrsg.) (1993): Bäche und Flüsse in Schleswig-Holstein.-

MOEGENBURG, S.M. & M.J. VANNI (1991): Nutrient regeneration by zooplankton: effects on nutrient limitation of phytoplankton in a eutrophic lake.- Journal of Plankton Research 13: 573-588.

MOELLER, R.E. & R.G. WETZEL (1988): Littoral vs profundal components of sediment accumulation: Contrastung roles as phosphorus sinks.- Verhandlungen der Internationalen Vereinigung für theoretische und angewandte Limnologie 23: 386-393.

MOLLENHAUER, K. & B. WOHLRAB (1990): Strategien zur Reduzierung des bodennutzungsbedingten Stoffeintrags in Trinkwassertalsperren.- LWA Schriftenreihe (Landesamt für Wasser und Abfall Nordrhein-Westfalen).

MÜLLER, H.E. (1976): Zur Morphologie pleistozäner Seebecken im westlichen schleswigholsteinischen Jungmoränengebiet.- Zeitschrift für Geomorphologie N.F. 20 (3): 350-360

MÜLLER, H.E. (1981): Vergleichende Untersuchungen zur hydrochemischen Dynamik von Seen im Schleswig-Holsteinischen Jungmoränengebiet.- Kieler Geographische Schriften, Bd. 53

MÜLLER, S. (1994): Veränderungen im Picoplankton des eutrophen Belauer Sees als Resultat der Nanoflagellatenentwicklung.- Erweiterte Zusammenfassungen der Jahrestagung der Deutschen Gesellschaft für Limnologie in Hamburg, Bd.1: 186-190.

MUUSS, U. & M. PETERSEN, D. KÖNIG (1973): Die Binnengewässer Schleswig-Holsteins.- Neumünster

NABER, G. (1990): Wassergewinnung aus dem Bodensee.- Wasserwirtschaft 80: 1-6.

NAUJOKAT, D. (1991): Modellierung von Oberflächenwiderständen der trockenen Deposition von SO_2 im Bereich der Bornhöveder Seenkette.- Diplomarbeit am Geographischen Institut der Universität Kiel.

NAUJOKAT, D. (1994): Analyse und Bewertung von Nährstoffquellen im Rahmen von Managementkonzepten für Seen.- Erweiterte Zusammenfassungen der Jahrestagung der Deut-

schen Gesellschaft für Limnologie in Hamburg, Bd. 1: 138-142.
NAUJOKAT, D. & G. SCHERNEWSKI (1992): Die Nährstoffbelastung in drei Seen der Bornhöveder Seenkette am Beispiel des Stickstoffs.- Erweiterte Zusammenfassungen der Jahrestagung der Deutschen Gesellschaft für Limnologie in Konstanz, Bd.1: 48-52.
NICKE, H. (1984): Die Binnenfischerei 1982.- Statistische Monatshefte Schleswig-Holstein 36: 37-45.
NOWOK, C. (1994): Räumliche Struktur der Gewässerbelastung im Quellgebiet der Alten Schwentine.- Diplomarbeit am Geographischen Institut der Universität Kiel.
NOWOK, C. & D. NAUJOKAT, G. SCHERNEWSKI (1996): Das Quellgebiet der Alten Schwentine (Schleswig-Holstein): Nährstoffbilanzen und Bedeutung für die Bornhöveder Seenkette.- EcoSys, im Druck.
NÜRNBERG, G. & R.H. PETERS (1984): The importance of internal phosphorus load to the eutrophication of lakes with anoxic hypolimnia.- Verhandlungen der Internationalen Vereinigung für theoretische und angewandte Limnologie 22: 190-194.
NUSCH, E. (1980): Comparison of different methods for chlorophyll and phaeopigment determination.- Archiv für Hydrobiologie, Beihefte Ergebnisse der Limnologie 14: 14-36
NYHUIS, G. (1994): Behandlung der Abwässer von Molkereibetrieben.- Deutsche Milchwirtschaft 45: 502-506
OECD (ed.) (1971): Scientific fundamentals of the eutrophication of lakes and flowing waters, with particular reference to nitrogen and phosphorus as factors in eutrophication.- Organisation for Economic Co-operation and Development (OECD), Paris.
OECD (ed.) (1982): Eutrophication of waters. Monitoring, assessment and control.- Organisation for Economic Co-operation and Development (OECD), Paris.
OHLE, W. (1934): Chemische und physikalische Untersuchungen norddeutscher Seen.- Archiv für Hydrobiologie, Bd. 26
OHLE, W. (1953a): Der Vorgang rasanter Seenalterung in Holstein.- Die Naturwissenschaften 40: 153-162
OHLE, W. (1953b): Phosphor als Initialfaktor der Gewässereutrophierung.- Vom Wasser 20: 11-23.
OHLE, W. (1959): Die Seen Schleswig-Holsteins, ein Überblick nach regionalen, zivilisatorischen und produktionsbiologischen Gesichtspunkten.- Vom Wasser 26: 16-41
OHLE, W. (1970): Maßnahmen zur Seen-Restaurierung.- Sonderdruck aus: Verhandlungen der Internationalen Konferenz "Welt, Wasser und Wir", Jönköping, Sept. 1970, Gruppenkonferenz III: 3:1-3:4 und 3:85-3:89
OHLE, W. (1971): Gewässer und Umgebung als ökologische Einheit in ihrer Bedeutung für die Gewässereutrophierung.- Gewässerschutz - Wasser - Abwasser 4: 437-456
OHLE, W. (1972): Die Sedimente des Großen Plöner Sees als Dokumente der Zivilisation.- Jahrbuch für Heimatkunde im Kreis Plön 2: 7-27
OSTENDORP, W. (1992): Sedimente und Sedimentbildung in Seeuferröhrichten des Bodensee-Untersees.- Limnologica 22: 16-33.
OSTENDORP, W. (1995): Seeuferrenaturierung als Teil einer Seesanierung.- In: JAEGER, D. & R. KOSCHEL (Hrsg.): Verfahren zur Sanierung und Restaurierung stehender Gewässer. Limnologie aktuell, Bd. 8. Gustav Fischer, Stuttgart, S. 53-68
PÁC, G. (1989): Eine vergleichende limnologisch-fischereibiologische Studie im Gebiet der Bornhöveder Seenkette.- Diplomarbeit am Institut für Hydrobiologie und Fischereiwissenschaft, Universität Hamburg
PAEGELOW, M. (1988): Le rôle de l'organisation géomorpho-pédologique du sous-bassin 5

d'Auradé (Gers) dans la dynamique de l'azote mineral.- Université de Toulouse, Institut de Géographie.

PAULSEN, O. (1986): Die Verschmutzung des Regenwassers in der Trennentwässerung.- gwf-Wasser/Abwasser 127: 385-390.

PECHER, R. (1974): Der jährliche Regenwasserabfluß von bebauten Gebieten und seine Verschmutzung.- Korrespondenz Abwasser 21: 113-120.

PECHER, E. (1988): Sind Regenüberläufe so schlecht wie ihr Ruf ?.- Korrespondenz Abwasser 35: 660-667.

PENCZAK, T. & W. GALICKA, E. KUSTO, M. MOLINSKI, M. ZALEWSKI (1982): The enrichment of a mesotrophic lake by carbon, phosphorus and nitrogen from the cage aquaculture of rainbow trout, *Salmo gairdneri*.- Journal of Applied Ecology 19: 371-393.

PERSSON, G. (1988): Environmental impact by nutrient emissions from salmonid fish culture.- In: BALVAY, G. (ed.): Eutophication an lake restoration water quality and biological impacts.- Acts of the French-Swedish Limnological Symposium Thonon-les-Bains, 10.-12. Juni 1987, p. 215-226.

PETERS, R.H. (1979): Concentrations and kinetics of phosphorus fractions along the trophic gradient of Lake Memphremagog.- Journal of the Fisheries Research Board of Canada 36: 970-979.

PETTERSSON, K. (1988): The mobility of phosphorus in fish-foods and fecals.- Verhandlungen der Internationalen Vereinigung für theoretische und angewandte Limnologie 23: 200-206.

PFADENHAUER, J. (1988): Gedanken zu Flächenstillegungs- und Extensivierungsprogrammen aus ökologischer Sicht.- Zeitschrift für Kulturtechnik und Flurbereinigung 29: 165-175.

PHILIPS, E.J. & F.J. ALDRIDGE, P. HANSEN, P.V. ZIMBA, J. IHNAT, M. CONROY, P. RITTER (1993): Spatial and temporal variability of trophic state parameters in a shallow subtropical lake (Lake Okeechobee, Florida, USA).- Archiv für Hydrobiologie 128: 437-458.

PHILLIPS, G. & R. JACKSON, C. BENNETT, A. CHILVERS (1994): The importance of sediment phosphorus release in the restoration of very shallow lakes (The Norfolk Broads, England) and implications for biomanipulation.- Hydrobiologia 275/276: 445-456.

PIENING, A. (1953): Chronik von Bornhöved.- Heimatschrift des Kreises Segeberg, 2. Auflage 1977.

PIOTROWSKI, J. (1991): Quartär- und hydrogeologische Untersuchungen im Bereich der Bornhöveder Seenkette.- Dissertation, Mathematisch-naturwissenschaftliche Fakultät der Universität Kiel.

PLAMBECK, G. & K.P. WITZEL (1991): Stickstoff-Limitierung des Phytoplanktons im Kleinen Plöner See.- Erweiterte Zusammenfassungen der Jahrestagung der Deutschen Gesellschaft für Limnologie in Mondsee 1991: 145-149.

POETZSCH-HEFFTER, F. (1994): Sensitivitätsanalyse des Oberflächenwiderstandsmodells von WESELY in der Anwendung auf den Bereich der Bornhöveder Seenkette.- Staatsexamensarbeit am Geographischen Institut der Universität Kiel.

PORCELLA, D.B. & S.A. PETERSON, D.P. LARSEN (1979): Proposed method for evaluating the effects for restoring lakes.- Limnological and socioeconomic evaluation of lake restoration projects. Approaches and preliminary results. Corvallis Environmental Research Laboratory, EPA-600/3-79-005, pp. 265-310.

RAST, W. & M. HOLLAND (1988): Eutrophication of lakes and reservoirs: a framework for making management decisions.- Ambio 17: 2-12

RATZBOR, G. & F. SCHOLLES (1990): Umweltqualitätsziele für Gewässer.- UVP-Report 4: 67-74.

REDFIELD, A.C. (1958): The biological control of chemical factors in the environment.- American Scientist 46: 205-221.

REICHE, E.W. (1991): Entwicklung, Validierung und Anwendung eines Modellsystems zur Beschreibung und flächenhaften Bilanzierung der Wasser- und Stoffdynamik in Böden.- Kieler Geographische Schriften, Bd. 79.

REICHE, E.W. (1994): Modelling temporal and spatial variability of water and nitrogen dynamics on catchment scale.- Proceedings 8. ISEM conference. Ecological Modelling 75/76: 371-384.

REIMERS, T. (1993): Bewirtschaftungsintensität und Extensivierung der Landwirtschaft.- Kieler Geographische Schriften, Bd. 86.

REYNOLDS, C.S. (1992): Eutrophication and the management of planktonic algae: what Vollenweider couldn't tell us.- In: SUTCLIFF, D.W. & G.J. JONES: Eutrophication: Research and application to water supply.- Freshwater Biol. Ass., Ambleside.

ROBERTS, P.V. & L. DAUBER, B. NOVAK, J. ZOBRIST (1979): Schmutzstoffe im Regenwasser einer städtischen Trennkanalisation.- Forschungs- und Entwicklungsinstitut für Industrie- und Siedlungswasserwirtschaft sowie Abfallwirtschaft e.V., Stuttgarter Berichte zur Siedlungswasserwirtschaft, Bd. 64, S. 125-145.

ROSSI, G. & G. PREMAZZI (1991): Delay in lake recovery caused by internal loading.- Water Resource 25: 567-575.

ROWECK, H. (1995): Landschaftsentwicklung über Leitbilder ?.- LÖBF-Mitteilungen 4/95: 25-34.

RUMOHR, H. VON & H. NEUSCHÄFFER (1983): Schlösser und Herrenhäuser in Schleswig-Holstein.- Verlag Weidlich, Frankfurt/M.

RUMOHR, S. (1995): Die Grundwasserdynamik zwischen Bornhöveder Seenkette und Großem Plöner See.- Dissertation, Mathematisch-naturwissenschaftliche Fakultät der Universität Kiel.

RUST, G. (1956): Die Teichwirtschaft Schleswig-Holsteins.- Schriften des Geographischen Instituts der Universität Kiel, Bd. 15.

RYDING, S.O. & W. RAST (Eds.) (1989): The control of eutrophication of lakes and reservoirs.- Man and the Biosphere Series, Vol. 1, UNESCO, Paris.

SAKAMOTO, M. (1966): Primary production by phytoplankton community in some Japanese lakes and its dependence on lake depth.- Archiv für Hydrobiologie 62: 1-28.

SALONEN, V.P. & P. ALHONEN, A. ITKONEN, H. OLANDER (1993): The trophic history of Enäjärvi, SW Finland, with special reference to its restoration problems.- Hydrobiologia 268: 147-162.

SANTSCHI, P. & G. BENOIT, M. BUCHHOLTZ-TEN BRINK, P. HÖHENER (1990): Chemical processes at the sediment-water interface.- Marine Chemistry 30: 269-315.

SAS, H. & I. AHLGREN, H. BERNHARDT, B. BOSTRÖM, J. CLASEN, C. FORSBERG, D. IMBODEN, L. KAMP-NIELSEN, L. MUR, N. DE OUDE, C. REYNOLDS, H. SCHREURS, K. SEIP, U. SOMMER, S. VERMIJ (1989): Lake restoration by reduction of nutrient loading.- Academia Verlag Richarz, St. Augustin.

SCHARF, B.W. & T. EHLSCHEID (1993): Extensivierung der Fischerei: Ein Beitrag zur Oligotrophierung von Seen.- Natur und Landschaft 68: 562-565.

SCHARF, B. & A. HAMM, C. STEINBERG (1984): Seenrestaurierung.- In: BESCH, K.-W. & A. HAMM, B. LENHART, A. MELZER, B. SCHARF, C. STEINBERG: Limnologie für die Praxis. Grundlagen des Gewässerschutzes.- ecomed, S. 5-71.

SCHAUMBURG, J. (1995): Limnologische Erfahrungen mit Restaurierungsmaßnahmen und Langzeitbeobachtungen an 4 bayerischen Seen.- In: JAEGER, D & R. KOSCHEL (Hrsg.): Verfahren zur Sanierung und Restaurierung stehender Gewässer. Limnologie aktuell, Bd. 8. Gustav Fischer, Stuttgart, S. 309-325.

SCHEMEL, H.J. (1994): Anforderungen an die Aufstellung von Umweltqualitätszielen auf kommunaler Ebene.- In: BAYRISCHE AKADEMIE FÜR NATURSCHUTZ UND LANDSCHAFTSPFLEGE (ANL) (Hrsg.): Leitbilder - Umweltqualitätsziele - Umweltstandards. Laufener Seminarbeiträge 4/94: 39-46.

SCHEYTT, T. (1994): Örtliche und zeitliche Veränderungen der Grundwasserbeschaffenheit im Bereich der Bornhöveder Seenkette.- EcoSys Suppl. Bd. 7.

SCHERB, K. & F. BRAUN (1971): Erfahrungen mit der Intensivhaltung von Regenbogenforellen bei biologischer Reinigung des Abwassers mit belebtem Schlamm im Kreislaufsystem.- Zeitschrift für Wasser- und Abwasserforschung 4: 118-124.

SCHERNEWSKI, G (1992): Raumzeitliche Prozesse und Strukturen im Wasserkörper des Belauer Sees.- EcoSys Suppl. Bd. 1.

SCHERNEWSKI, G. (1995): Interne Eutrophierung: Das Sediment als Belastungsquelle für Seen.- Erweiterte Zusammenfassungen der Jahrestagung der Deutschen Gesellschaft für Limnologie in Berlin (im Druck).

SCHERNEWSKI, G. (1996): Nährstoffhaushalt, Produktivität und Artendiversität in Seen: Bedeutung zeitlicher Variabilität, räumlicher Heterogenität und des Betrachtungsmaßstabs. Eine Analyse am Beispiel des Belauer Sees (Schleswig-Holstein).- Kiel, Habilitationsschrift im Druck.

SCHERNEWSKI, G. & U. SCHLEUSS, H. WETZEL (1996): Bedeutung von Wallhecken für den Gewässerschutz.- EcoSys, Bd. 5: 217-223.

SCHERNEWSKI, G. & T. SPRANGER (1993): Bedeutung der atmosphärischen Deposition für limnische Ökosysteme - dargestellt am Beispiel des Belauer Sees (Schleswig-Holstein).- Erweiterte Zusammenfassungen der Jahrestagung der Deutschen Gesellschaft für Limnologie in Coburg: 15-19.

SCHERNEWSKI, G. & H. WETZEL (1996): Phosphorhaushalt.- In: FRÄNZLE, O. & F. MÜLLER, W. SCHRÖDER (Hrsg.): Handbuch der Ökosystemforschung.- Ecomed Verlag, Landsberg am Lech, München, Zürich (im Druck).

SCHIEFERSTEIN, B. (1994): Nährstoffdynamik von *Phragmites australis* im Bereich der Bornhöveder Seenkette.- Erweiterte Zusammenfassungen der Jahrestagung der Deutschen Gesellschaft für Limnologie in Hamburg, Bd. 1: 206-210.

SCHINDLER, D.W. & F.A.J. ARMSTRONG, S.K. HOLMGREN, G.J. BRUNSKILL (1971): Eutrophication of Lake 227, Experimental Lakes Area, Northwestern Ontario, by addition of phosphate and nitrate.- Journal of the Fisheries Research Board of Canada 28: 1763-1782.

SCHMIDT, J. (1990): A mathematical model to simulate rainfall erosion.- Catena, Suppl. Bd. 19: 101-109.

SCHOLLES, F. (1990): Umweltqualitätsziele und -standards: Begriffsdefinitionen.- UVP-Report 4: 35-37.

SCHRÖDER, R. (1975): Release of plant nutrients from reed borders and their transport into the open waters of the Bodensee-Untersee.- Symposia Biologica Hungarica 15: 21-27.

SCHRÖDER, R. (1991): Relevant parameters to define the trophic state of lakes.- Archiv für Hydrobiologie 121: 463-472.

SCHRÖDER, R. & H. SCHRÖDER (1978): Ein Versuch zur Quantifizierung des Trophiegrades von Seen.- Archiv für Hydrobiologie 82: 240-262.

SCHULZ, L. (1981): Nährstoffeintrag in Seen durch Badegäste.- Zentralblatt für Bakteriologie,

Parasitenkunde, Infektionskrankheiten und Hygiene. Abteilung 1. Originale. Reihe B. Hygiene, Betriebshygiene, präventive Medizin 173: 528-548.
SEHMEL, G.A. (1980): Particle and gas dry deposition: A review.- Atmospheric Environment 14: 983-1011.
SENOCAK, T. (1991): Fischzucht und Fischhaltung - Umweltbelastung durch einen feuchten Wirtschaftszweig.- BUND (Bund für Umwelt und Naturschutz Deutschland e.V.), Landesverband Schleswig-Holstein.
SEIP, K.L. (1990): Simulation models for lake management - how far do they go ?.- Verhandlungen der Internationalen Vereinigung für theoretische und angewandte Limnologie 24: 604-608.
SEIP, K.L. (1994): Phosphorus and nitrogen limitation of algal biomass across trophic gradients.- Aquatic Sciences 56: 16-28.
SEIP, K.L. & H. IBREKK (1988): Regression equations for lake management - how far do they go ?.- Verhandlungen der Internationalen Vereinigung für theoretische und angewandte Limnologie 23: 778-785.
SEITZINGER, S.P. (1988): Denitrification in freshwater and coastal marine ecosystems: Ecological and geochemical significance.- Limnology and Oceanography 33: 702-724.
SHARPLEY, A.N. (1993): Assessing phosphorus bioavailability in agricultural soils and runoff.- Fertilizer Research 36: 259-272.
SMITH, V.H. & J. SHAPIRO (1981): Chlorophyll-phosphorus relations in individual lakes. Their importance to lake restoration strategies.- Environmental Science & Technology 15: 444-451.
SOLBÉ, J.F. DE L.G. (1982): Fish-farm effluents: A United Kingdom survey.- EIFAC Tech. Paper 41, pp. 29-55. Report of the EIFAC workshop on fish farm effluents, Silkeborg, Denmark, 26-28 May 1981.
SOMMER, U. (1989): The role of competition for resources in phytoplankton succession.- In: SOMMER, U. (ed): Plankton Ecology.- Berlin, Heidelberg, New York, p. 57-106.
SOMMER, U. (1991): The application of the droop-model of nutrient limitation to natural phytoplankton.- Verhandlungen der internationalen Vereinigung für theoretische und angewandte Limnologie: 24: 791-794.
SOMMER, U. & M.Z. GLIWICZ, W. LAMPERT, A. DUNCAN (1986): The PEG-model of seasonal succession of planktonic events in fresh waters.- Archiv für Hydrobiologie 106: 433-471.
SONZOGNI, W.C. & S.C. CHAPRA, D.E. AMSTRONG, T.J. LOGAN (1982): Bioavailability of phosphorus inputs to lakes.- Journal of Environmental Quality 11: 555-563.
SPRANGER, T. (1992): Erfassung und ökosystemare Bewertung der atmosphärischen Deposition und weiterer oberirdischer Stoffflüsse im Bereich der Bornhöveder Seenkette.- EcoSys Suppl. Bd. 4.
SPRANGER, T. & E. HOLLWURTEL (1994): Estimation of dry deposition in the Bornhöved lake district with a resistance model.- Ecological Modelling 75/76: 257-268.
SRU (RAT VON SACHVERSTÄNDIGEN FÜR UMWELTFRAGEN) (1985): Umweltprobleme der Landwirtschaft.- Sondergutachten vom März 1985, Unterrichtung durch die Bundesregierung, 10. Wahlperiode Drucksache 10/3613.
SRU (RAT VON SACHVERSTÄNDIGEN FÜR UMWELTFRAGEN) (1987): Umweltgutachten 1987.- Stuttgart.
STACHOWICZ, K. & M. CZERNOCH, E. DUBIEL (1994): Field pond as a sink for nutrients migrating from agrocenoses to freschwaters.- Aquatic Sciences 56: 363-375.
STANNIK, C. (1992): Zeitlicher Verlauf und räumliche Differenzierung ausgewählter hydroche-

mischer und hydrophysikalischer Parameter im Uferbereich des Belauer Sees.- Diplomarbeit am Geographischen Institut der Universität Kiel.
STANSCHUS-ATTMANNSPACHER, H. (1969): Die Entwicklung von Seeterrassen in Schleswig-Holstein.- Schriften des Naturwissenschaftlichen Vereins für Schleswig-Holstein 39: 13-28.
STARK, J. (1993): Zur rezenten Sedimentologie und Geochemie des Belauer Sees, Bornhöveder Seenkette (Schleswig-Holstein).- Diplomarbeit am Geologisch-Paläontologischen Institut der Universität Kiel.
STATISTISCHES LANDESAMT SCHLESWIG-HOLSTEIN (1993): Bevölkerung der Gemeinden in Schleswig-Holstein am 31.12.1992.- A I 2 - j/92
STATISTISCHES LANDESAMT SCHLESWIG-HOLSTEIN (1995): Die Betriebsverhältnisse der Binnenfischerei 1994 in Schleswig-Holstein. Nacherhebung zur Landwirtschaftszählung 1991.- Statistische Berichte, C/Binnenfischereierhebung 1994.
STEINBERG, C. (1989): Phosphor im Gewässer: Neue Aspekte zum Phosphorkreislauf.- In: HAMM, A. (Hrsg.): Kompendium. Auswirkungen der Phosphathöchstmengenverordnung für Waschmittel auf Kläranlagen und in Gewässern.- Academia Verlag Richarz, Sankt Augustin, S. 232-251.
STERNER, R.W. (1994): Seasonal and spatial patterns in macro- and micronutrient limitation in Joe Pool Lake, Texas.- Limnology and Oceanography 39: 535-550.
STEUBING, L. & K. BUCHWALD, E. BRAUN (1995): Natur- und Umweltschutz - Ökologische Grundlagen, Methoden, Umsetzung.- G. Fischer Verlag, Jena, Stuttgart.
SUMMERER, S. (1988): Umweltqualität.- Unveröffentlichtes Manuskipt, zitiert nach SCHOLLES (1990).
TGL 27885/01 (1982): Nutzung und Schutz der Gewässer - Stehende Binnengewässer - Klassifizierung.- Fachbereichsstandard, Ministerium für Umweltschutz und Wasserwirtschaft der DDR.
TILMAN, D. (1982): Resource competition and community structure.- Princeton University Press, Princeton.
TIMMERMANN, H. (1987): Bornhöved in alten Ansichten.- Europäische Bibliothek, Zaltbommel
UBA (1989): Daten zur Umwelt 1988/89.- Umweltbundesamt Berlin, Erich Schmidt Verlag.
UBA (1994): Stoffliche Belastung der Gewässer durch die Landwirtschaft und Maßnahmen zu ihrer Veringerung.- Umweltbundesamt-Berichte 2/94.
URABE, J. (1993): N and P Cycling coupled by Grazers' Activities: Food Quality and Nutrient Release by Zooplankton.- Ecology 74: 2337-2350.
VANEK, V. (1987): The interactions between lake and groundwater and their ecological significance.- Stygologia 3: 1-23.
VERBAND DER DEUTSCHEN MILCHWIRTSCHAFT (VDM) (Hg.) (1994): Meierei-Abwasser Seminar in Rendsburg.- Deutsche Milchwirtschaft 45: 506-508
VIETINGHOFF, H. & R. SCHARF (1995): Hydrographische Charakteristik, trophischer Zustand und Entwicklung ausgewählter Seen in Ostbrandenburg.- Naturschutz und Landschaftspflege in Brandenburg, Heft 4/95: 26-32.
VIGHI, M. & G. CHIAUDANI (1985): A simple method to estimate lake phosphorus concentrations resulting from natural, background, loadings.- Water Research 19: 987-991.
VOLLENWEIDER, R.A. (1976): Advances in defining critical loading levels for phosphorus in lake eutrophication.- Memorie dell'Istituto Italiano di Idrobiologia Dottore Marco de Marchi 33: 53-83
VOLLENWEIDER, R.A. (1981): Eutrophication - A global problem.- Water Quality Bulletin 6:

59-62,89

WAGNER, G. (1991): Zum Stand der P-Belastung des Bodensee-Obersees - Sanierungserfolge.- Erweiterte Zusammenfassungen der Jahrestagung der Deutschen Gesellschaft für Limnologie in Mondsee, S. 46-50.

WALLIN, M. & L. HÅKANSON (1991): Nutrient loading models for estimating the environmental effects of marine fish farms.- In: MAEKINEN, T. (ed.): Marine aquaculture and environment.- Nordic Council of Ministers, Copenhagen, p.39-55.

WEILAND, U. (1995): Implikationen einer dauerhaft-ökologischen Erneuerung und Entwicklung von Stadtregionen.- In: GFÖ-ARBEITSKREIS THEORIE IN DER ÖKOLOGIE (1995): Nachhaltige Entwicklung - Aufgabenfelder für die ökologische Forschung.- EcoSys 3: 41-45.

WELCH, E.B. & C.L. DEGASPERI, D.E. SPYRIDAKIS (1988): Sources for internal P loading in a shallow lake.- Verhandlungen der Internationalen Vereinigung für theoretische und angewandte Limnologie 23: 307-314.

WERNER, W. & A. HAMM, K. AUERSWALD, D. GLEISBERG, W. HEGEMANN, K. ISERMANN, K.H. KRAUTH, G. METZNER, H.W. OLFS, F. SARFERT, P. SCHLEYPEN, G. WAGNER (1991): Möglichkeiten der Gewässerschutzmaßnahmen hinsichtlich N- und P-Verbindungen.- In: HAMM, A. (Hrsg.): Studie über Wirkungen und Qualitätsziele von Nährstoffen in Fließgewässern.- Academia Verlag, Sankt Augustin. S. 653-830.

WETZEL, R.G. (1983): Limnology.- Saunders College Publishing, Harcourt Brace Jovanovich College Publishers. Fort Worth, Philadelphia, San Diego. 2nd ed.

WHITE, E. (1989): Utility of relationships between lake phosphorus and chlorophyll a as predictive tools in eutrophication control studies.- New Zealand Journal of Marine and Freshwater Research 23: 35-41.

WHITESIDE, M.C. (1983): The mythical concept of eutrophication.- Hydrobiologia 103: 107-111.

WIETHOLD, J. & C. PLATE (1993): Vegetations- und siedlungsgeschichtliche Untersuchungen an der Kernfolge Belauer See Q300.- In: ERLENKEUSER, H. & H. HÅKANSSON, W. HOFMANN, J. MERKT, H. MÜLLER, C. PLATE, H. USINGER, J. WIETHOLD: Erweiterter Arbeitsbereich Paläökologie - Zwischenbericht 1993, S. 21-27.

WINKELHAUSEN, H. (1994): Die "Uferstreifen-Konzeption" in der Bundesrepublik Deutschland. Rechtliche Grundlagen, Bestimmungen, Instrumente.- DVWK-Materialien 2/1994.

WTW (1987): Oxi-Fibel. Einführung in die Gelöstsauerstoff-Meßtechnik.- Wissenschaftlich-Technische Werkstätten (WTW), Weilheim.

WULF, A. (1995): Neue Wege im Naturschutz.- LÖBF-Mitteilungen 4/95: 35-42.

ZEILER, M. (1996): Nähr- und Spurenelementkreislauf in einem eutrophen Hartwassersee mit saisonal anoxischem Hypolimnion (Belauer See, Schleswig-Holstein).- EcoSys Suppl. Bd. 11.

ZIMMERMANN, U. (1991): Können Badegäste das "Umkippen" eines Baggersees verursachen ?.- GWF. Das Gas- und Wasserfach, Ausgabe Wasser, Abwasser 132: 696-700.

ANHANG A

Tabellen

Tab. I Probenahmestandorte

Code	Lagebeschreibung	zeitliche Auflösung der Probenahme	Anzahl der Probenahmetermine 1992 / 1993	Gauß-Krüger-Koordinaten	
				Rechtswert	Hochwert
S1	Bornhöveder See, tiefste Stelle bei 14m	13.2.92 - 7.12.93 14tägig	22 / 19	3581515	5995045
S2	Schmalensee, Pelagial im östlichen Seebecken	13.2.92 - 7.12.93 14tägig	22 / 18	3582860	5995550
S3	Schmalensee, tiefste Stelle bei 7 m im mittleren Seebecken	13.2.92 - 7.12.93 14tägig	22 / 18	3582135	5995720
S4	Schmalensee, Pelagial im westlichen Seebecken	13.2.92 - 7.12.93 14tägig	22 / 17	3581290	5995825
S5	Mitte des flachen, südlichen Teils des Belauer Sees	7.1.92 - 28.12.93 7tägig, ab 4/93 14tägig	45 / 25	3581630	5996695
S6	Belauer See, tiefste Stelle bei 26 m	7.1.92 - 28.12.93 7tägig, ab 4/93 14tg.	49 / 27	3581955	5997335
S7	Schierensee, Pelagial in der südl. Seehälfte bei 5 m	25.3.92 - 7.10.92 14tägig	15 / 0	3580470	5997725
F1	Alte Schwentine, Zufluß Bornhöveder See	7.1.92 - 28.12.93 7tägig	59 / 48	3581070	5994535
F2	Drainagezufluß in den Bornhöveder See am Campingplatz	23.7.92 - 21.12.93 ca. 3/Jahr	3 / 3	3581010	5994605
F3	Zufluß Bornhöveder See am Ostufer	23.7.92 - 21.12.93 ca. 3/Jahr	3 / 3	3581890	5994860
F4	Alte Schwentine, Abfluß Bornhöveder See / Zufluß Schmalensee	7.1.92 - 28.12.93 7tägig	59 / 54	3581850	5995385
F5	Schmalenseefelder Au, Zufluß in den Schmalensee	13.2.92 - 21.12.93 14tägig	40 / 25	3582880	5995055
F6	Zufluß Schmalensee am Ortseingang Schmalensee	23.7.92 - 21.12.93 ca. 3/Jahr	3 / 3	3582890	5995870

F7	Alte Schwentine, Abfluß Schmalensee / Zufluß Belauer See	7.1.92 - 28.12.93 7tägig, ab 5/93 14tägig	57 / 40	3581280	5996365
F8	Alte Schwentine, Abfluß Belauer See	14.1.92 - 28.12.93 7tägig, ab 5/93 14tg.	56 / 38	3581975	5998535
F9	Fuhlenau, Zufluß Schierensee bei Altekoppel	13.2.92 - 21.12.93 14tägig	30 / 25	3580595	5997530
F10	Vorfluter Bockelhorn, Zufluß Schierensee	13.2.92 - 21.12.93 14tägig	30 / 24	3580270	5997595
F11	Zufluß Schierensee am Westufer, nördlich von F10	19.3.93 - 21.12.93 ca. 3/Jahr	0 / 3	3580085	5997835
F12	Fuhlenau, Abfluß des Schierensees	13.2.92 - 21.12.93 14tägig	30 / 34	3579995	5998565
L1	Litoral, Südufer des Bornhöveder Sees	13.2.92 - 16.12.92 14tägig	20 / 0	3581035	5994620
L2	Litoral, Nordufer des Bornhöveder Sees	13.2.92 - 16.12.92 14tägig	21 / 0	3581830	5995340
L3	Litoral, Schmalensee am Südufer im westlichen Seebecken	13.2.92 - 16.12.92 14tägig	19 / 0	3581270	5995605
L4	Litoral, Schmalensee am Nordufer im mittleren Seebecken	13.2.92 - 16.12.92 14tägig	20 / 0	3581640	5995890
L5	Litoral, Schmalensee am Nordufer im östlichen Seebecken	13.2.92 - 16.12.92 14tägig	21 / 0	3582850	5995835
L6	Litoral Belauer See, Acker-Catena	7.1.92 - 28.12.93 7tägig, ab 4/92 14tg.	33 / 22	3581440	5996640
L7	Litoral Belauer See, Wald-Catena	7.1.92 - 28.12.93 7tägig, ab 4/92 14tg.	30 / 26	3581585	5996985
U1	Bornhöveder See, rechter Steg des Freibads	1.3.92 - 26.10.93 ereignisorientiert	35 / 16	3581010	5994700
U2	Ufer des östlichen Schmalensees an der Badestelle Schmalensee	1.3.92 - 29.12.92 1992 14tägig, 1.3. - 14.4.92 ca. 3tägig	34 / 3	3583075	5995270
U3	Ufer des westlichen Schmalensees unterhalb einer Weide	1.3.92 - 29.12.92 1992 14tägig, 1.3. - 14.4.92 ca. 3tägig	34 / 4	3581080	5996050

Tab. II Jahresmittel der Konzentrationen der Alten Schwentine

		F1 1992	F1 1993	F4 1992	F4 1993	F7 1992	F7 1993	F8 1992	F8 1993
Na	mg/l	18,5	18,4	17,0	17,6	15,9	n.b.	15,0	n.b.
K	mg/l	4,15	4,48	3,08	3,12	2,88	3,30	2,80	3,25
Mg	mg/l	4,27	4,40	4,01	4,22	3,96	n.b.	3,89	n.b.
Ca	mg/l	n.b.	97,8	n.b.	59,1	63,2	57,3	53,0	49,7
Si	mg/l	7,70	9,09	2,95	3,21	3,16	3,33	1,63	1,54
NO3-N	mg/l	5,62	5,75	1,04	1,13	0,60	0,60	0,50	0,43
NH4-N	mg/l	0,202	0,223	0,131	0,190	0,163	0,096	0,181	0,162
TDN	mg/l	7,01	6,21	1,81	1,78	1,30	1,05	1,02	0,76
PO4-P	mg/l	0,038	0,044	0,032	0,025	0,024	0,013	0,031	0,021
TDP	mg/l	0,058	0,082	0,067	0,076	0,053	0,043	0,047	0,039
TP	mg/l	0,104	0,120	0,114	0,119	0,096	0,076	0,072	0,061
SO4	mg/l	50,3	50,3	46,7	44,0	41,6	38,3	40,2	38,2
Cl	mg/l	34,8	35,3	32,7	30,6	30,3	29,1	29,2	28,3

Tab. III Jahresfrachten der Alten Schwentine

		F1 1992	F1 1993	F4 1992	F4 1993	F7 1992	F7 1993	F8 1992	F8 1993
Q	Mio m³/a	3,71	3,78	6,34	6,75	11,40	11,81	12,59	12,91
Na	t/a	68	69	108	119	182	n.b.	189	n.b.
K	t/a	15,4	17,0	19,5	21,1	33,0	38,7	35,2	41,6
Mg	t/a	15,8	16,6	25,4	28,5	45,1	n.b.	49,0	n.b.
Ca	t/a	n.b.	367	n.b.	402	740	684	686	651
Si	t/a	28,1	34,2	18,0	22,4	34,8	40,5	21,1	21,3
NO3-N	t/a	20,74	21,63	7,03	7,74	7,57	7,36	6,84	6,13
NH4-N	t/a	0,77	0,89	0,86	1,33	1,90	1,15	2,65	2,35
TDN	t/a	26,0	23,4	11,9	12,1	15,3	12,5	13,4	10,4
PO4-P	kg/a	137	175	204	174	267	151	448	322
TDP	kg/a	212	321	418	520	592	506	657	574
TP	kg/a	378	461	714	803	1062	889	996	864
SO4	t/a	187	189	296	297	477	453	507	489
Cl	t/a	129	133	207	207	348	343	369	364

Tab. IV Jahresmittel der Konzentrationen kleinerer Zuflüsse

		F2 92/93	F3 92/93	F5 1992	F5 1993	F6 92/93
Na	mg/l	17,5	21,3	18,3	18,4	16,0
K	mg/l	1,47	8,08	1,98	1,91	2,06
Mg	mg/l	3,68	5,83	5,00	5,35	4,88
Ca	mg/l	96,8	120,2	122,3	118,9	114,0
Si	mg/l	10,88	5,99	7,60	7,96	7,36
NO3-N	mg/l	0,08	8,42	11,44	10,41	6,49
NH4-N	mg/l	0,187	0,075	0,127	0,156	0,082
TDN	mg/l	0,43	9,04	11,70	11,32	6,97
PO4-P	mg/l	0,021	0,026	0,030	0,013	0,023
TDP	mg/l	0,058	0,039	0,058	0,054	0,046
TP	mg/l	0,094	0,064	0,050	0,029	0,075
SO4	mg/l	63,0	42,7	36,8	36,9	45,8
Cl	mg/l	36,6	39,3	37,7	33,7	35,9

Tab. V Jahresfrachten kleinerer Zuflüsse

		F2	F3	F5	F5	F6
		92/93	92/93	1992	1993	92/93
Q	Mio m³/a	0,018	0,067	0,4023	0,4155	0,128
Na	t/a	0,3	1,4	7,4	7,6	2,1
K	t/a	0,03	0,54	0,85	0,81	0,26
Mg	t/a	0,07	0,39	2,00	2,21	0,63
Ca	t/a	1,8	8,0	48,7	49,0	14,6
Si	t/a	0,20	0,40	3,04	3,29	0,94
NO3-N	t/a	0,002	0,561	4,483	4,307	0,832
NH4-N	t/a	0,003	0,005	0,054	0,071	0,011
TDN	t/a	0,008	0,602	4,604	4,639	0,894
PO4-P	kg/a	0,4	1,8	12,8	6,0	3,0
TDP	kg/a	1,1	2,6	23,7	22,5	5,9
TP	kg/a	1,7	4,3	37,9	36,4	9,6
SO4	t/a	1,2	2,8	14,7	15,3	5,9
Cl	t/a	0,7	2,6	15,3	14,0	4,6

Tab. VI Jahresmittel der Konzentrationen der Zu- und Abflüsse des Schierensees

		F9	F9	F10	F10	F11	F12	F12
		1992	1993	1992	1993	92/93	1992	1993
Na	mg/l	12,7	n.b.	16,6	n.b.	n.b.	13,7	n.b.
K	mg/l	2,33	2,33	4,53	4,98	2,66	3,21	3,48
Mg	mg/l	5,13	n.b.	6,39	n.b.	n.b.	5,33	n.b.
Ca	mg/l	110,5	108,1	131,7	122,4	101,3	100,0	94,7
Si	mg/l	9,02	9,33	7,28	6,92	7,79	5,98	6,37
NO3-N	mg/l	1,39	1,60	6,65	6,69	1,80	1,64	2,06
NH4-N	mg/l	0,119	0,131	0,182	0,107	0,087	0,108	0,082
TDN	mg/l	1,94	1,84	7,12	7,23	2,24	2,15	2,60
PO4-P	mg/l	0,031	0,026	0,040	0,041	0,036	0,043	0,030
TDP	mg/l	0,051	0,081	0,054	0,089	0,055	0,057	0,104
TP	mg/l	0,091	0,118	0,097	0,131	0,089	0,102	0,153
SO4	mg/l	64,8	n.b.	62,9	n.b.	n.b.	53,5	n.b.
Cl	mg/l	31,7	29,5	38,7	35,2	29,6	32,0	30,2

Tab. VII Jahresfrachten der Zu- und Abflüsse des Schierensees

		F9	F9	F10	F10	F11	F12	F12
		1992	1993	1992	1993	92/93	1992	1993
Q	Mio m³/a	3,08	3,16	2,50	2,57	0,34	7,99	8,19
Na	t/a	36	n.b.	37	n.b.	n.b.	102	n.b.
K	t/a	7,5	7,8	11,6	13,2	0,9	26,2	29,0
Mg	t/a	14,5	n.b.	14,6	n.b.	n.b.	39,5	n.b.
Ca	t/a	331	338	326	306	34	810	775
Si	t/a	26,5	29,3	16,4	16,1	2,6	49,4	51,3
NO3-N	t/a	4,34	5,22	19,62	19,42	0,61	15,98	18,81
NH4-N	t/a	0,37	0,48	0,52	0,30	0,03	0,95	0,73
TDN	t/a	6,1	6,1	20,7	20,9	0,76	19,9	23,5
PO4-P	kg/a	92	89	114	129	12	345	268
TDP	kg/a	150	265	131	245	18	439	850
TP	kg/a	279	373	243	335	30	813	1252
SO4	t/a	184	n.b.	136	n.b.	n.b.	401	n.b.
Cl	t/a	95	93	98	89	10	258	247

Tab. VIII Grundwassereinträge in den Belauer See

	1992	1993	1992	1993	1992	1993	1992	1993
	Q	Q	Cl	Cl	TP	TP	DIN	DIN
	Mio m³/a	Mio m³/a	t/a	t/a	kg/a	kg/a	t/a	t/a
Hangdr.	0,06	0,05	1,8	1,6	7	6	0,3	0,2
Quellen	0,28	0,25	9,4	8,3	43	38	4,4	3,9
E.gräben	0,02	0,02	0,4	0,4	17	15	0,01	0,01
GWo	0,58	0,51	21,0	18,6	12	10	4,5	4,0
GWt	0,15	0,13	3,7	3,3	2	2	0,1	0,1

Tab. IX Grundwassereinträge in den Schmalensee

	1992	1993	1992	1993	1992	1993	1992	1993
	Q	Q	Cl	Cl	TP	TP	DIN	DIN
	Mio m³/a	Mio m³/a	t/a	t/a	kg/a	kg/a	t/a	t/a
Hangdr.	0,02	0,02	0,6	0,5	2	2	0,1	0,1
Quellen	0,19	0,18	6,1	5,8	30	28	3,0	2,9
E.gräben	0,005	0,004	0,1	0,1	4	4	0,002	0,001
GWo	0,36	0,42	13,0	14,9	7	8	2,8	3,2
GWt	3,76	3,66	93,9	91,5	56	55	3,4	3,3

Tab. X Grundwassereinträge in den Bornhöveder See

	1992	1993	1992	1993	1992	1993	1992	1993
	Q	Q	Cl	Cl	TP	TP	DIN	DIN
	Mio m³/a	Mio m³/a	t/a	t/a	kg/a	kg/a	t/a	t/a
Hangdr.	0,03	0,02	0,9	0,8	3	3	0,1	0,1
Quellen	0,10	0,10	3,2	3,2	16	16	1,6	1,6
E.gräben	0,00	0,00	0,0	0,0	0	0	0,0	0,0
GWo	0,20	0,39	7,2	14,0	4	8	1,6	3,0
GWt	1,19	1,32	29,8	33,0	18	20	1,1	1,2

Tab. XI Wasser- und Chloridbilanz für den Bornhöveder See

1992	1993	1992	1993	
Q	Q	Cl	Cl	
Mio m³/a	Mio m³/a	t/a	t/a	
3,71	3,78	129	133	Zufluß F1
0,02	0,02	0,7	0,7	Zufluß F2
0,07	0,07	2,6	2,6	Zufluß F3
0,95	0,95	28,4	28,4	Fischzucht
0,51	0,61	2,1	2,2	Deposition
1,52	1,83	41,0	51,0	Grundwasser
-6,34	-6,75	-207	-207	Abfluß F4
-0,38	-0,35	0,0	0,0	Verdunstung
-0,08	-0,08	-2,6	-2,5	Wasserentnahme
-0,04	0,07	-6,0	8,4	Speicheränderung
0,00	0,00	0,0	0,0	Differenz

Tab. XII Wasser- und Chloridbilanz für den Schmalensee

1992 Q Mio m³/a	1993 Q Mio m³/a	1992 Cl t/a	1993 Cl t/a	
6,34	6,75	207	207	Zufluß F4
0,40	0,42	15,3	14,0	Zufluß F5
0,13	0,13	4,6	4,6	Zufluß F6
0,62	0,73	2,5	2,7	Deposition
4,33	4,28	114	113	Grundwasser
-11,40	-11,81	-348	-343	Abfluß F7
-0,47	-0,42	0,0	0,0	Verdunstung
-0,04	0,08	-4,5	-2,1	Speicheränderung
0,00	0,00	0,0	0,0	Differenz

Tab. XIII Wasser- und Chloridbilanz für den Belauer See

1992 Q Mio m³/a	1993 Q Mio m³/a	1992 Cl t/a	1993 Cl t/a	
11,40	11,81	348	343	Zufluß F7
0,79	0,94	3,2	3,4	Deposition
1,08	0,96	36,4	32,2	Grundwasser
-12,59	-12,91	-369	-364	Abfluß F8
-0,59	-0,54	0,0	0,0	Verdunstung
-0,06	0,10	13,3	10,0	Speicheränderung
-0,15	-0,15	-4,6	-4,3	Differenz

Tab. XIV Phosphor- und Stickstoffbilanz für den Bornhöveder See

1992 TP kg/a	1993 TP kg/a	1992 TN t/a	1993 TN t/a	
378	461	32,0	29,9	Zufluß F1
2	2	0,01	0,01	Zufluß F2
4	4	0,68	0,69	Zufluß F3
132	132	10,1	10,1	Fischzucht (incl. GW-Anteil)
36	38	2,5	2,3	Deposition
2	2	0,07	0,07	Streu (Summe)
0,0	0,0	0,00	0,00	Viehtränken
2	2	0,01	0,01	Direktdüngung
0,0	0,1	0,00	0,00	Runoff/Erosion
1	1	0,003	0,003	Fischbesatz
15	15	n.b.	n.b.	Insekten
0,6	0,5	0,02	0,02	Badenutzung
8	8	0,01	0,01	Wasservögel
41	46	4,36	5,94	Grundwasser
-714	-803	-14,6	-14,2	Abfluß F4
-400	-400	-3,1	-3,1	Festlegung im Sediment
-6	-6	-0,03	-0,03	Fischfang
-11	-17	-0,03	-0,03	Wasserentnahme
-176	68	-0,47	1,31	Speicheränderung
334	582	-32,4	-30,3	Differenz

Tab. XV Phosphor- und Stickstoffbilanz für den Schmalensee

1992 TP kg/a	1993 TP kg/a	1992 TN t/a	1993 TN t/a	
714	803	14,6	14,2	Zufluß F4
38	36	6,1	6,2	Zufluß F5
9	10	1,2	1,2	Zufluß F6
43	46	3,0	2,8	Deposition
5	5	0,14	0,14	Streu (Summe)
0,8	0,0	0,01	0,00	Viehtränken
2	2	0,01	0,01	Direktdüngung
0,0	0,1	0,00	0,00	Runoff/Erosion
1	1	0,003	0,003	Fischbesatz
18	18	n.b.	n.b.	Insekten
0,1	0,1	0,00	0,00	Badenutzung
9	9	0,01	0,01	Wasservögel
100	97	9,30	9,48	Grundwasser
-1062	-889	-17,2	-15,3	Abfluß F7
-6	-6	-0,03	-0,03	Fischfang
-350	-350	-2,7	-2,7	Festlegung im Sediment
-87	130	-0,22	-0,60	Speicheränderung
392	347	-14,71	-16,6	Differenz

Tab. XVI Phosphor- und Stickstoffbilanz für den Belauer See

1992 TP kg/a	1993 TP kg/a	1992 TN t/a	1993 TN t/a	
1062	889	17,2	15,3	Zufluß F7
55	59	3,9	3,6	Deposition
6	6	0,16	0,16	Streu (Summe)
12	12	0,10	0,10	Viehtränken
1	1	0,01	0,01	Direktdüngung
0,0	0,1	0,00	0,00	Runoff/Erosion
1	1	0,00	0,00	Fischbesatz
23	23	n.b.	n.b.	Insekten
0,1	0,1	0,00	0,00	Badenutzung
12	12	0,02	0,02	Wasservögel
81	72	9,36	8,29	Grundwasser
-996	-864	-15,3	-11,9	Abfluß F8
-15	-11	-0,15	-0,11	GW-Abstrom
-5	-5	-0,03	-0,03	Fischfang
-550	-550	-4,2	-4,2	Festlegung im Sediment
-48	-126	0,66	-0,78	Speicheränderung
264	230	-10,31	-12,0	Differenz

ANHANG B

Isoplethendiagramme

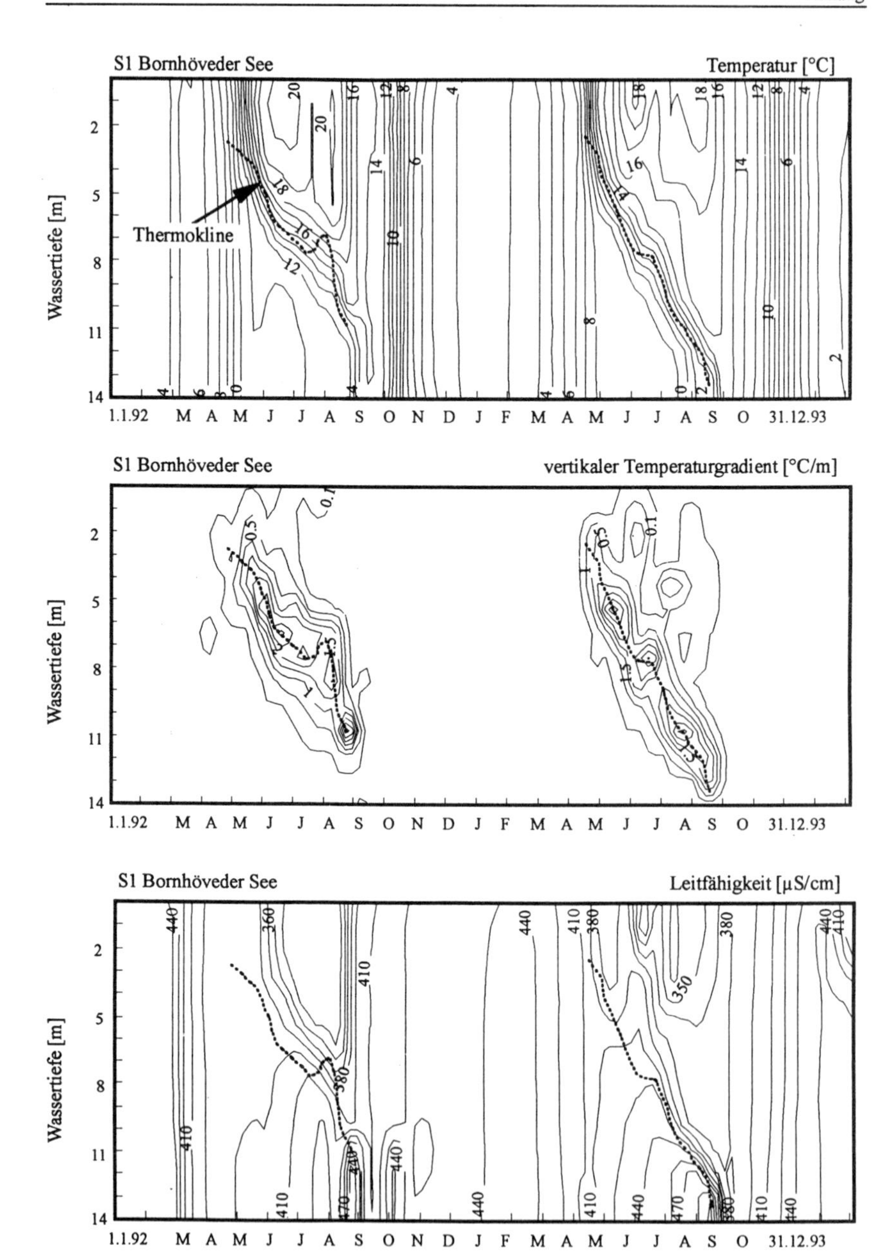
S1 Bornhöveder See
Temperatur [°C]
Wassertiefe [m]
Thermokline
1.1.92 M A M J J A S O N D J F M A M J J A S O 31.12.93
S1 Bornhöveder See
vertikaler Temperaturgradient [°C/m]
Wassertiefe [m]
1.1.92 M A M J J A S O N D J F M A M J J A S O 31.12.93
S1 Bornhöveder See
Leitfähigkeit [µS/cm]
Wassertiefe [m]
1.1.92 M A M J J A S O N D J F M A M J J A S O 31.12.93

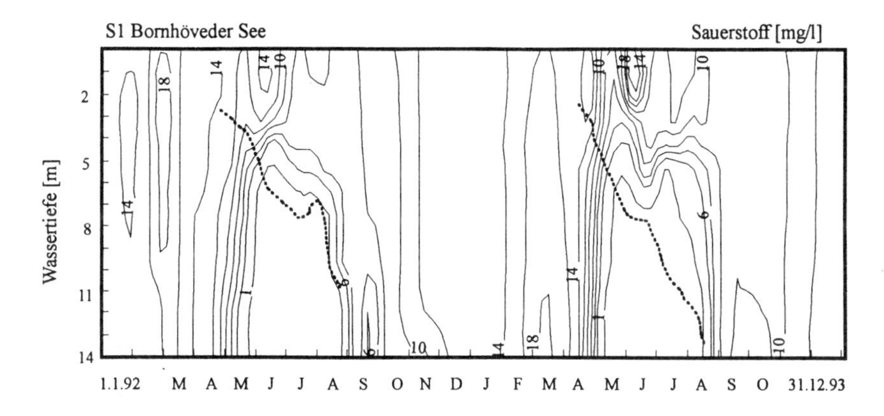
S1 Bornhöveder See
Sauerstoff [mg/l]
Wassertiefe [m]
2
5
8
11
14
1.1.92 M A M J J A S O N D J F M A M J J A S O 31.12.93

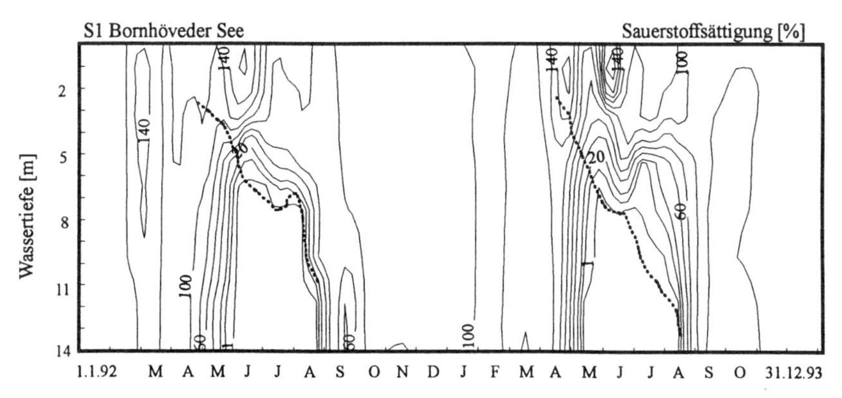
S1 Bornhöveder See
Sauerstoffsättigung [%]
Wassertiefe [m]
2
5
8
11
14
1.1.92 M A M J J A S O N D J F M A M J J A S O 31.12.93

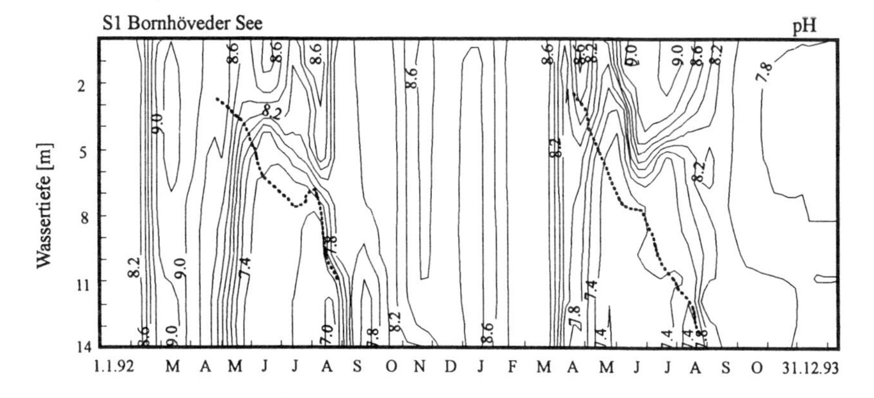
S1 Bornhöveder See
pH
Wassertiefe [m]
2
5
8
11
14
1.1.92 M A M J J A S O N D J F M A M J J A S O 31.12.93

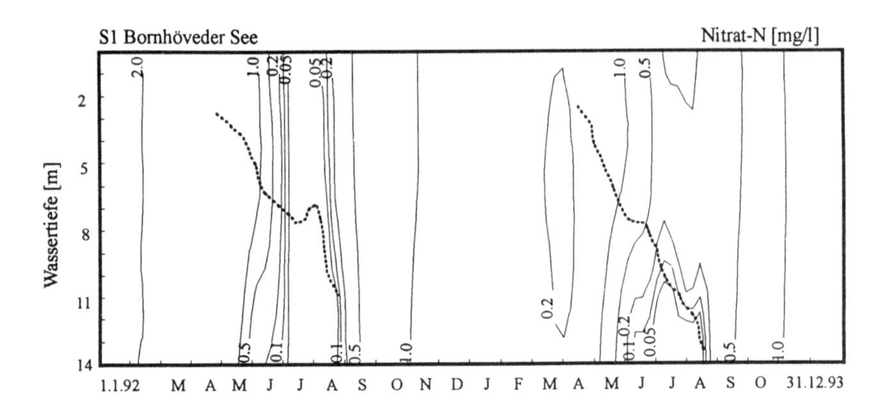
S1 Bornhöveder See
Nitrat-N [mg/l]
Wassertiefe [m]
1.1.92 M A M J J A S O N D J F M A M J J A S O 31.12.93

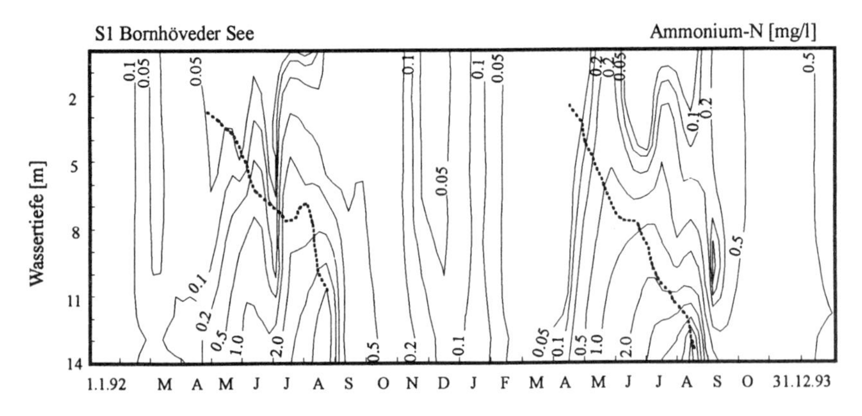
S1 Bornhöveder See
Ammonium-N [mg/l]
Wassertiefe [m]
1.1.92 M A M J J A S O N D J F M A M J J A S O 31.12.93

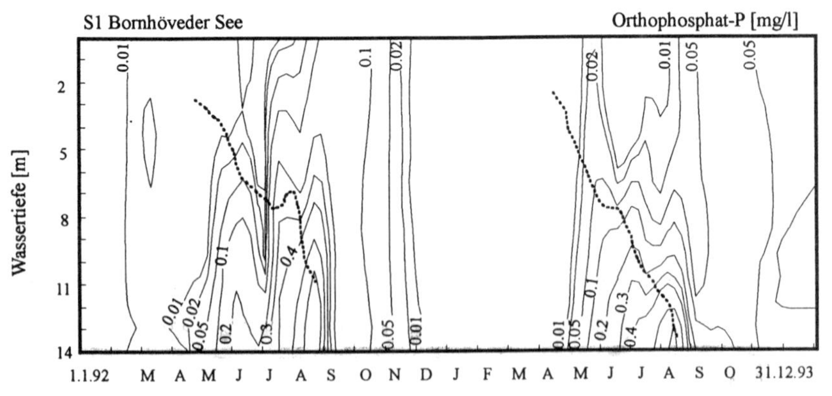
S1 Bornhöveder See
Orthophosphat-P [mg/l]
Wassertiefe [m]
1.1.92 M A M J J A S O N D J F M A M J J A S O 31.12.93

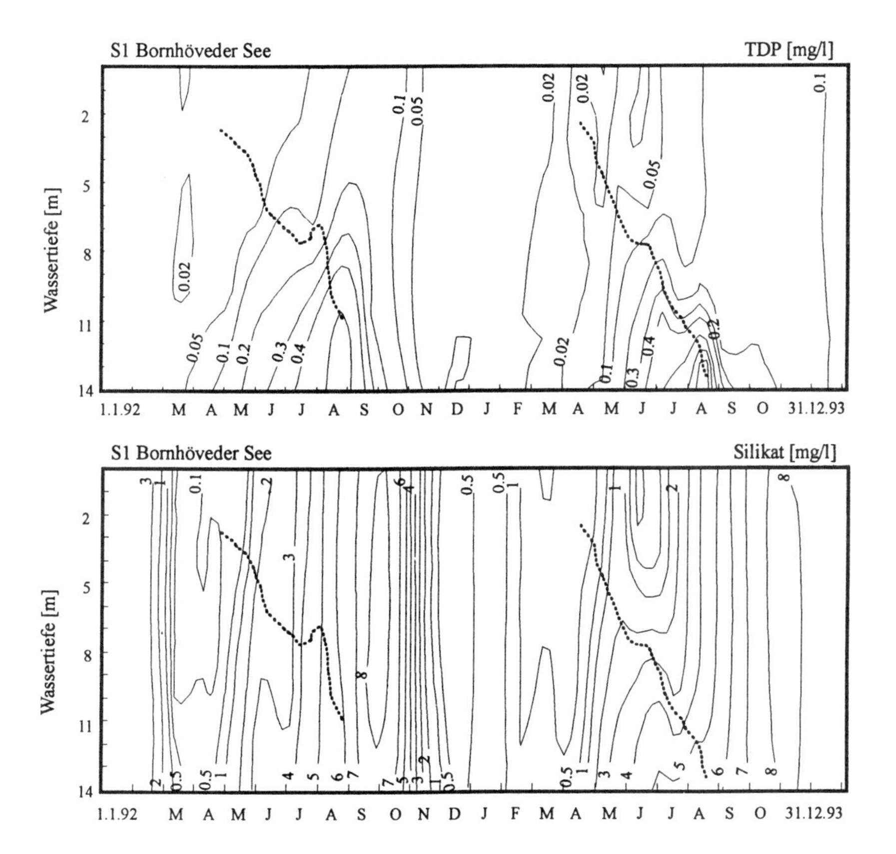

S1 Bornhöveder See
TDP [mg/l]
Wassertiefe [m]
1.1.92 M A M J J A S O N D J F M A M J J A S O 31.12.93
S1 Bornhöveder See
Silikat [mg/l]
Wassertiefe [m]
1.1.92 M A M J J A S O N D J F M A M J J A S O 31.12.93

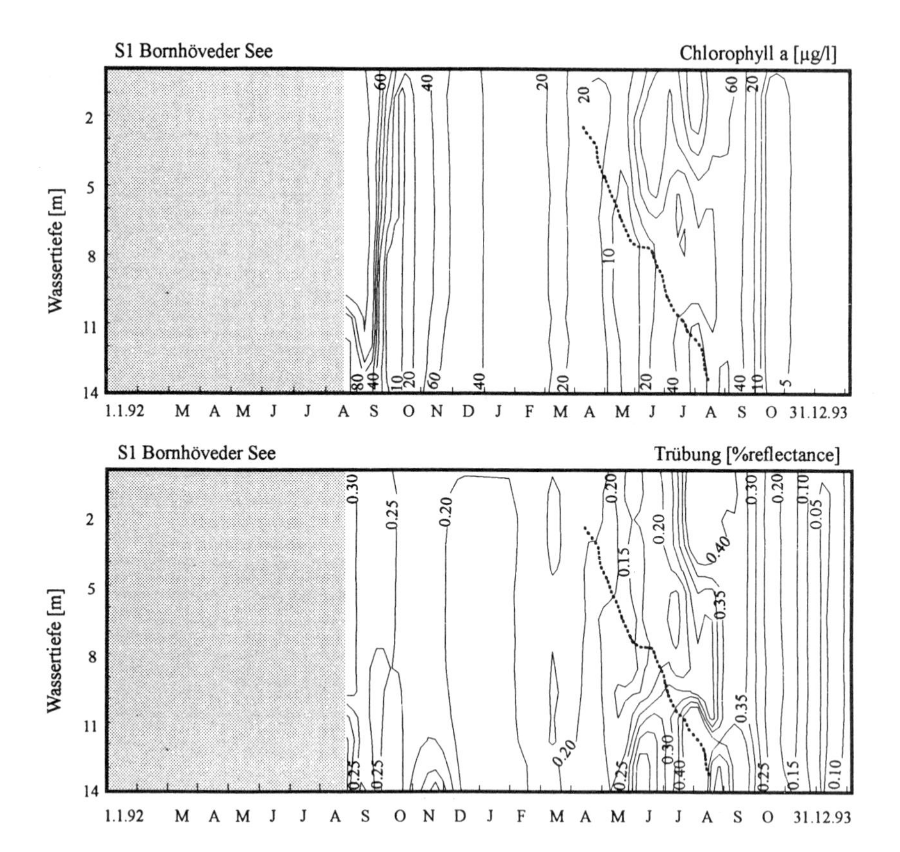
S1 Bornhöveder See
Chlorophyll a [µg/l]
Wassertiefe [m]
2
5
8
11
14
1.1.92 M A M J J A S O N D J F M A M J J A S O 31.12.93
S1 Bornhöveder See
Trübung [%reflectance]
Wassertiefe [m]
2
5
8
11
14
1.1.92 M A M J J A S O N D J F M A M J J A S O 31.12.93

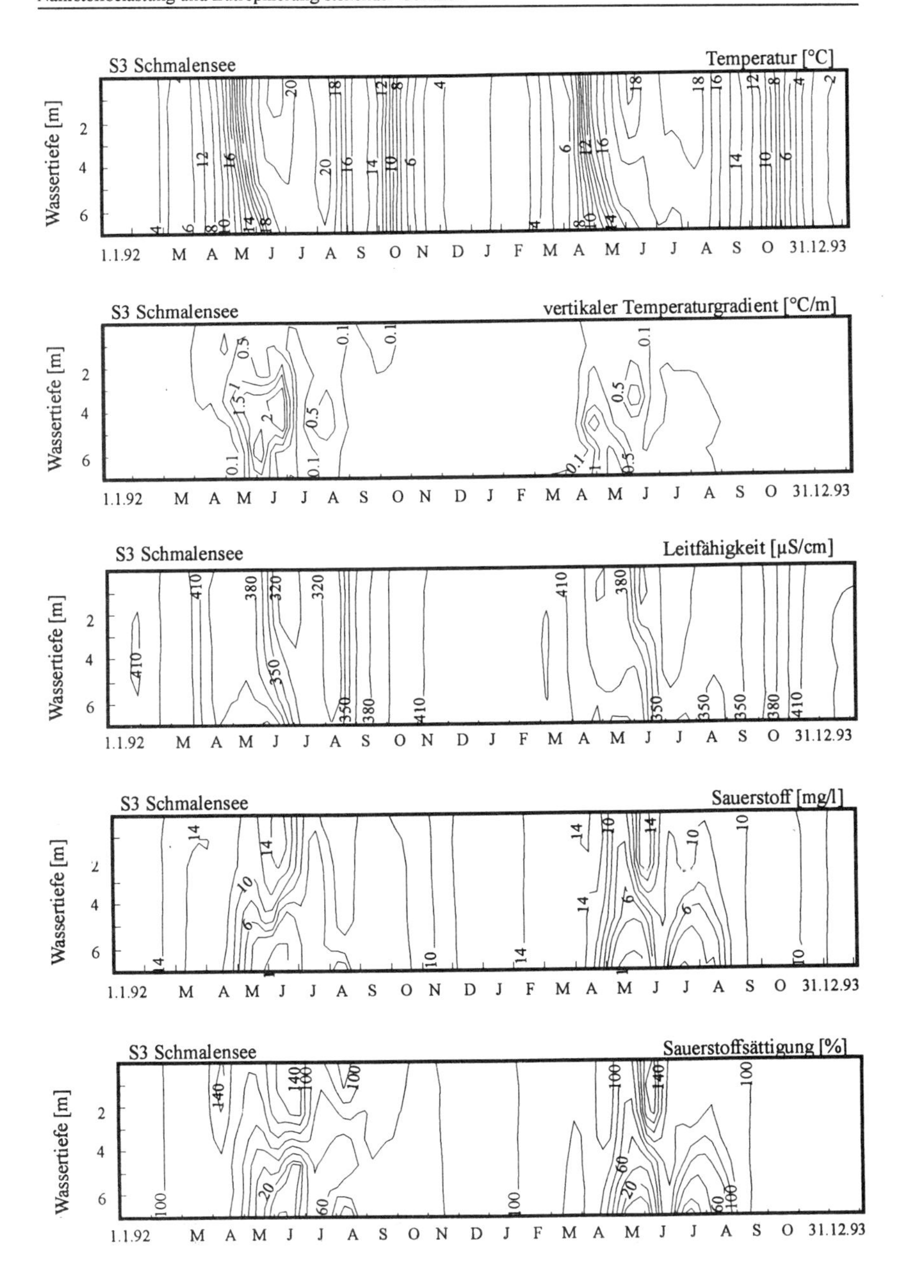
S3 Schmalensee
Temperatur [°C]
Wassertiefe [m]
1.1.92 M A M J J A S O N D J F M A M J J A S O 31.12.93
S3 Schmalensee
vertikaler Temperaturgradient [°C/m]
Wassertiefe [m]
1.1.92 M A M J J A S O N D J F M A M J J A S O 31.12.93
S3 Schmalensee
Leitfähigkeit [µS/cm]
Wassertiefe [m]
1.1.92 M A M J J A S O N D J F M A M J J A S O 31.12.93
S3 Schmalensee
Sauerstoff [mg/l]
Wassertiefe [m]
1.1.92 M A M J J A S O N D J F M A M J J A S O 31.12.93
S3 Schmalensee
Sauerstoffsättigung [%]
Wassertiefe [m]
1.1.92 M A M J J A S O N D J F M A M J J A S O 31.12.93

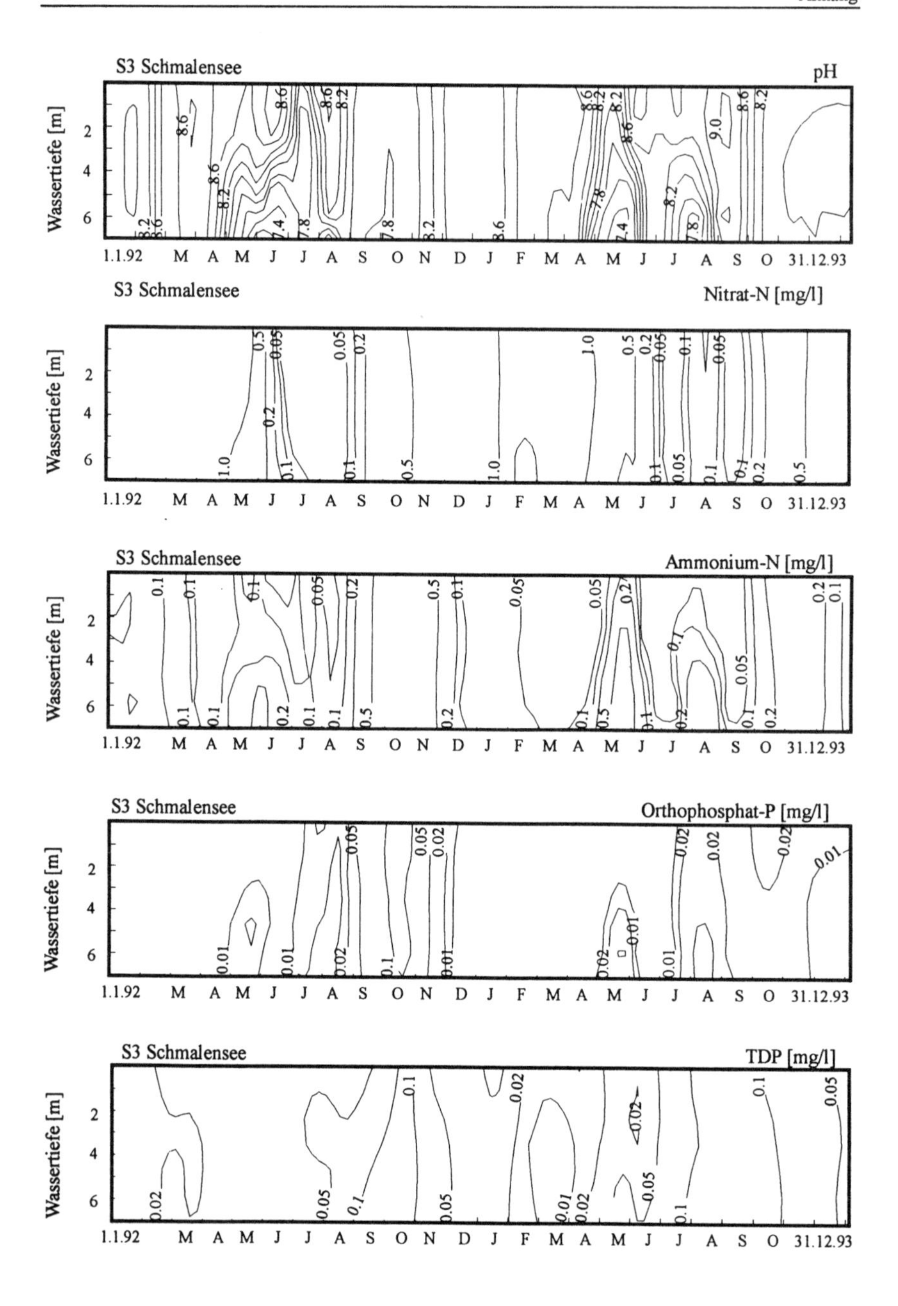
S3 Schmalensee
pH
Wassertiefe [m]
1.1.92 M A M J J A S O N D J F M A M J J A S O 31.12.93
S3 Schmalensee
Nitrat-N [mg/l]
Wassertiefe [m]
S3 Schmalensee
Ammonium-N [mg/l]
Wassertiefe [m]
S3 Schmalensee
Orthophosphat-P [mg/l]
Wassertiefe [m]
S3 Schmalensee
TDP [mg/l]
Wassertiefe [m]

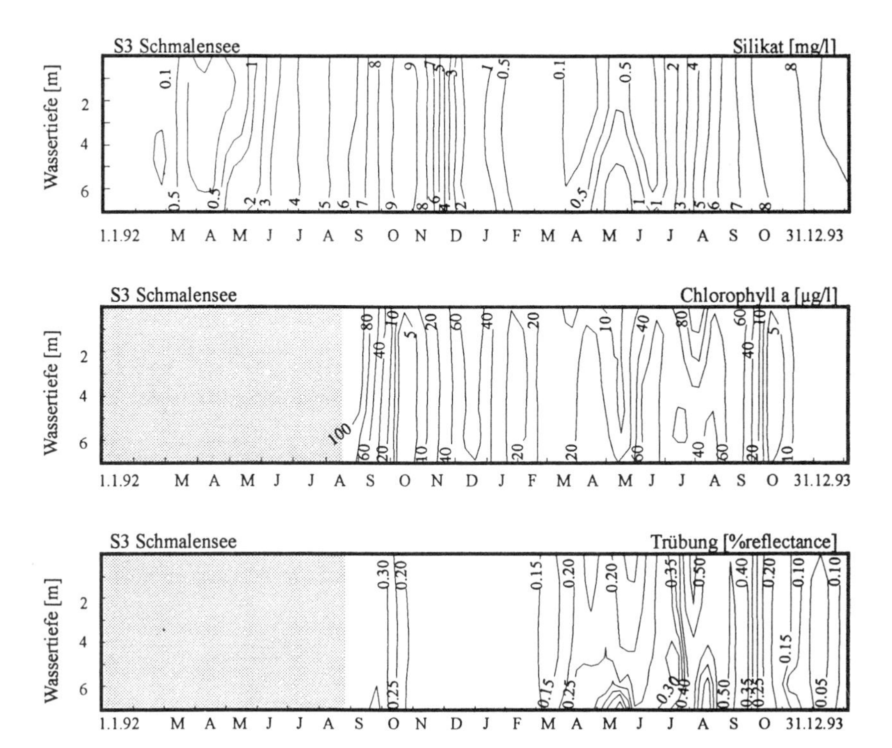
S3 Schmalensee
Silikat [mg/l]
Wassertiefe [m]
1.1.92 M A M J J A S O N D J F M A M J J A S O 31.12.93
S3 Schmalensee
Chlorophyll a [µg/l]
Wassertiefe [m]
1.1.92 M A M J J A S O N D J F M A M J J A S O 31.12.93
S3 Schmalensee
Trübung [%reflectance]
Wassertiefe [m]
1.1.92 M A M J J A S O N D J F M A M J J A S O 31.12.93

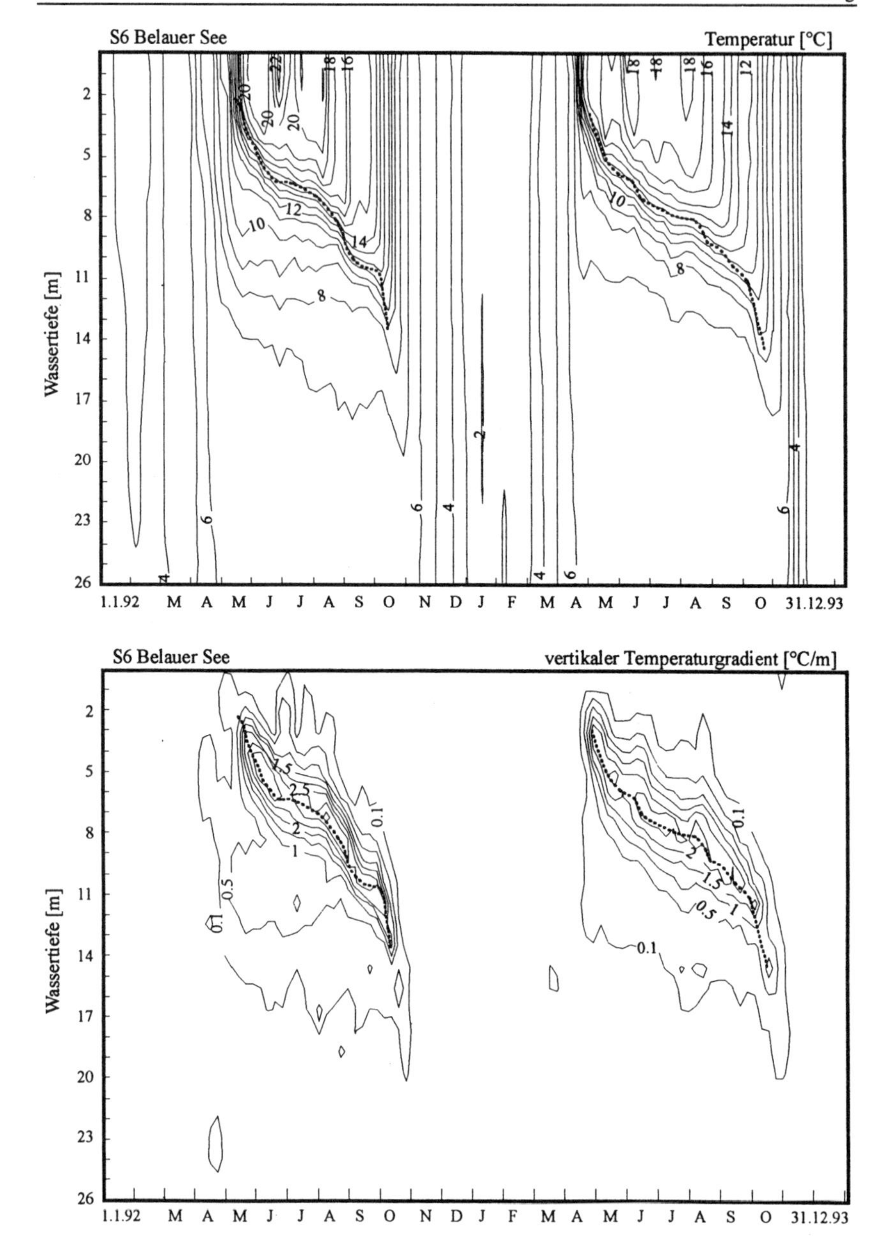

S6 Belauer See
Temperatur [°C]
Wassertiefe [m]
2
5
8
11
14
17
20
23
26
1.1.92 M A M J J A S O N D J F M A M J J A S O 31.12.93
S6 Belauer See
vertikaler Temperaturgradient [°C/m]
Wassertiefe [m]
1.1.92 M A M J J A S O N D J F M A M J J A S O 31.12.93

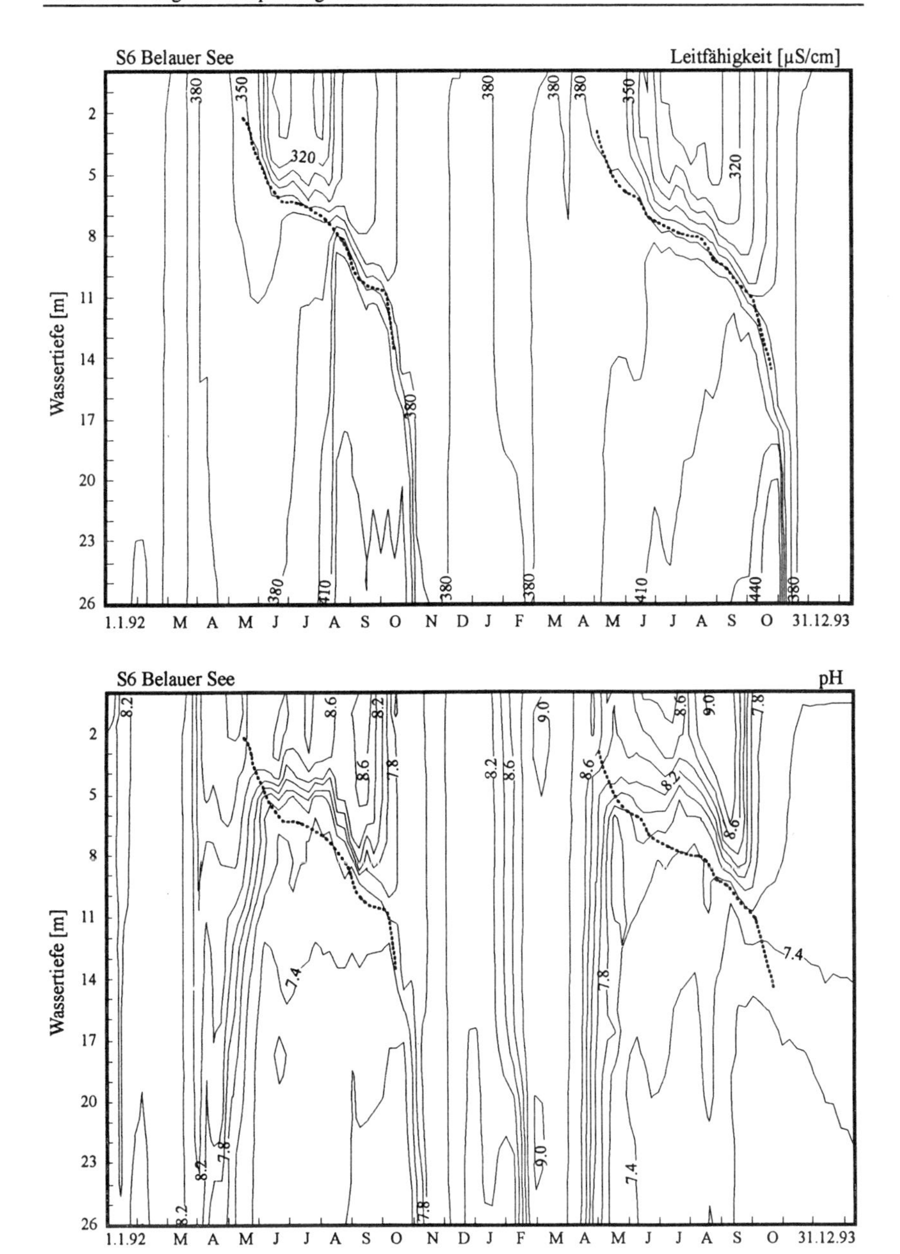
S6 Belauer See
Leitfähigkeit [µS/cm]
Wassertiefe [m]
380
350
320
410
440
1.1.92 M A M J J A S O N D J F M A M J J A S O 31.12.93
S6 Belauer See
pH
Wassertiefe [m]
8.2
8.6
7.8
9.0
7.4
1.1.92 M A M J J A S O N D J F M A M J J A S O 31.12.93

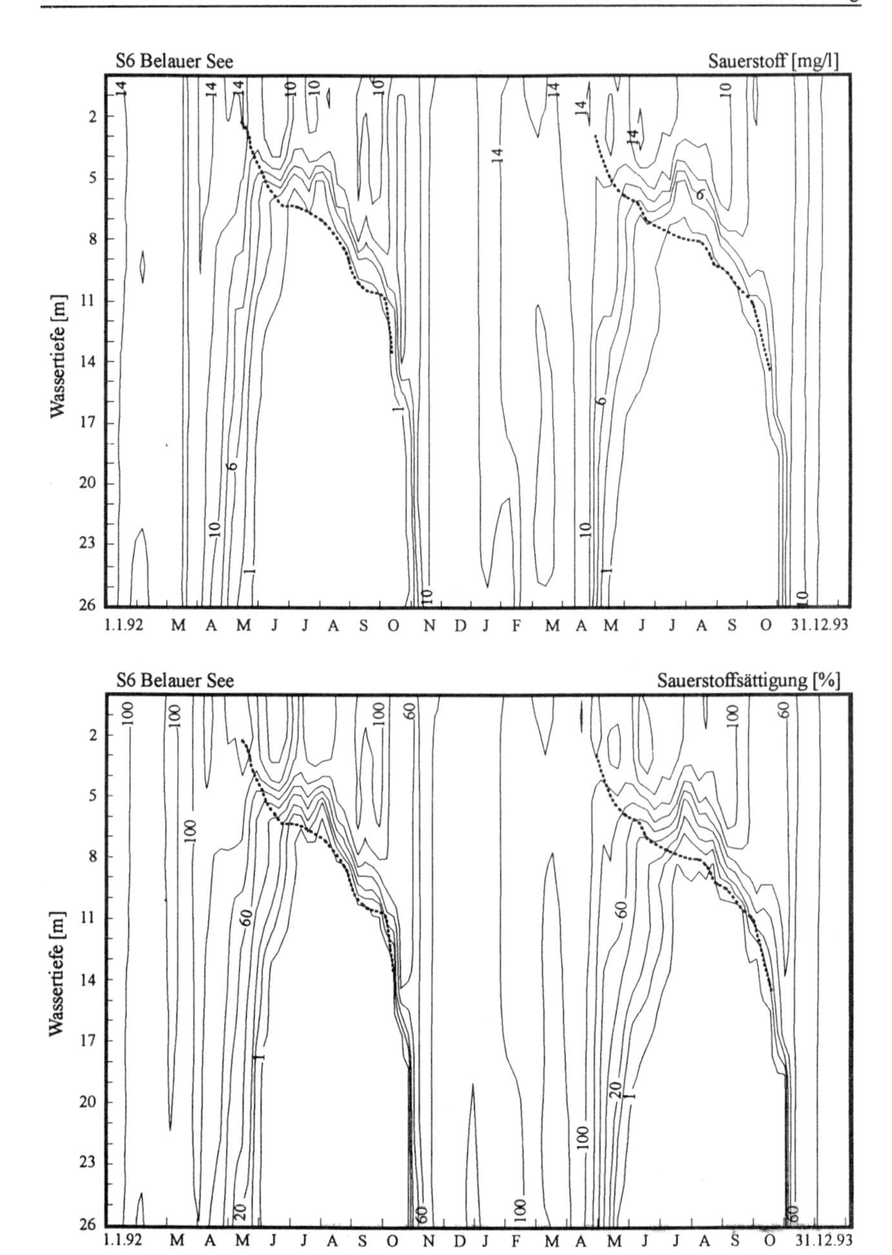

S6 Belauer See
Sauerstoff [mg/l]
Wassertiefe [m]
2
5
8
11
14
17
20
23
26
14
10
6
1
1.1.92 M A M J J A S O N D J F M A M J J A S O 31.12.93
S6 Belauer See
Sauerstoffsättigung [%]
Wassertiefe [m]
100
60
20
1
1.1.92 M A M J J A S O N D J F M A M J J A S O 31.12.93

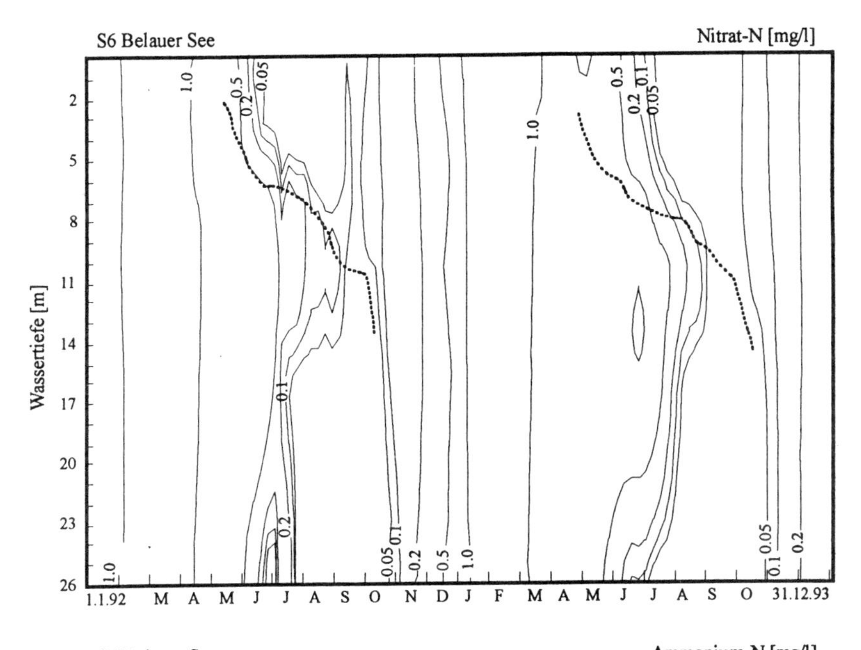
S6 Belauer See
Nitrat-N [mg/l]
Wassertiefe [m]
2
5
8
11
14
17
20
23
26
1.1.92 M A M J J A S O N D J F M A M J J A S O 31.12.93
1.0
0.5
0.2
0.1
0.05

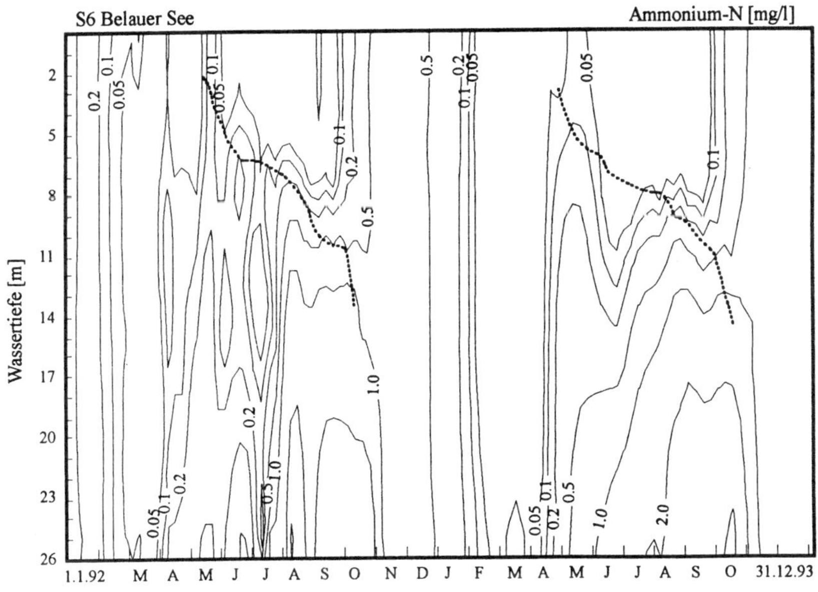
S6 Belauer See
Ammonium-N [mg/l]
Wassertiefe [m]
2
5
8
11
14
17
20
23
26
1.1.92 M A M J J A S O N D J F M A M J J A S O 31.12.93
0.05
0.1
0.2
0.5
1.0
2.0

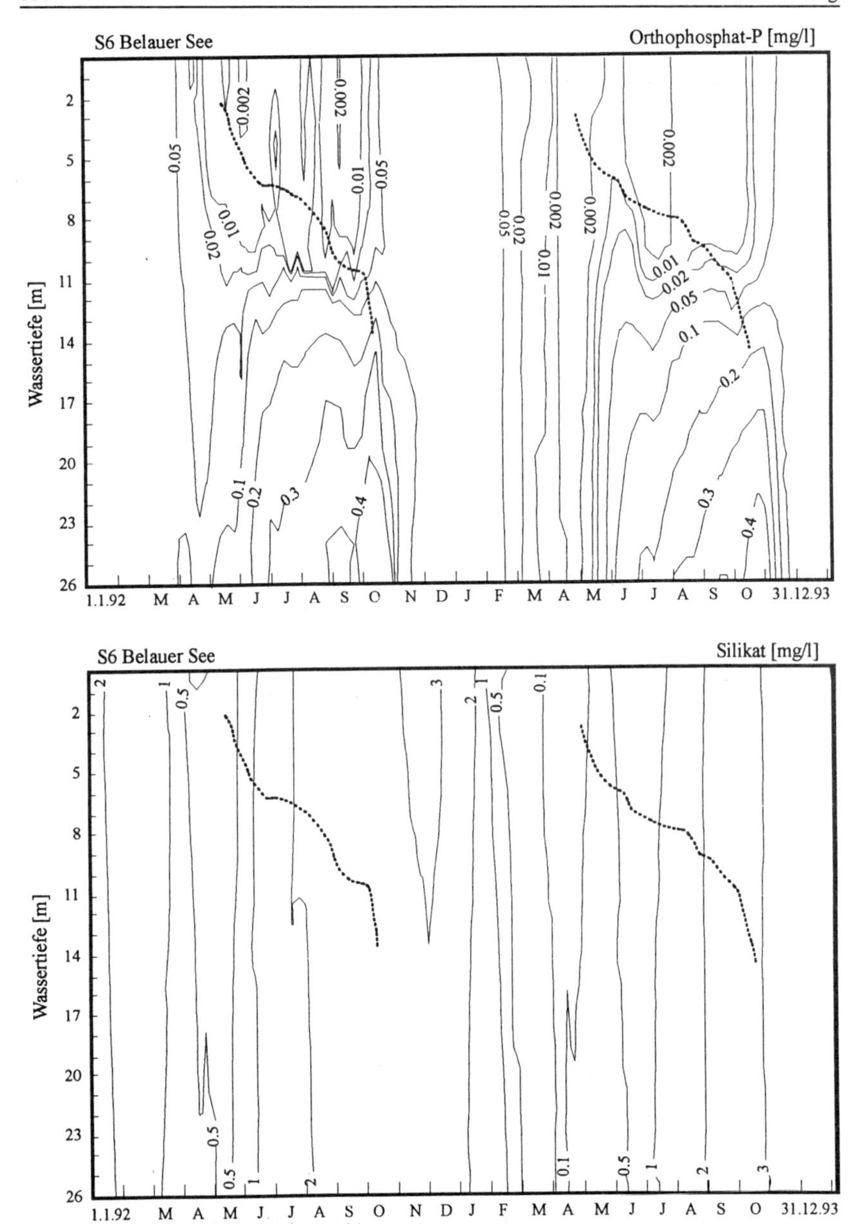
S6 Belauer See
Orthophosphat-P [mg/l]
Wassertiefe [m]
1.1.92 M A M J J A S O N D J F M A M J J A S O 31.12.93
S6 Belauer See
Silikat [mg/l]
Wassertiefe [m]
1.1.92 M A M J J A S O N D J F M A M J J A S O 31.12.93

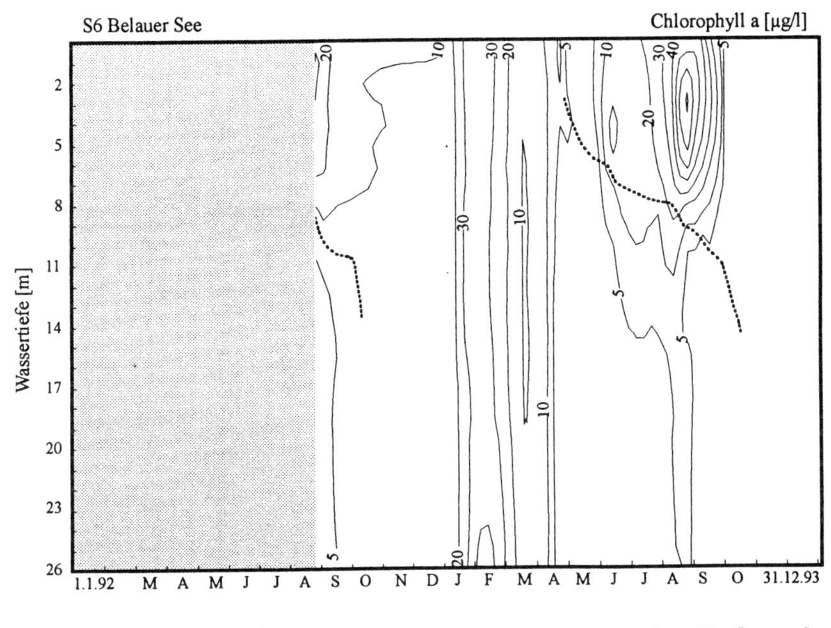
S6 Belauer See
Chlorophyll a [µg/l]
Wassertiefe [m]
2
5
8
11
14
17
20
23
26
1.1.92 M A M J J A S O N D J F M A M J J A S O 31.12.93

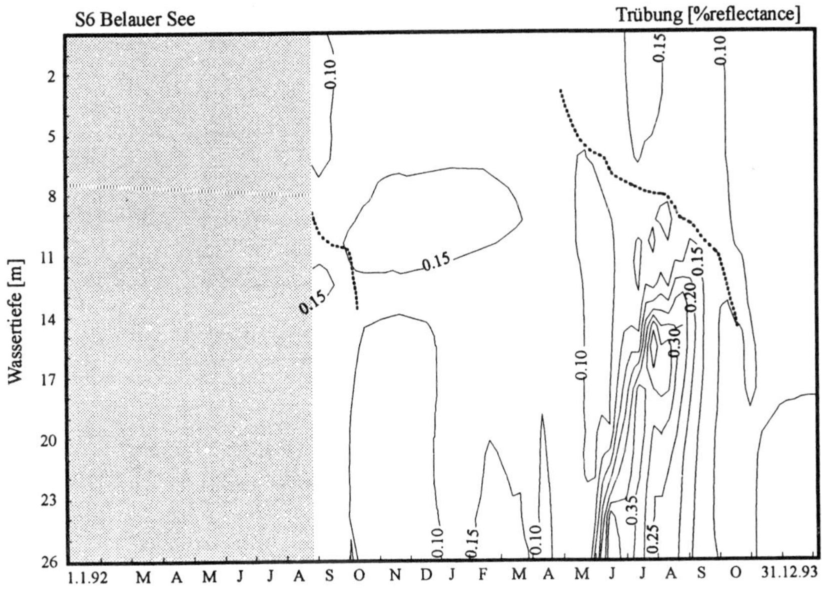
S6 Belauer See
Trübung [%reflectance]
Wassertiefe [m]
2
5
8
11
14
17
20
23
26
1.1.92 M A M J J A S O N D J F M A M J J A S O 31.12.93

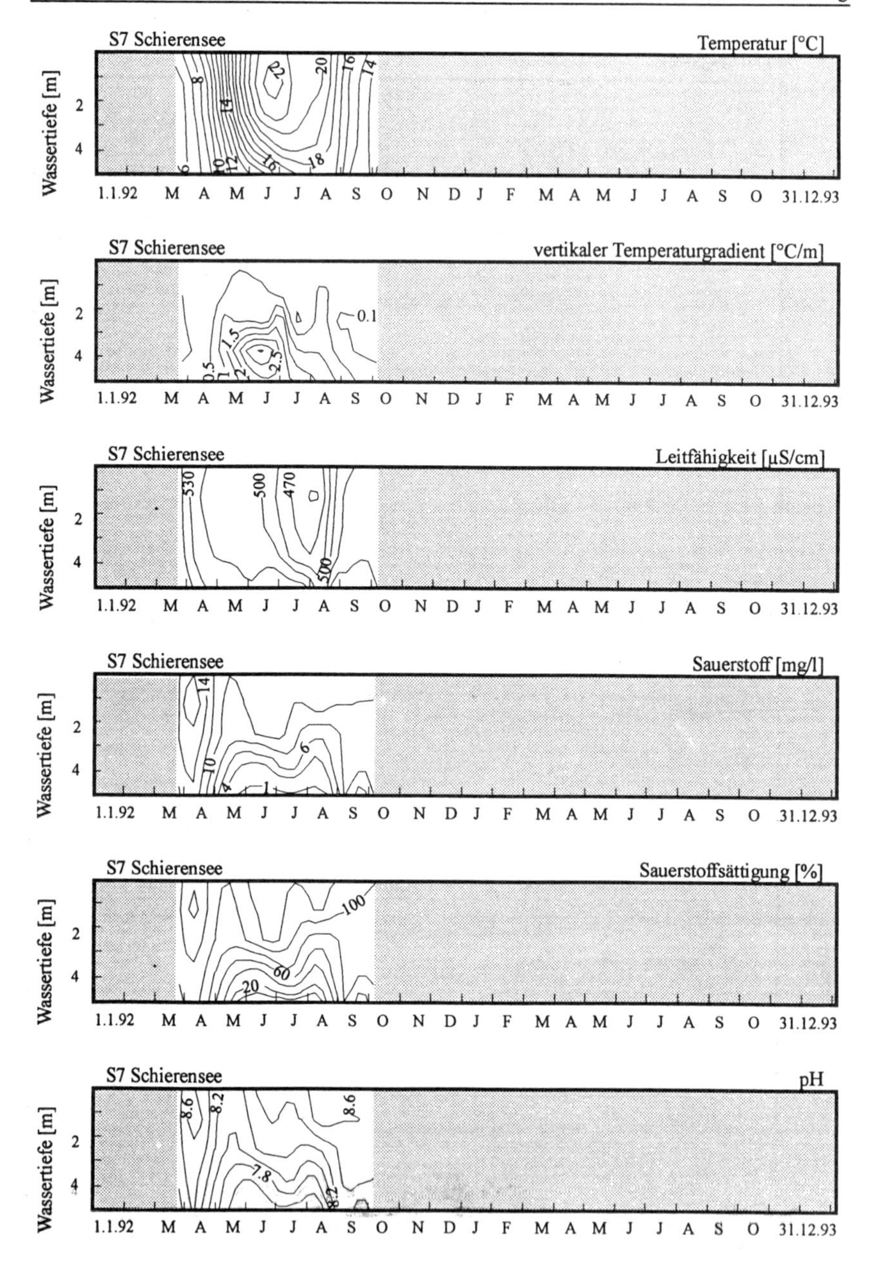
S7 Schierensee
Temperatur [°C]
Wassertiefe [m]
1.1.92 M A M J J A S O N D J F M A M J J A S O 31.12.93
S7 Schierensee
vertikaler Temperaturgradient [°C/m]
Wassertiefe [m]
1.1.92 M A M J J A S O N D J F M A M J J A S O 31.12.93
S7 Schierensee
Leitfähigkeit [µS/cm]
Wassertiefe [m]
1.1.92 M A M J J A S O N D J F M A M J J A S O 31.12.93
S7 Schierensee
Sauerstoff [mg/l]
Wassertiefe [m]
1.1.92 M A M J J A S O N D J F M A M J J A S O 31.12.93
S7 Schierensee
Sauerstoffsättigung [%]
Wassertiefe [m]
1.1.92 M A M J J A S O N D J F M A M J J A S O 31.12.93
S7 Schierensee
pH
Wassertiefe [m]
1.1.92 M A M J J A S O N D J F M A M J J A S O 31.12.93

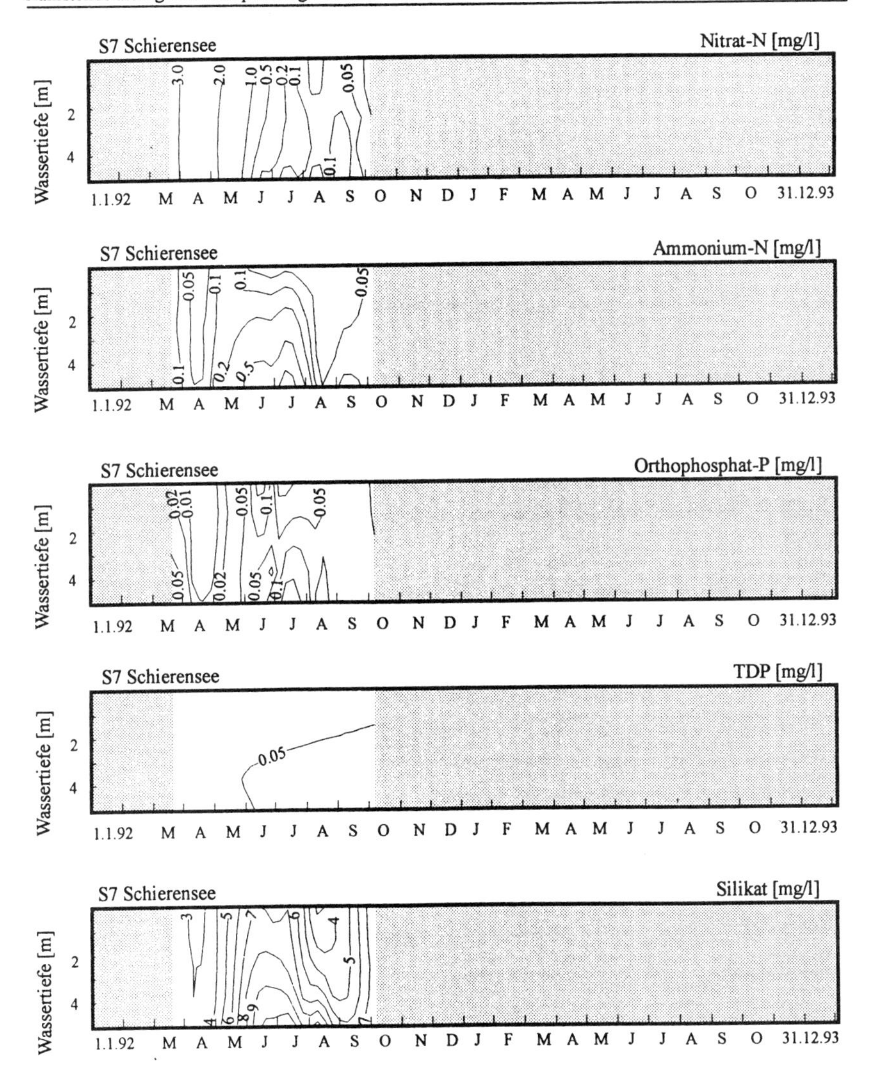
S7 Schierensee
Nitrat-N [mg/l]
Wassertiefe [m]
3.0
2.0
1.0
0.5
0.2
0.1
0.05
1.1.92 M A M J J A S O N D J F M A M J J A S O 31.12.93
S7 Schierensee
Ammonium-N [mg/l]
0.05
0.1
0.2
0.5
1.1.92 M A M J J A S O N D J F M A M J J A S O 31.12.93
S7 Schierensee
Orthophosphat-P [mg/l]
0.02
0.01
0.05
0.1
1.1.92 M A M J J A S O N D J F M A M J J A S O 31.12.93
S7 Schierensee
TDP [mg/l]
0.05
1.1.92 M A M J J A S O N D J F M A M J J A S O 31.12.93
S7 Schierensee
Silikat [mg/l]
3
4
5
6
7
8
9
1.1.92 M A M J J A S O N D J F M A M J J A S O 31.12.93

Danksagung

Die vorliegende Arbeit entstand im Rahmen des vom Bundesminister für Forschung und Technologie und vom Land Schleswig-Holstein geförderten Forschungs- und Entwicklungsvorhabens "Ökosystemforschung im Bereich der Bornhöveder Seenkette". Allen Mitarbeitern und Mitarbeiterinnnen dieses Projekts, die durch ihre tatkräftige Unterstützung das Entstehen dieser Arbeit erst ermöglicht haben, bin ich sehr dankbar. Insbesondere gilt dieser Dank den wissenschaftlichen Hilfskräften im Teilvorhaben Hydrochemie, Heike Dinklage, Birgit Jung, Olaf Niederbröker, Christin Nowok, Tanja Poleska, Ulrike Schulz und Tim Uhlenkamp. Aber auch die Mitarbeiter und Mitarbeiterinnen im Zentrallabor und von der Netzwerkbetreuung möchte ich in diesen Dank einschließen.

Für die zahlreichen Diskussionen, fachlichen Anregungen und die ständige Gesprächsbereitschaft möchte ich Dr. Gerald Schernewski herzlich danken, der dadurch wesentlich zum Gelingen meiner Arbeit beigetragen hat.

Weiterhin danke ich Wiebke Mertens für ihre unermüdliche Tätigkeit als Lektorin, die Geduld und das Verständnis, das sie meiner Arbeit entgegengebracht hat.

Schließlich möchte ich mich bei Herrn Prof. Dr. Otto Fränzle für die Förderung und die vertrauensvolle Betreuung bedanken.